人工智能专业教材丛书
国家新闻出版改革发展项目库入库项目
高等院校信息类新专业规划教材

三维重建基础

鲁 鹏 编著

U0282758

北京邮电大学出版社
www.buptpress.com

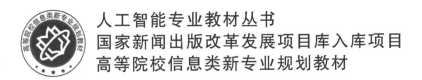

内 容 简 介

本书是一部比较系统和全面的三维重建导论性著作，主要介绍基于图像的三维重建的基本原理与应用。本书共9章，分为3个部分：第1部分(第1～4章)阐述了三维重建的基础知识，包括摄像机几何、摄像机标定、单视图几何及三维重建与极几何；第2部分(第5章)介绍了三维重建中常用的几种局部图像特征，包括 Harris 特征、SIFT 特征、SURF 特征以及 ORB 特征；第3部分(第6～9章)讨论了多种主流的三维重建技术，包括双目立体视觉技术、运动恢复结构技术、多视图立体视觉技术以及同时定位与建图技术。本书提供了大量应用实例，每章后均附有习题。

本书适合作为高等院校人工智能、智能科学与技术、计算机科学与技术等专业高年级本科生及研究生的教材，同时可供运动恢复结构(SfM)及同时定位与建图(SLAM)等领域的研究与开发人员参考。

图书在版编目（CIP）数据

三维重建基础／鲁鹏编著．-- 北京：北京邮电大学出版社，2023.7（2024.1 重印）
ISBN 978-7-5635-6942-7

Ⅰ.①三… Ⅱ.①鲁… Ⅲ.①三维—图像处理 Ⅳ.①TN911.73

中国国家版本馆 CIP 数据核字（2023）第 122008 号

策划编辑：马晓仟　**责任编辑**：孙宏颖　**责任校对**：张会良　**封面设计**：七星博纳

出版发行：北京邮电大学出版社
社　　址：北京市海淀区西土城路10号
邮政编码：100876
发 行 部：电话：010-62282185　传真：010-62283578
E-mail：publish@bupt.edu.cn
经　　销：各地新华书店
印　　刷：北京虎彩文化传播有限公司
开　　本：787 mm×1 092 mm　1/16
印　　张：12.75
字　　数：314 千字
版　　次：2023年7月第1版
印　　次：2024年1月第2次印刷

ISBN 978-7-5635-6942-7　　定价：36.00 元

·如有印装质量问题，请与北京邮电大学出版社发行部联系·

人工智能专业教材丛书

编 委 会

总 主 编： 郭 军

副总主编： 杨 洁 苏 菲 刘 亮

编 委： 张 闯 邓伟洪 尹建芹 李树荣
杨 阳 朱孔林 张 斌 刘瑞芳
周修庄 陈 斌 蔡 宁 徐蔚然
肖 波 梁孔明 鲁 鹏

总 策 划： 姚 顺

秘 书 长： 刘纳新

前　言

三维重建是指对三维物体建立适合计算机表示和处理的数学模型。它是计算机辅助几何设计、计算机图形学、计算机动画、计算机视觉、医学图像处理、科学计算和虚拟现实、数字媒体创作等领域的共性科学问题和核心技术。作为物理环境感知的关键技术之一，三维重建已广泛地应用于自动驾驶、虚拟现实、数字孪生、智慧城市等场景。

本书介绍基于图像的三维重建的基本原理及应用，是一部比较系统和全面的三维重建导论性著作。本书共分为 9 章。第 1 章简述摄像机的起源与发展，依据成像原理对摄像机进行数学建模。第 2 章讨论摄像机参数标定问题，包括摄像机内、外参数求解以及径向畸变参数估计。第 3 章介绍单视图几何，包括射影几何、隐消点、隐消线等基础概念以及单视图重构的前提与方法。第 4 章介绍极几何与三维重建的基础方法，包括三角化、极几何、基础矩阵及单应矩阵等基础概念与求解方法。第 5 章介绍三维重建中常用的几种图像特征及其提取方法，它们是 Harris 特征、SIFT 特征、SURF 特征以及 ORB 特征。第 6 章介绍双目立体视觉技术，包括平行视图的极几何关系、平行视图校正以及基于相关匹配的视差估计方法。第 7 章研究运动恢复结构问题及其对应的求解算法，并以 OpenMVG 系统为例讨论一般的解决思路和流程。第 8 章介绍多视图立体视觉技术，探讨了基于体素、基于面片以及基于深度图的多视图立体视觉技术。第 9 章介绍基于视觉的同时定位与建图技术，并以 ORB-SLAM 和 DSO 系统为例，讨论了 SLAM 系统的设计流程与核心算法。

本书具有以下特点。

① 合理安排三维重建知识体系，知识内容层层推进，使得学生易于接受和掌握。

② 注重理论和实践的结合，在学习理论知识的同时，提高学生解决问题的实践动手能力。

③ 提供配套的教学课件，并提供核心知识点的教学视频及其对应的代码实例。

本书适合作为高年级本科生及研究生的教材。本书也适合从事三维重建技术研究、开发和应用的科技人员学习参考。

在编写本书的过程中，作者参阅了国内外学校的教学与科研成果，也吸取了国内外教材的精髓，对这些作者的贡献表示由衷的感谢。本书在编写过程中，得到了刘柏川、董相涛、马鑫、邱吉、赵钊然、梁淇锋等同学的帮助，在此表示诚挚的感谢。

由于作者水平有限，书中难免有不妥和疏漏之处，恳请各位专家、同仁不吝赐教和批评指正。

符号格式说明

符号概念	符号格式
标量	小写字母，如 a，b，c 等
向量	粗体字母，如 $\boldsymbol{m}$，$\boldsymbol{n}$ 等
矩阵	粗体大写字母，如 $\boldsymbol{M}$，$\boldsymbol{K}$，$\boldsymbol{R}$ 等
函数	大写或小写字母，如 $f(x)$，$F(x)$ 等
集合	粗体大写字母，如 $\mathbf{V}$，$\boldsymbol{E}$ 等
空间或平面中的点	大写或小写字母，如 P，p 等
点的坐标表示	粗体字母，如 $\boldsymbol{P}$，$\boldsymbol{p}$，$\tilde{\boldsymbol{P}}$，$\tilde{\boldsymbol{p}}$ 等
坐标空间	双线体字母，如$\mathbb{E}$，$\mathbb{H}$ 等
坐标系	元组，如 (O, x, y)

目 录

第 1 章

摄像机几何

1.1 针孔模型与透镜

1.1.1 针孔摄像机

针孔摄像机

“景到，在午有端，与景长。说在端。”

“景。光之人，煦若射，下者之人也高；高者之人也下。足蔽下光，故成景于上；首蔽上光，故成景于下。在远近有端，与于光，故景库内也。”

这是世界上最早关于小孔成像的描述，记录在战国后期墨家的著作《墨经》中。句意为成像之所以倒转，是因为遮光屏上有一个小孔，光照入后如同箭那样直进，通过小孔后上下位置发生交错。北宋时期科学家沈括的《梦溪笔谈》中同样有关于小孔成像的记载，他观察鸢(老鹰)在空中飞动，在纸窗上开一小孔，使窗外飞鸢的影子呈现在室内的纸屏上，结果观察到“鸢东则影西，鸢西则影东”的现象，该书还详细地叙述了“小孔成像匣”的原理。小孔成像与鸢成像如图 1-1 所示。

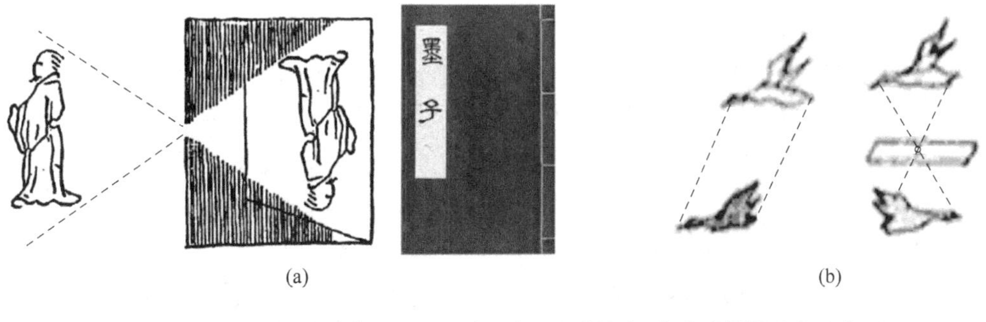

(a)　　(b)

图 1-1 《墨经》中小孔成像描述的示意图与《梦溪笔谈》中鸢成像描述的示意图

在西方，最早记录小孔成像现象的是希腊哲学家亚里士多德，他在《论问题》(*Problems*)中记述了阳光穿过树叶或柳条制品的间隙在地上成像的现象，并尝试对其原因进行了讨论，不过他对其的解释基本错误。此后，直至公元 10 世纪，阿拉伯学者海什木（ibn al. Haytham）才对小孔成像的原理给出了正确的解释。这一工作与海什木的其他光学发现一样，后来传入欧洲，成为文艺复兴后欧洲摄影光学的基础。

小孔成像是一个物理现象，简单来说，在一个明亮的物体与屏幕间放一块挡板，挡板上开一个小孔，在屏幕上会形成物体的一个倒立的实像，其原理如图 1-2 所示。

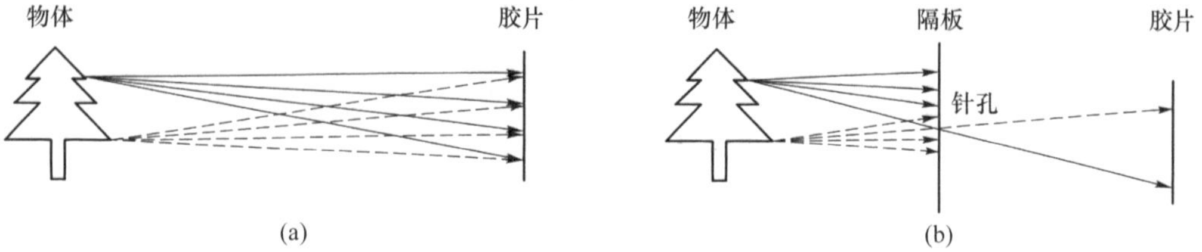

图 1-2　小孔成像原理示意图

以照相的视角来看，照相的过程是将三维物体映射到二维平面胶片上，如果直接把胶片放在物体前方，此时物体和胶片之间没有阻拦，胶片上的同一个点会接收到物体上多个点的信息，胶片上产生的图像就是一团模糊，从胶片上我们便看不到任何东西，所以从直观角度讲，这种方式是不能用于成像的。

那么最简单的成像方法就是在物体和胶片之间加一个薄隔板，隔板中间留出一个小孔。得益于光在均匀介质中直线传播的性质，物体上某一点反射的光线通过这个小孔照在胶片上形成一个成像点，当小孔直径很小时，物体的光线和胶片上的成像点之间基本就是一对一的关系，因为这样的对应关系存在，我们可以从胶片上看到比较清晰的像，这也就是小孔成像的原理。

小孔成像现象的发现是早期光学研究揭示几何光学中光的直线传播性的最重要的依据之一，也是后世照相、幻灯等技术赖以诞生的物理原理。

受到小孔成像现象的启发，后来人们发明了一种称为暗箱的光学仪器。暗箱又称为暗盒，是现代照相机的前身。暗箱的概念早在公元前就已经出现，自 15 世纪开始，暗箱大多被艺术家们用作绘画的辅助工具，其中成像暗箱的原理就是小孔成像的“改进版”：景物透过小孔，进入暗箱中的 45°反光镜，反光镜将其反射到暗箱上方的磨砂玻璃上，画家就在磨砂玻璃上铺上画布临摹作画，如图 1-3(a)所示。文艺复兴时期意大利建筑工程师菲利波·布鲁内莱斯基(Filippo Brunelleschi)利用暗箱进行临摹，开创了透视绘画法；在 17 世纪，荷兰著名画家扬·维梅尔(Jan Verneer)的画作风格被 19 世纪中的学者推断为使用了暗箱技术，因而能够画出特有的光影和质感。

暗箱虽然可以进行成像，但无法把影像固定下来（定影），后来，人们将感光材料放进暗箱固定影像，于是暗箱便成了最基本的针孔摄像机。图 1-3(b)展示了达尔盖相机模型。

(a)　　(b)

图 1-3　暗箱辅助绘画和达尔盖相机模型

针孔摄像机也称作照相暗箱，是现代摄像机的原型。其结构简单，由针孔片、不透光的容器(暗箱)和感光材料组成。在暗箱背部屏幕上可以看到倒立的成像，通过“快门”结构控制曝光，保存底片。

针孔摄像机模型便是现代摄像机的基本成像模型，它可以记录三维世界中物体或场景的图像。如图 1-4 所示，可将左侧的箱体近似认为是针孔摄像机，蜡烛的光线通过摄像机中心的小孔照在胶片上，使胶片对应位置发生感光。这个小孔也称为针孔或者光圈，物体通过光圈在胶片上的成像是一个倒立翻转的像，因此我们会假想一个与胶片平面对称的虚拟像平面，其与光圈的距离等于胶片平面到光圈的距离，在虚拟像平面上的成像方向与原物体相同，大小与胶片上的成像大小相同。

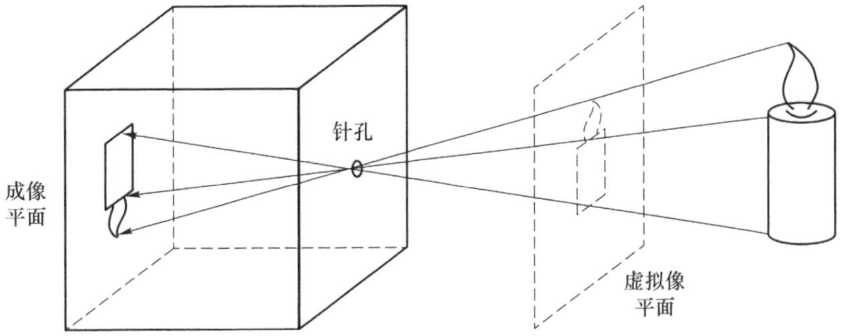

图 1-4 针孔摄像机的基本模型

图 1-5 展示了针孔摄像机成像的几何模型，在这个模型中，胶片通常称为成像平面或视网膜平面，记作 Π'，针孔到成像平面的距离称为摄像机的焦距，记作 f。我们以针孔 O 作为坐标原点，以平行于成像平面的水平方向和竖直方向作为 i 轴和 j 轴，以垂直于成像平面的方向作为 k 轴建立摄像机坐标系(O,i,j,k)。摄像机坐标系 k 轴所在直线与成像平面 Π' 交于点 O_c，以 O_c 作为坐标原点，分别以水平方向和竖直方向作为 x_c 轴和 y_c 轴建立成像平面坐标系(O_c,x_c,y_c)。假设三维空间中物体上的一点 P 通过针孔摄像机在成像平面上成像为 p 点，在摄像机坐标系下，P 点的欧氏坐标为$(x,y,z)^{\mathrm{T}}$，p 点的欧氏坐标为$(x',y',z')^{\mathrm{T}}$。

首先单独对 Ojk 平面进行讨论，以坐标系(O,j,k)作为该平面的二维坐标系，将 P 和 p 点分别投影到该平面，如图 1-6 所示。假设在该平面内 P 点的坐标为$(y,z)^{\mathrm{T}}$，p 点的坐标为$(y',z')^{\mathrm{T}}$，由于 p 在成像平面上，所以 p 的坐标也可写为$(y',f)^{\mathrm{T}}$。

根据相似三角形定理，我们可以得到 Ojk 平面上两点坐标的关系：

$$\frac{y'}{f}=\frac{y}{z} \quad \Rightarrow \quad y'=f\frac{y}{z} \tag{1-1}$$

同理如果我们单独分析 Oik 平面，同样可以得到该平面上两者坐标的关系：

$$\frac{x'}{f}=\frac{x}{z} \quad \Rightarrow \quad x'=f\frac{x}{z} \tag{1-2}$$

于是我们便得到在摄像机坐标系下的 P 到 p 的映射关系：

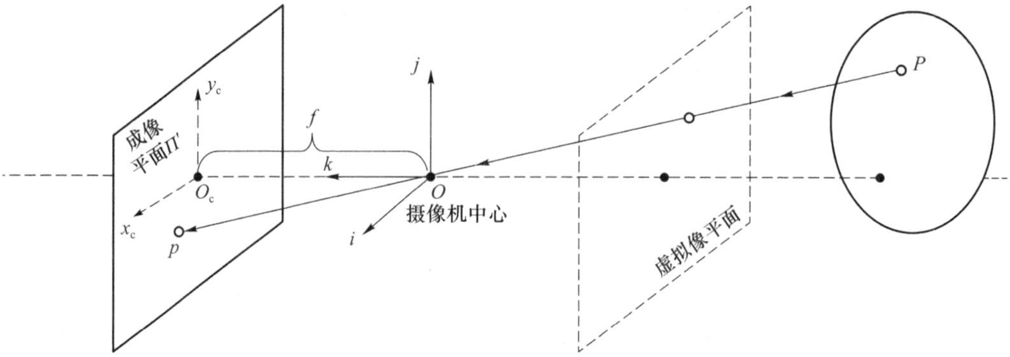

图 1-5 针孔摄像机成像的几何模型

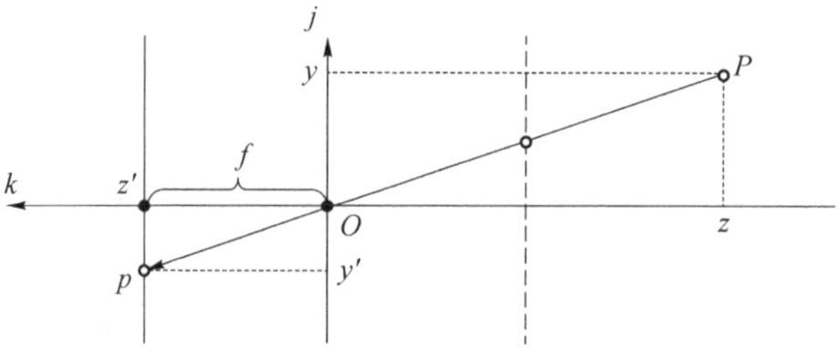

图 1-6 Ojk 平面上的成像关系

$$\begin{cases} x' = f\dfrac{x}{z} \\ y' = f\dfrac{y}{z} \end{cases} \tag{1-3}$$

这就是针孔摄像机最基本的理论模型。这里需要注意该针孔摄像机模型的光圈近似为几何空间上的一点,但实际上光圈是有大小的,不能简单地认为光圈可以无限小。成像平面上每个点接收到的是一定角度范围射来的锥形光线,所以光圈的大小对成像有着较大的影响,如图 1-7 所示。

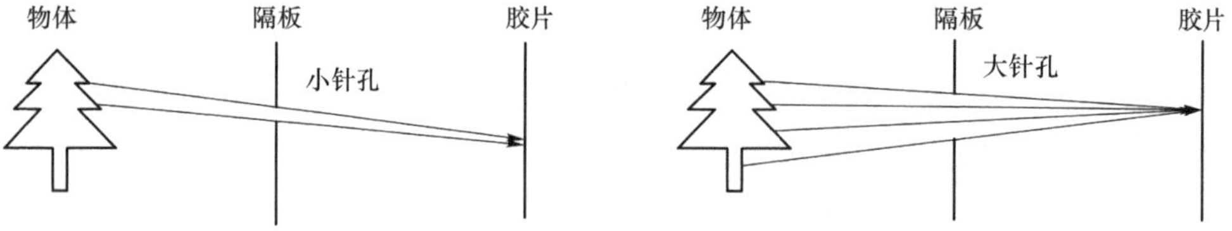

图 1-7 针孔大小对成像的影响

当针孔的尺寸越大,即光圈越大时,成像平面上的一点所接收的锥形光束越宽,图像也就越明亮。但由于这一点接收的光线多,包含着三维物体上某一小部分的全部信息,所以整体图像会不精细,显得模糊。当针孔的尺寸越小,即光圈越小时,图像得到锐化变得更清晰,但同时由于成像平面上接收到的光线变少,图像整体上会变暗。当针孔小到一定尺度时,可能还会产生衍射现象。图 1-8 展示了不同光圈大小成像结果示意图。

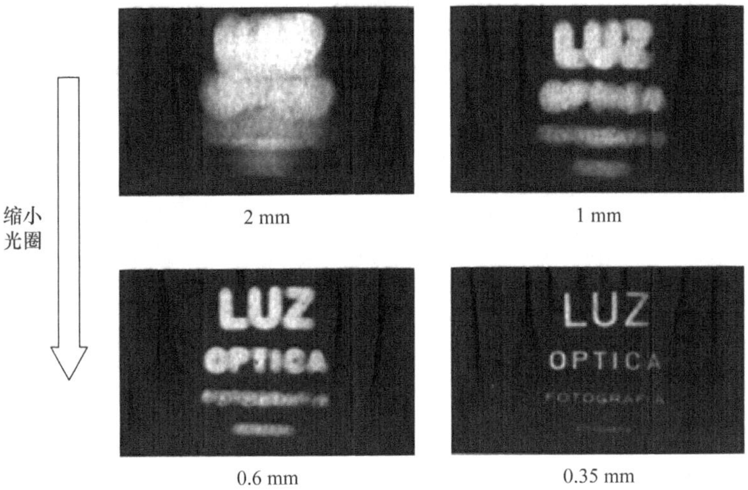

图 1-8 不同光圈大小成像结果示意图

1.1.2 透镜成像

在现代摄像机中，为了解决针孔摄像机成像清晰度和亮度之间的冲突，人们在摄像机小孔处装上镜头，利用这种可以聚焦或分散光线的光学设备来改善这个问题。摄像机的镜头有很多种类，在不同的应用场景下会采用不同材质（塑料、玻璃或晶体等）或多个光学零件的组合（反射镜、透射镜、棱镜等）。凸透镜是其中最基本的光学零件之一，带有镜头的摄像机成像也是基于凸透镜成像原理。

凸透镜是根据光的折射原理制成的，是中央较厚边缘较薄的透镜，它有汇聚光线的作用，故又称为汇聚透镜。如图 1-9 所示，我们一般将凸透镜的中心称为光心，把通过光心且垂直于透镜平面的直线称为主光轴。凸透镜能使平行于主光轴的光汇聚于一点，该点叫作凸透镜的焦点，用 F 表示，焦点到光心的距离叫作焦距，用 f' 表示。物体到透镜的距离称为物距，成像平面到透镜的距离称为像距，两者分别用 u 和 v 表示。

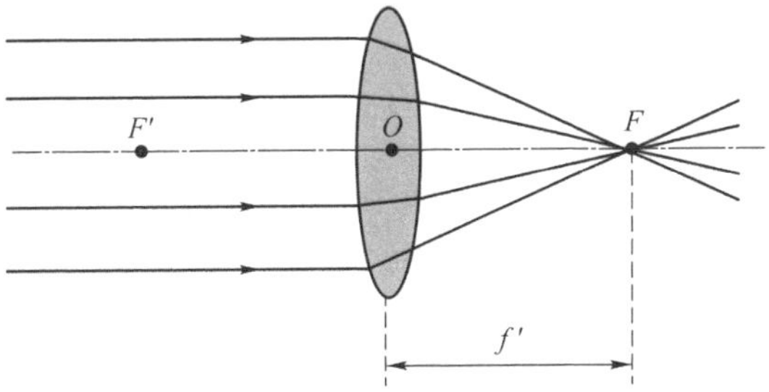

图 1-9 凸透镜成像示意图

根据凸透镜的物理性质，物体和成像平面在不同位置时成像效果也不同，其成像规律如表 1-1 所示。

表 1-1　凸透镜成像规律

物距(u)	像距(v)	正倒	大小	虚实	应用	特点	位置关系
$u>2f'$	$f'<v<2f'$	倒立	缩小	实像	照相机、摄像机	—	物像异侧
$u=2f'$	$v=2f'$	倒立	等大	实像	测焦距	成像大小的分界点	物像异侧
$f<u<2f'$	$v>2f'$	倒立	放大	实像	幻灯机、电影放映机、投影仪	—	物像异侧
$u=f'$	不成像				强光聚焦手电筒	成像虚实的分界点	—
$u<f'$	$v>f'$	正立	放大	虚像	放大镜	虚像与物体同侧，在物体之后	物像同侧

当物距小于焦距时，凸透镜只会成正立放大的虚像，在成像平面上不成像，此时凸透镜通常作为放大镜使用。当物距处于一倍焦距和二倍焦距之间，且像距大于二倍焦距时，则会成倒立放大的实像，这种情况多应用于投影仪、电影放映机的镜头上。对于装有镜头的摄像机，其成像遵循表 1-1 中第一行的规律，即物距大于二倍焦距，且像距在一倍焦距和二倍焦距之间，成像平面上成的是倒立、缩小的实像。在这种情况下，物体上一点 P 反射的通过焦点 F 的光线经过凸透镜折射后平行于主光轴，平行于主光轴发射的光线经过折射后会通过焦点 F'，经过光心的直线不会改变方向，最终 P 点清晰成像在这 3 条光线的交点处，如图 1-10 所示。

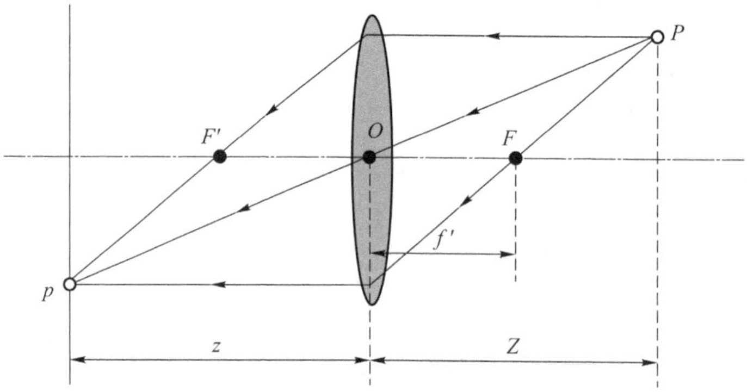

图 1-10　摄像机中凸透镜成像原理

由凸透镜成像公式可得

$$\frac{1}{z}+\frac{1}{Z}=\frac{1}{f'} \tag{1-4}$$

其中 f' 是凸透镜的焦距。只有当物体距透镜中心的距离 Z 和成像平面距透镜中心的距离 z 满足等式(1-4)的时候，物体才能在成像平面上呈现清晰的影像。在这种情况下，物体上的点和成像平面上的点基本满足一一对应的关系，因为通过透镜中心的光线不会改变方向，所以物体上的点和胶片上的点的坐标关系与针孔摄像机模型中点的对应关系类似，可以直接得到

$$\begin{cases} x'=z\dfrac{x}{Z} \\ y'=z\dfrac{y}{Z} \end{cases} \tag{1-5}$$

由于在推导中利用了近轴和"薄透镜"假设，因此该模型也称为近轴折射模型。在透镜折射的作用下，物体上的某一点 P 发出的多条光线通过凸透镜的汇聚作用可汇聚到胶片上的同一点，于是胶片上便会接收到更多的光线，从而使成像更加明亮。相比于简单的小孔成像，透镜成像在保证成像明亮的同时可以使得成像更加清晰。

但是采用透镜会带来另外一些问题，比如失焦和畸变。

失焦的情况如图 1-11 所示，在图中 P 点发出的光线通过透镜可以汇聚到 p，但这个性质并非适用于三维物体上的所有点，会导致与镜头不同距离的点发出的光线无法完全聚焦在胶片上，这部分图像就会失焦，即变"虚"。因此透镜成像具有一定的成像距离限制，在该距离内物体可以在胶片上清晰成像。在摄影领域，该距离也称为景深，微距摄像就是利用了这一属性，在景深范围内呈现清晰的像，在景深范围外图像虚化，以此构造出一种美感。

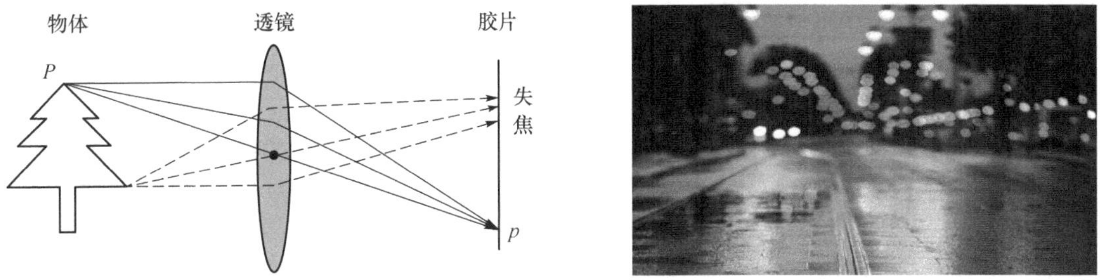

(a) (b)

图 1-11 凸透镜成像失焦示意图

畸变是指成像平面上的图像点在几何位置上出现了误差，从而使整个成像系统不再严格符合摄像机成像模型。畸变主要分为两种，即切向畸变和径向畸变，如图 1-12 所示。

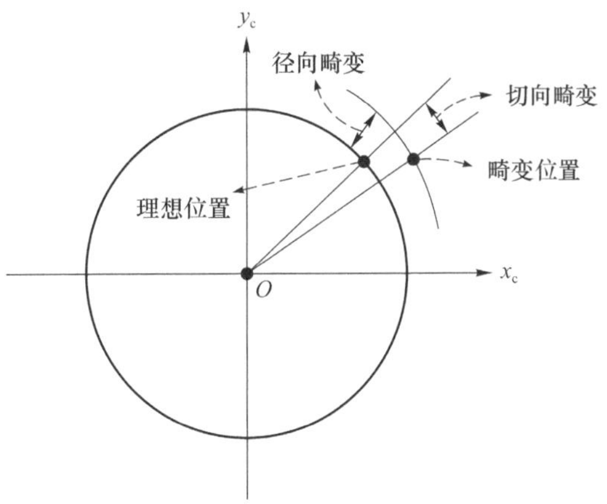

图 1-12 镜头畸变示意图

切向畸变指矢量端点沿切线方向发生的变化，也就是成像平面上的图像点在切向方向上出现偏移，这种畸变主要是由相机在生产制造过程中，其图像传感器与光轴未能垂直而造成的。现代摄像机切向畸变的程度很小，这种畸变基本可以忽略不计。

径向畸变指的是图像像素点以透镜中心为中心点，沿着透镜半径方向产生位置偏差，从而导致图像中所成的像发生形变。由于镜头制造误差，镜片上的不同位置，其放大率可能会随着它到光轴的距离而减小或增大，因此会产生两种径向畸变：桶形畸变和枕形畸变。如图1-13所示，如果放大率随距离的增大而减小，则经过透镜折射后光线汇聚点偏内，图像边缘会向内收缩形成桶形畸变；如果放大率随距离的增大而增大，汇聚点偏外，则图像边缘会向外扩张形成枕形畸变。径向畸变是摄像机成像过程中最主要的畸变，同时也是对成像效果影响最大的畸变，本质上是由实际镜头的不同部分具有不同的焦距引起的。在后续章节我们会对这种径向畸变进行建模分析。

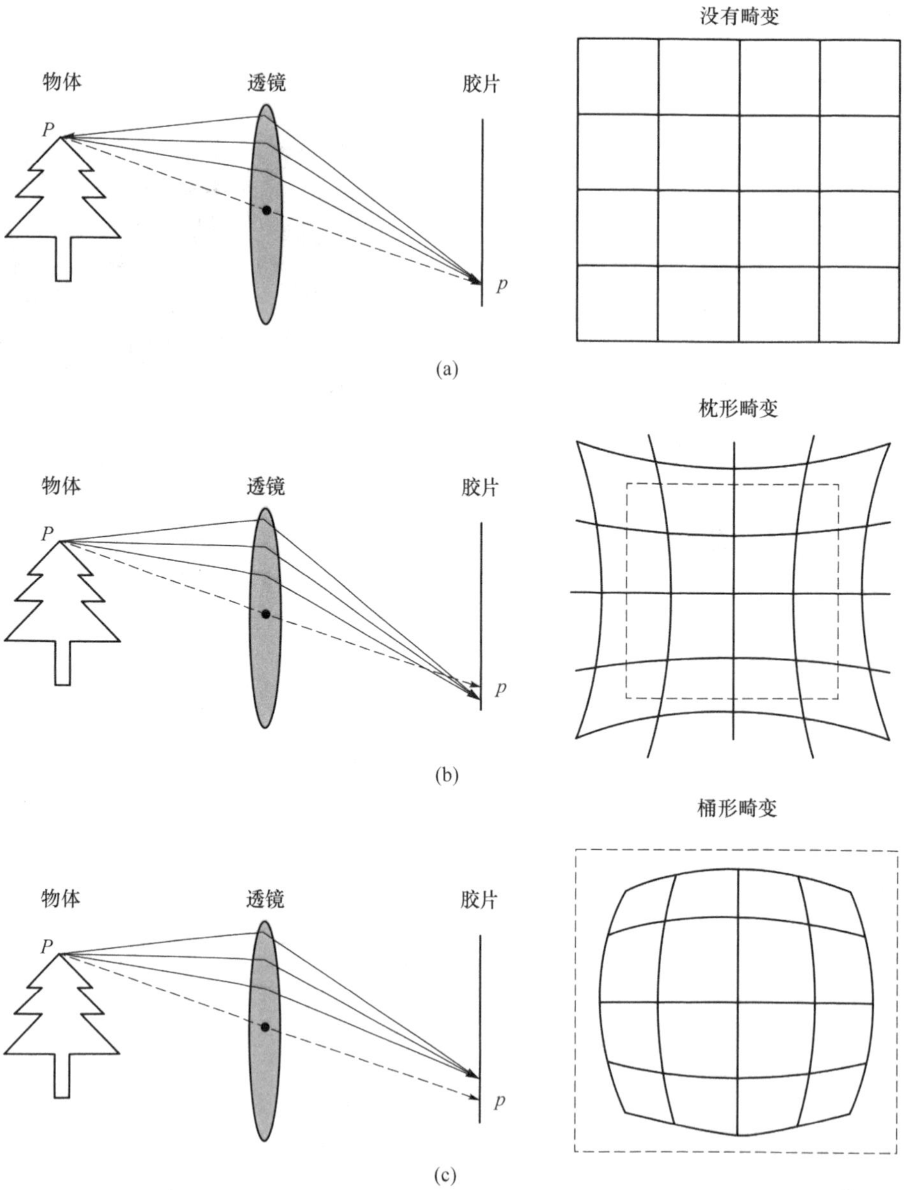

图 1-13　枕形畸变和桶形畸变示意图

1.2 一般摄像机模型

一般摄像机模型

1.2.1 齐次坐标

前面我们在介绍针孔摄像机模型时已经使用了三维坐标系，这里我们将更为具体地介绍它以及摄像机几何中常用的齐次坐标表示。我们假设整个坐标系统的单位是确定的，单位长度也是固定的。

给定三维欧氏空间中的一点 O 和 3 个相互正交的单位向量 $\boldsymbol{i},\boldsymbol{j},\boldsymbol{k}$，我们将这个三维正交坐标系$(F)$用一个四元组$(O,i,j,k)$表示。点 O 是坐标系(F)的原点，$\boldsymbol{i},\boldsymbol{j},\boldsymbol{k}$ 是它的 3 个基向量。在右手坐标系中，这样的 O 点可以看作右手放在原点的位置，$\boldsymbol{i},\boldsymbol{j},\boldsymbol{k}$ 向量可以分别看作右手大拇指、食指和中指所指的方向，如图 1-14 所示，以此建立三维坐标系，空间中的一点 P 的笛卡儿坐标 x,y,z 定义为向量$\overrightarrow{OP}$在 $\boldsymbol{i},\boldsymbol{j},\boldsymbol{k}$ 3 个方向上的正交投影的长度（有符号）：

$$\begin{cases} x=\overrightarrow{OP}\cdot \boldsymbol{i} \\ y=\overrightarrow{OP}\cdot \boldsymbol{j} \\ z=\overrightarrow{OP}\cdot \boldsymbol{k} \end{cases} \Leftrightarrow \quad \overrightarrow{OP}=x\boldsymbol{i}+y\boldsymbol{j}+z\boldsymbol{k} \tag{1-6}$$

可以写成列向量的形式：

$$\boldsymbol{P}=\begin{pmatrix} x \\ y \\ z \end{pmatrix}\in \mathbb{R}^3 \tag{1-7}$$

该列向量称为点 P 在坐标系(F)中的坐标向量。我们可以通过在坐标系(F)基向量上的投影长度来得到该坐标系下任何点的坐标向量，这些坐标与原点 O 的选择无关。现在我们考虑三维空间的一个平面 Π，假设 A 为平面 Π 中的任意点，向量 $\boldsymbol{n}$ 垂直于平面，那么平面 Π 上的一点 P 满足：

$$\overrightarrow{AP}\cdot \boldsymbol{n}=0 \quad \Leftrightarrow \quad \overrightarrow{OP}\cdot \boldsymbol{n}-\overrightarrow{OA}\cdot \boldsymbol{n}=0 \tag{1-8}$$

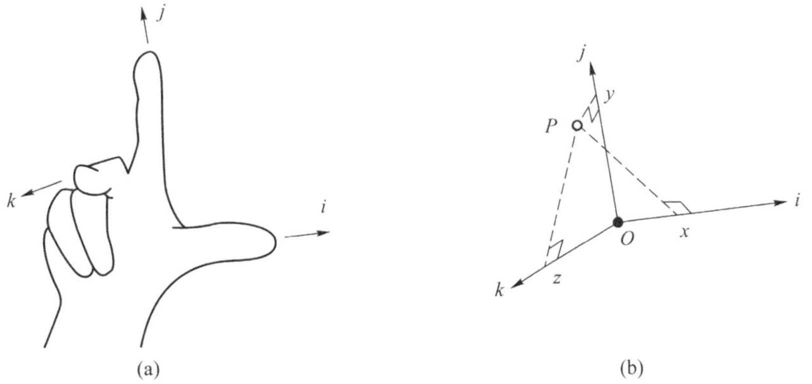

图 1-14 右手坐标系和笛卡儿坐标系

如果在坐标系(F)中，点P的坐标为(x,y,z)，向量$\boldsymbol{n}$为(a,b,c)，式(1-8)可重写为

$$ax+by+cz-d=0 \tag{1-9}$$

其中$d=\overrightarrow{OA}\cdot\boldsymbol{n}$表示原点$O$和平面$\Pi$之间的距离(有符号)，与点$A$的选择无关，如图1-15所示。

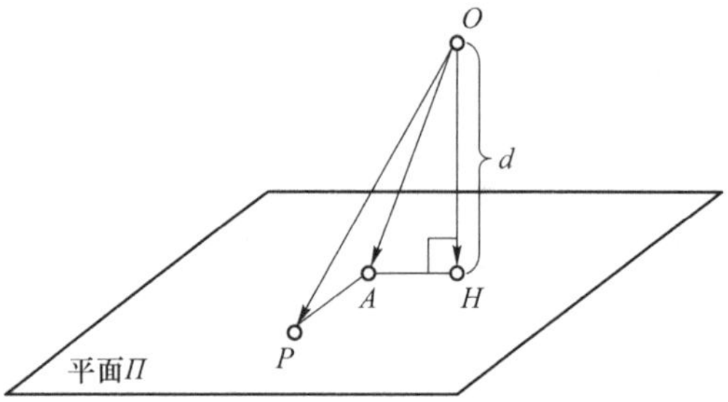

图1-15 平面方程的几何定义示意图

为方便起见，通常会使用齐次坐标来表示三维空间中的点、线和平面。这里我们主要关注齐次坐标的定义，上述平面方程$ax+by+cz-d=0$可以重写为如下向量相乘的形式：

$$(a \quad b \quad c \quad -d)\begin{pmatrix}x\\y\\z\\1\end{pmatrix}=0 \quad \Leftrightarrow \quad \boldsymbol{\Pi}^{\mathrm{T}}\boldsymbol{P}=0 \tag{1-10}$$

其中：

$$\Pi=\begin{pmatrix}a\\b\\c\\-d\end{pmatrix},\quad \boldsymbol{P}=\begin{pmatrix}x\\y\\z\\1\end{pmatrix}$$

我们将这里的向量$\boldsymbol{P}$称为坐标系(F)中点P的齐次坐标向量，从形式上看就是在点P的欧氏坐标上增加了一个等于1的维度。于是定义齐次坐标就是在原有坐标的基础上增加一个维度，即二维坐标用三维表示，三维坐标用四维表示，我们一般将新增加维度的值设为1，如下：

$$\mathbb{E}\rightarrow\mathbb{H}:$$

$$(x,y)\Rightarrow\begin{pmatrix}x\\y\\1\end{pmatrix},\quad (x,y,z)\Rightarrow\begin{pmatrix}x\\y\\z\\1\end{pmatrix}$$

同样的平面Π也用一个齐次坐标向量表示，并且不是唯一的，将该平面向量乘以任何非零常数都表示这个平面，点也同理。所以齐次坐标的定义是忽略比例系数的。只存在比例关系的多个齐次坐标表示的含义相同，其欧氏坐标的表示唯一，于是在将齐次坐标转换为欧氏坐标时将齐次坐标的前$n-1$维的数除以第n维的数，减小一个维度：

$$\mathbb{H}\rightarrow\mathbb{E}:$$

$$\begin{pmatrix} x \\ y \\ w \end{pmatrix} \Rightarrow \left(\frac{x}{w}, \frac{y}{w}\right), \quad \begin{pmatrix} x \\ y \\ z \\ w \end{pmatrix} \Rightarrow \left(\frac{x}{w}, \frac{y}{w}, \frac{z}{w}\right)$$

所以一般来说，欧氏空间中的点转化到齐次空间是一一对应的，而齐次空间中的点到欧氏空间的转化不是一一对应的，是多对一的关系。

1.2.2 坐标系变换和刚体变换

三维空间中的点坐标都基于一个确定的坐标系，当坐标系不同时坐标表示也不同，当存在多个坐标系时，如何在不同坐标系之间进行坐标转换是这一小节主要讨论的内容。为表示方便我们用符号 ${}^F\boldsymbol{P}$ 来表示点 P 在坐标系 (F) 下的坐标向量：

$$ {}^F\boldsymbol{P} = {}^F\overrightarrow{OP} = \begin{pmatrix} x \\ y \\ z \end{pmatrix} \quad \Leftrightarrow \quad \overrightarrow{OP} = x\boldsymbol{i} + y\boldsymbol{j} + z\boldsymbol{k} \tag{1-11}$$

考虑三维空间中的两个坐标系 $(A) = (O_A, i_A, j_A, k_A)$ 和 $(B) = (O_B, i_B, j_B, k_B)$，首先假设两个坐标系的基向量互相平行，即 $\boldsymbol{i}_A = \boldsymbol{i}_B$，$\boldsymbol{j}_A = \boldsymbol{j}_B$，$\boldsymbol{k}_A = \boldsymbol{k}_B$，两原点 O_A 和 O_B 不同，如图 1-16 所示。

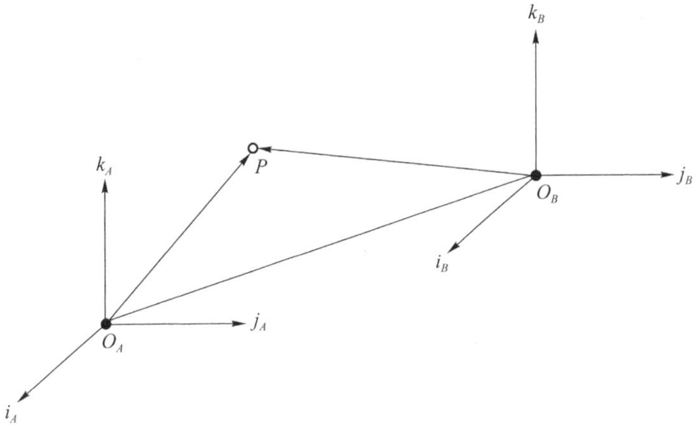

图 1-16 只有平移关系的两坐标系示意图

在这种情况下，两坐标系之间只有平移关系，所以有 $\overrightarrow{O_BP} = \overrightarrow{O_BO_A} + \overrightarrow{O_AP}$，因此：

$$ {}^B\boldsymbol{P} = {}^A\boldsymbol{P} + {}^B\boldsymbol{O}_A$$

当两坐标系的原点重合，但对应的基向量不同时，两坐标系之间只存在旋转关系而不存在平移关系，如图 1-17 所示。

我们将旋转关系定义为一个 3×3 的矩阵：

$$ {}^B_A\boldsymbol{R} = \begin{pmatrix} \boldsymbol{i}_A \cdot \boldsymbol{i}_B & \boldsymbol{j}_A \cdot \boldsymbol{i}_B & \boldsymbol{k}_A \cdot \boldsymbol{i}_B \\ \boldsymbol{i}_A \cdot \boldsymbol{j}_B & \boldsymbol{j}_A \cdot \boldsymbol{j}_B & \boldsymbol{k}_A \cdot \boldsymbol{j}_B \\ \boldsymbol{i}_A \cdot \boldsymbol{k}_B & \boldsymbol{j}_A \cdot \boldsymbol{k}_B & \boldsymbol{k}_A \cdot \boldsymbol{k}_B \end{pmatrix} \tag{1-12}$$

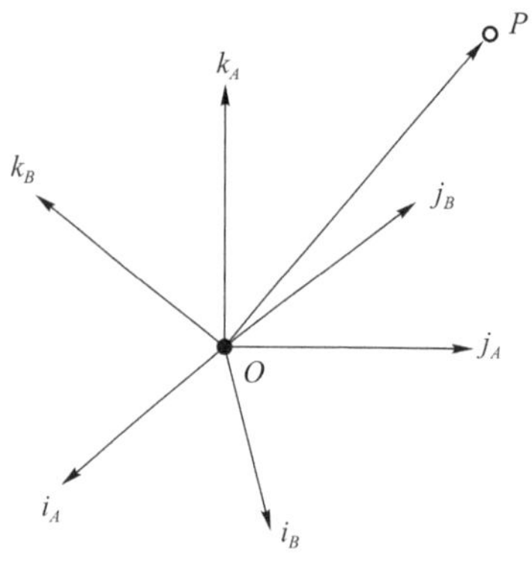

图 1-17 只有旋转关系的两坐标系示意图

注意矩阵${}_A^B\boldsymbol{R}$ 的第一列由 $\boldsymbol{i}_A$ 在($\boldsymbol{i}_B$,$\boldsymbol{j}_B$,$\boldsymbol{k}_B$)基础上的坐标组成,同样地,第二列和第三列分别由 $\boldsymbol{j}_A$ 和 $\boldsymbol{k}_A$ 在($\boldsymbol{i}_B$,$\boldsymbol{j}_B$,$\boldsymbol{k}_B$)基础上的坐标组成。于是矩阵${}_A^B\boldsymbol{R}$ 可以用 3 个列向量或行向量的组合来更简洁地表示:

$$ {}_A^B\boldsymbol{R}=({}^B\boldsymbol{i}_A \quad {}^B\boldsymbol{j}_A \quad {}^B\boldsymbol{k}_A)=\begin{pmatrix} {}^A\boldsymbol{i}_B^{\mathrm{T}} \\ {}^A\boldsymbol{j}_B^{\mathrm{T}} \\ {}^A\boldsymbol{k}_B^{\mathrm{T}} \end{pmatrix} \tag{1-13} $$

因此有${}_B^A\boldsymbol{R}={}_A^B\boldsymbol{R}^{\mathrm{T}}$。为了符号表达得清晰,我们这里规定左下标指的是原坐标系,左上标指的是目标坐标系,例如,${}^A\boldsymbol{P}$ 表示点 P 基于坐标系(A)的坐标,${}^B\boldsymbol{j}_A$ 表示 $\boldsymbol{j}_A$ 向量在坐标系(B)中的表示,矩阵${}_A^B\boldsymbol{R}$ 表示从坐标系(A)旋转到坐标系(B)的旋转矩阵。

在两坐标系(A)和(B)只存在旋转关系的情况下,假设 $\boldsymbol{k}_A=\boldsymbol{k}_B=\boldsymbol{k}$,向量 $\boldsymbol{i}_A$ 和 $\boldsymbol{i}_B$ 的夹角为 α,如图 1-18 所示,$\boldsymbol{i}_A$ 向量绕 $\boldsymbol{k}$ 向量逆时针旋转 α 得到 $\boldsymbol{i}_B$ 向量,同样地,$\boldsymbol{j}_A$ 向量绕 $\boldsymbol{k}$ 向量逆时针旋转 α 得到 $\boldsymbol{j}_B$ 向量。

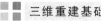

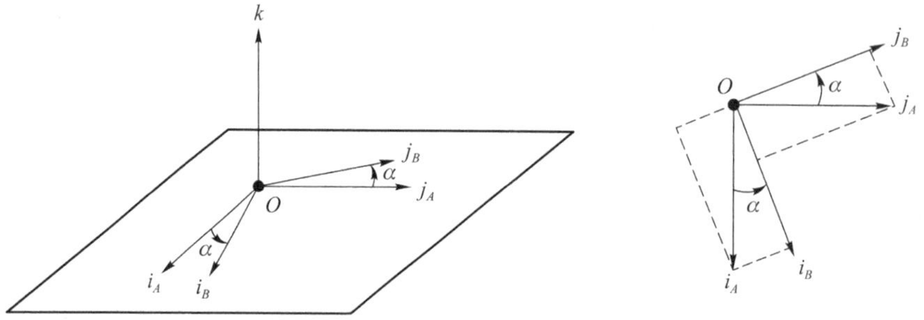

图 1-18 坐标系旋转分析示意图

此时旋转矩阵${}_A^B\boldsymbol{R}$ 可以表示为

$$ {}_A^B\boldsymbol{R}_k=\begin{pmatrix} \cos\alpha & \sin\alpha & 0 \\ -\sin\alpha & \cos\alpha & 0 \\ 0 & 0 & 1 \end{pmatrix} \tag{1-14} $$

这里假设的是两坐标系的 $\boldsymbol{k}$ 向量相同,当两坐标系的 $\boldsymbol{i}$ 向量或 $\boldsymbol{j}$ 向量相同时也可得到类似的旋转矩阵,假设坐标系(A)绕 i 轴逆时针旋转 γ 角度对应的旋转矩阵为${}_A^B\boldsymbol{R}_i$,绕 j 轴逆时针

旋转 β 角度对应的旋转矩阵为 ${}^B_A\boldsymbol{R}_j$，那么矩阵 ${}^B_A\boldsymbol{R}_i$ 和 ${}^B_A\boldsymbol{R}_j$ 可分别写为

$$ {}^B_A\boldsymbol{R}_i=\begin{pmatrix}1&0&0\\0&\cos\gamma&\sin\gamma\\0&-\sin\gamma&\cos\gamma\end{pmatrix} \tag{1-15}$$

$$ {}^B_A\boldsymbol{R}_j=\begin{pmatrix}\cos\beta&0&-\sin\beta\\0&1&0\\\sin\beta&0&\cos\beta\end{pmatrix} \tag{1-16}$$

可以证明，任何旋转矩阵都可以写成关于绕 $\boldsymbol{i},\boldsymbol{j},\boldsymbol{k}$ 向量旋转的 3 个基本旋转矩阵的乘积，于是旋转矩阵也可表示为如下形式：

$$\begin{aligned}{}^B_A\boldsymbol{R}&={}^B_A\boldsymbol{R}_i\cdot{}^B_A\boldsymbol{R}_j\cdot{}^B_A\boldsymbol{R}_k\\&=\begin{pmatrix}1&0&0\\0&\cos\gamma&\sin\gamma\\0&-\sin\gamma&\cos\gamma\end{pmatrix}\begin{pmatrix}\cos\beta&0&-\sin\beta\\0&1&0\\\sin\beta&0&\cos\beta\end{pmatrix}\begin{pmatrix}\cos\alpha&\sin\alpha&0\\-\sin\alpha&\cos\alpha&0\\0&0&1\end{pmatrix}\\&=\begin{pmatrix}\cos\alpha\cos\beta&\cos\alpha\sin\beta\sin\gamma+\sin\alpha\cos\gamma&-\cos\alpha\sin\beta\cos\gamma+\sin\alpha\sin\gamma\\-\sin\alpha\cos\beta&-\sin\alpha\sin\beta\sin\gamma+\cos\alpha\cos\gamma&\sin\alpha\sin\beta\cos\gamma+\cos\alpha\sin\gamma\\\sin\beta&-\cos\beta\sin\gamma&\cos\beta\cos\gamma\end{pmatrix}\end{aligned} \tag{1-17}$$

对于三维空间中的一点 P，其坐标可以写为

$$\overrightarrow{OP}=(i_A\quad j_A\quad k_A)\begin{pmatrix}A_x\\A_y\\A_z\end{pmatrix}=(i_B\quad j_B\quad k_B)\begin{pmatrix}B_x\\B_y\\B_z\end{pmatrix} \tag{1-18}$$

其在坐标系 (A) 中的坐标和在坐标系 (B) 中的坐标之间存在如下关系：

$${}^B\boldsymbol{P}={}^B_A\boldsymbol{R}\,{}^A\boldsymbol{P} \tag{1-19}$$

旋转矩阵具有以下特性：①旋转矩阵的逆矩阵等于它的转置；②旋转矩阵的行列式等于 1。从定义上看，旋转矩阵的列可以形成一个右手正交坐标系。根据特性①和②也可看出，旋转矩阵的行也可以形成一个这样的坐标系。

需要注意的是，旋转矩阵的集合形成了一个群：①两个旋转矩阵的乘积也是一个旋转矩阵（这一点可以直观地看出并且很容易验证）；②旋转矩阵的乘积满足结合律，即对于任何旋转矩阵 $\boldsymbol{R},\boldsymbol{R}',\boldsymbol{R}''$ 有 $(\boldsymbol{R}\boldsymbol{R}')\boldsymbol{R}''=\boldsymbol{R}(\boldsymbol{R}'\boldsymbol{R}'')$；③$3\times3$ 的单位矩阵 $\boldsymbol{I}$ 也可看成旋转矩阵，对于任意的旋转矩阵 $\boldsymbol{R}$ 有 $\boldsymbol{R}\boldsymbol{I}=\boldsymbol{I}\boldsymbol{R}=\boldsymbol{R}$；④旋转矩阵的逆等于它的转置，于是有 $\boldsymbol{R}\boldsymbol{R}^{-1}=\boldsymbol{R}^{-1}\boldsymbol{R}=\boldsymbol{I}$。然而这个矩阵群是不满足交换律的，即给定两个旋转矩阵 $\boldsymbol{R}$ 和 $\boldsymbol{R}'$，两个乘积 $\boldsymbol{R}\boldsymbol{R}'$ 和 $\boldsymbol{R}'\boldsymbol{R}$ 通常是不同的。

考虑一般的情形，当两个坐标系的原点和基向量都不相同时，即它们之间既存在平移关系又有旋转关系，我们将这两个坐标系之间的变换关系称为刚体变换，如图 1-19 所示。

对于三维空间中的一点 P，其在两个坐标系中的坐标有如下关系：

$${}^B\boldsymbol{P}={}^B_A\boldsymbol{R}\,{}^A\boldsymbol{P}+{}^B\boldsymbol{O}_A \tag{1-20}$$

可以直观地认为坐标系 (A) 先进行旋转使得 3 个基向量与坐标系 (B) 的 3 个基向量方向相同，然后再进行平移操作将原点移动到 O_B，从而实现坐标系 (A) 到坐标系 (B) 的转换。于是对于三维空间中的一点，其在坐标系 (A) 中的坐标经过一个旋转矩阵的变换再经过一

个平移变换就可以得到其在坐标系(B)中的坐标，从而实现不同坐标系下点的坐标转换。

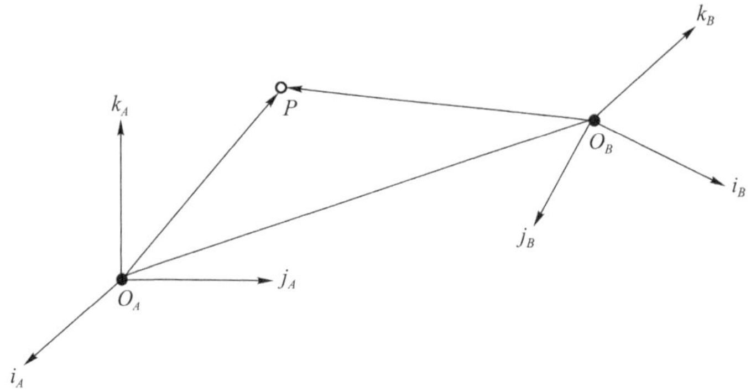

图 1-19 刚体变换示意图

我们可以利用前一小节提到的齐次坐标来表示刚体变换，将刚体变换关系式转化为矩阵乘积的形式。我们知道矩阵之间可以块的形式相乘，假设有如下两个矩阵：

$$\boldsymbol{A}=\begin{pmatrix}\boldsymbol{A}_{11} & \boldsymbol{A}_{12}\\ \boldsymbol{A}_{21} & \boldsymbol{A}_{22}\end{pmatrix},\quad \boldsymbol{B}=\begin{pmatrix}\boldsymbol{B}_{11} & \boldsymbol{B}_{12}\\ \boldsymbol{B}_{21} & \boldsymbol{B}_{22}\end{pmatrix}$$

其中，子矩阵 $\boldsymbol{A}_{11}$ 和 $\boldsymbol{A}_{21}$ 的列数等于 $\boldsymbol{B}_{11}$ 和 $\boldsymbol{B}_{12}$ 的行数，$\boldsymbol{A}_{12}$ 和 $\boldsymbol{A}_{22}$ 的列数等于 $\boldsymbol{B}_{21}$ 和 $\boldsymbol{B}_{22}$ 的行数，将 $\boldsymbol{A},\boldsymbol{B}$ 矩阵相乘可以得到如下形式：

$$\boldsymbol{AB}=\begin{pmatrix}\boldsymbol{A}_{11}\boldsymbol{B}_{11}+\boldsymbol{A}_{12}\boldsymbol{B}_{21} & \boldsymbol{A}_{11}\boldsymbol{B}_{12}+\boldsymbol{A}_{12}\boldsymbol{B}_{22}\\ \boldsymbol{A}_{21}\boldsymbol{B}_{11}+\boldsymbol{A}_{22}\boldsymbol{B}_{21} & \boldsymbol{A}_{21}\boldsymbol{B}_{12}+\boldsymbol{A}_{22}\boldsymbol{B}_{22}\end{pmatrix} \tag{1-21}$$

举一个具体的例子：

$$\begin{pmatrix}r_{11} & r_{12} & r_{13}\\ r_{21} & r_{22} & r_{23}\\ r_{31} & r_{32} & r_{33}\end{pmatrix}\begin{pmatrix}c_{11} & c_{12}\\ c_{21} & c_{22}\\ c_{31} & c_{32}\end{pmatrix}=\begin{pmatrix}r_{11}c_{11}+r_{12}c_{21}+r_{13}c_{31} & r_{11}c_{12}+r_{12}c_{22}+r_{13}c_{32}\\ r_{21}c_{11}+r_{22}c_{21}+r_{23}c_{31} & r_{21}c_{12}+r_{22}c_{22}+r_{23}c_{32}\\ r_{31}c_{11}+r_{32}c_{21}+r_{33}c_{31} & r_{31}c_{12}+r_{32}c_{22}+r_{33}c_{32}\end{pmatrix}$$

$$=\left[\begin{matrix}\begin{pmatrix}r_{11} & r_{12} & r_{13}\\ r_{21} & r_{22} & r_{23}\end{pmatrix}\begin{pmatrix}c_{11}\\ c_{21}\\ c_{31}\end{pmatrix} & \begin{pmatrix}r_{11} & r_{12} & r_{13}\\ r_{21} & r_{22} & r_{23}\end{pmatrix}\begin{pmatrix}c_{12}\\ c_{22}\\ c_{32}\end{pmatrix}\\ (r_{31} \quad r_{32} \quad r_{33})\begin{pmatrix}c_{11}\\ c_{21}\\ c_{31}\end{pmatrix} & (r_{31} \quad r_{32} \quad r_{33})\begin{pmatrix}c_{12}\\ c_{22}\\ c_{32}\end{pmatrix}\end{matrix}\right]$$

因此我们可以将刚体变换表达式重写为

$$\begin{pmatrix}{}^{B}\boldsymbol{P}\\ 1\end{pmatrix}={}_{A}^{B}\boldsymbol{T}\begin{pmatrix}{}^{A}\boldsymbol{P}\\ 1\end{pmatrix},\quad {}_{A}^{B}\boldsymbol{T}=\begin{pmatrix}{}_{A}^{B}\boldsymbol{R} & {}^{B}\boldsymbol{O}_{A}\\ \boldsymbol{0}^{\mathrm{T}} & 1\end{pmatrix} \tag{1-22}$$

其中零向量 $\boldsymbol{0}=(0,0,0)^{\mathrm{T}}$。换句话说，使用齐次坐标时我们可以将刚体变换用一个 4×4 的矩阵 $\boldsymbol{T}$ 表示。不难证明，齐次坐标下刚体变换矩阵的集合也是一个矩阵群。

刚体变换可以将点从一个坐标系映射到另一个坐标系，在一个确定的坐标系中，刚体变换也可以认为是两个不同点之间的映射，例如，在坐标系(F)中点 P 通过刚体变换映射到 P'，可以表示为

$$^F\boldsymbol{P}'=\boldsymbol{R}^F\boldsymbol{P}+t \quad \Leftrightarrow \quad \begin{pmatrix} ^F\boldsymbol{P}' \\ 1 \end{pmatrix}=\begin{pmatrix} \boldsymbol{R} & \boldsymbol{t} \\ \boldsymbol{0}^{\mathrm{T}} & 1 \end{pmatrix}\begin{pmatrix} ^F\boldsymbol{P} \\ 1 \end{pmatrix} \tag{1-23}$$

其中,$\boldsymbol{R}$ 是一个旋转矩阵,$\boldsymbol{t}$ 是一个三维列向量。在这种情况下,刚体变换矩阵包含 P,P' 两点之间的旋转关系和平移关系信息。假设 P 点绕坐标系(F)的 k 轴逆时针旋转角度 θ 后得到 P',P 和 P'之间的坐标映射关系可以表示为

$$^F\boldsymbol{P}'=\boldsymbol{R}^F\boldsymbol{P} \tag{1-24}$$

$$\begin{pmatrix} ^F\boldsymbol{P}' \\ 1 \end{pmatrix}=\begin{pmatrix} \boldsymbol{R} & \boldsymbol{0} \\ \boldsymbol{0}^{\mathrm{T}} & 1 \end{pmatrix}\begin{pmatrix} ^F\boldsymbol{P} \\ 1 \end{pmatrix}$$

其中:

$$\boldsymbol{R}=\begin{pmatrix} \cos\theta & -\sin\theta & 0 \\ \sin\theta & \cos\theta & 0 \\ 0 & 0 & 1 \end{pmatrix}$$

如果点 P 不变,将坐标系(F)绕 k 轴逆时针旋转角度 θ 后得到坐标系(F'),在坐标系(F')中 P 点的坐标向量为$^{F'}\boldsymbol{P}$,$^F\boldsymbol{P}$ 和$^{F'}\boldsymbol{P}$ 则有如下关系:

$$^{F'}\boldsymbol{P}={}^{F'}_{F}\boldsymbol{R}^F\boldsymbol{P} \tag{1-25}$$

所以可以得到 $\boldsymbol{R}={}^{F'}_{F}\boldsymbol{R}^{-1}$,表示两坐标系之间的变换矩阵是将点映射到另一个坐标系中的变换矩阵的逆矩阵。

当旋转矩阵 $\boldsymbol{R}$ 替换为任意的 3×3 矩阵 $\boldsymbol{A}$ 时,上述关系式仍然成立,仍然可以表示坐标系之间的变换(或点之间的映射),但不再有长度和角度的限制,即新坐标系不一定具有单位长度,坐标轴不一定正交。这时候矩阵 $\boldsymbol{T}$ 写为

$$\boldsymbol{T}=\begin{pmatrix} \boldsymbol{A} & \boldsymbol{t} \\ \boldsymbol{0}^{\mathrm{T}} & 1 \end{pmatrix}$$

此时,$\boldsymbol{T}$ 表示仿射变换。当矩阵 $\boldsymbol{T}$ 为任意的 4×4 矩阵时,表示射影变换。仿射变换和射影变换也形成群,这里不再详细讨论。

1.2.3 一般摄像机的几何模型

三维物体通过摄像机在二维成像平面上形成投影时,摄像机会对该投影图像进行处理,最后获得一张以像素为单位的数字图像,因为我们需要建模的是三维物体到二维数字图像的映射,所以这里我们在针孔摄像机模型的基础上继续进行补充修正。

在针孔摄像机模型中,三维空间中的点被映射到二维平面上,我们将这种三维到二维的映射称为投影变换。但是投影变换的结果并不直接对应于我们实际得到的数字图像。首先,数字图像中的点通常与图像平面中的点位于不同的参考系中;其次,数字图像是由离散的像素组成的,而图像平面中的点是连续的;最后,由于镜头的制作误差原因,摄像机可能会产生非线性失真,如径向畸变等(这里不考虑这种特殊情况,我们会在摄像机标定一章中单独讨论),所以我们需要引入一些额外的摄像机参数对这些转换进行建模,以实现三维点到二维像素点的映射。

如图 1-20 所示,默认摄像机坐标系 k 轴所在直线与成像平面 Π' 的交点 O_c 为成像平面图像的坐标原点,但在实际情况中,数字图像坐标系(O',x,y)和投影成像坐标系(O_c,x,y)

并不一致，首先两者的坐标原点之间有一定的位置偏差，数字图像的坐标原点通常位于图像的左下角，而投影成像的坐标原点为图像的中心，所以需要在针孔摄像机模型的基础上先将成像平面上的图像坐标进行一次位置修正：

$$(x,y,z)\rightarrow\left(f\frac{x}{z}+c_x,f\frac{y}{z}+c_y\right)$$

其中(c_x,c_y)是O_c在像素坐标系下的坐标。

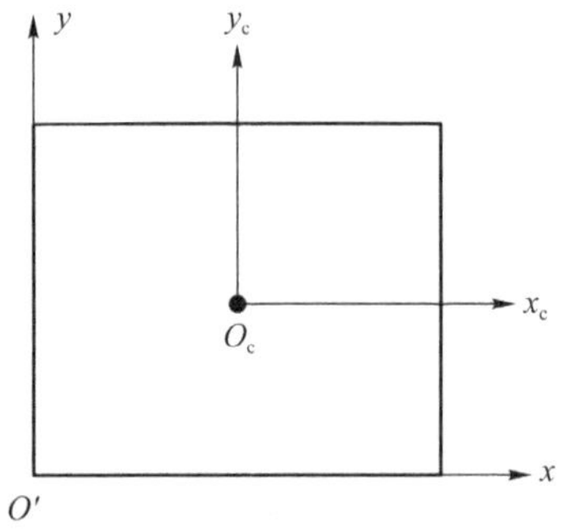

图 1-20　像平面坐标系

然后需要将图像坐标进行离散化，从而将成像图像转化为数字图像，考虑一些 CCD 相机的成像情况，每个像素可能并非正方形，不能保证像素的纵横比为 1，所以需要在 x 轴和 y 轴上引入不同的比例参数以建模这种情况：

$$(x,y,z)\rightarrow\left(fk\frac{x}{z}+c_x,fl\frac{y}{z}+c_y\right)$$

其中 k 和 l 为把米制单位转换为像素单位的转换量，单位是 pixel/m，实现连续的图像坐标到离散的像素坐标的转换，这个转换量的数值大小与成像元器件的性质有关。

因为 f,k,l 都是相机内部的参数，并且不是独立的，为简化表达，我们一般将 fk 用参数 α 表示，将 fl 用参数 β 表示，于是坐标映射表达式变为

$$(x,y,z)\rightarrow\left(\alpha\frac{x}{z}+c_x,\beta\frac{y}{z}+c_y\right)$$

由于 z 参数的存在，α/z 和 β/z 并不是一个常数，所以该坐标变换不是线性的。为了便于后续的推导和表示，我们希望这个投影变换是一个线性变换，从而可以用一个矩阵和输入向量的乘积来表示这一变换过程。于是这里引入齐次坐标的表示形式，齐次坐标可以将这样的非线性变换转换为线性变换。在齐次坐标中，三维点 P 的坐标与二维像素点 p 的坐标的关系如下：

$$(x,y,z,1)\rightarrow\left(\alpha\frac{x}{z}+c_x,\beta\frac{y}{z}+c_y,1\right)$$

可以写成如下矩阵变换的形式：

$$\boldsymbol{p}=\begin{pmatrix}\alpha x+c_x z\\ \beta y+c_y z\\ z\end{pmatrix}=\begin{pmatrix}\alpha & 0 & c_x & 0\\ 0 & \beta & c_y & 0\\ 0 & 0 & 1 & 0\end{pmatrix}\begin{pmatrix}x\\ y\\ z\\ 1\end{pmatrix}\tag{1-26}$$

设定矩阵 $\boldsymbol{M}$：

$$M=\begin{pmatrix}\alpha & 0 & c_x & 0\\ 0 & \beta & c_y & 0\\ 0 & 0 & 1 & 0\end{pmatrix}$$

我们可以直接用矩阵 $\boldsymbol{M}$ 来表示三维空间点坐标到二维像素点坐标的映射关系：

$$\boldsymbol{p}=\boldsymbol{MP} \tag{1-27}$$

一般情况下，像素平面上每个像素的形状都是方形的，但由于摄像机传感器制作工艺的误差，像素可能会发生倾斜，使之不是方形而是近似平行四边形，这样便导致图像发生倾斜，像素坐标系 x 轴和 y 轴之间的夹角不再垂直，略大于或小于 90°，如图 1-21 所示。

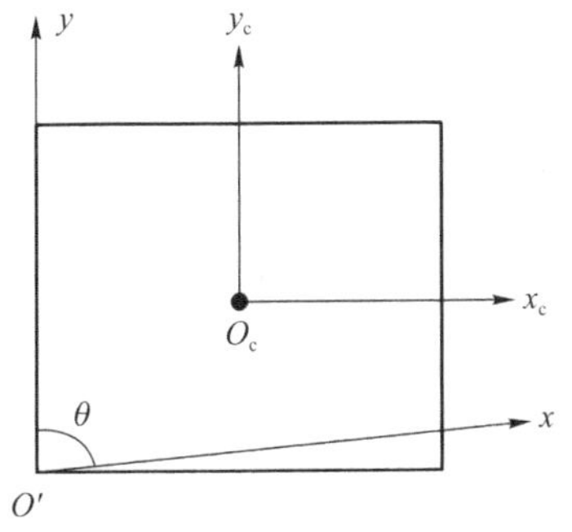

图 1-21　像素倾斜示意图

假设 θ 为 x 轴和 y 轴的夹角，由于 θ 可能不为 90°，所以需要对摄像机模型进行进一步的修正，在 $\boldsymbol{M}$ 矩阵中加入 θ 参数来表示像素倾斜情况：

$$\boldsymbol{p}=\begin{pmatrix}\alpha & -\alpha\cot\theta & c_x & 0\\ 0 & \beta/\sin\theta & c_y & 0\\ 0 & 0 & 1 & 0\end{pmatrix}\begin{pmatrix}x\\ y\\ z\\ 1\end{pmatrix}=\boldsymbol{MP} \tag{1-28}$$

我们将矩阵 $\boldsymbol{M}$ 称为投影矩阵，矩阵 $\boldsymbol{M}$ 的前三列包含的是摄像机的内部参数，最后一列为 $\boldsymbol{0}$，将矩阵 $\boldsymbol{M}$ 的前三列提取出来，得到摄像机内参数矩阵 $\boldsymbol{K}$：

$$\boldsymbol{K}=\begin{pmatrix}\alpha & -\alpha\cot\theta & c_x\\ 0 & \beta/\sin\theta & c_y\\ 0 & 0 & 1\end{pmatrix} \tag{1-29}$$

摄像机的内参数是摄像机的固有参数，只与摄像机的硬件和基本属性有关。内参数矩阵决定了摄像机坐标系下三维空间点到二维像素点的映射，我们可以将这种映射关系进一步写为

$$\boldsymbol{p}=\begin{pmatrix}\alpha & -\alpha\cot\theta & c_x & 0\\ 0 & \beta/\sin\theta & c_y & 0\\ 0 & 0 & 1 & 0\end{pmatrix}\begin{pmatrix}x\\ y\\ z\\ 1\end{pmatrix}=\boldsymbol{MP}=\boldsymbol{K}(\boldsymbol{I}\quad\boldsymbol{0})\boldsymbol{P} \tag{1-30}$$

摄像机模型中点的映射都是基于摄像机坐标系的，由于摄像机坐标系是由每个摄像机的位置决定的，当存在多个摄像机时，我们需要基于一个统一的坐标系来对世界中某个物体

的位置进行描述，于是这里再引入一个概念：世界坐标系。三维物体上点的坐标都可以基于世界坐标系唯一确定。

由 1.2.2 节可知，三维空间中两个不同坐标系之间存在着旋转和平移的关系，可以用一个包含旋转矩阵和平移向量的刚体变换矩阵来表示。如果统一用世界坐标系表示三维空间中点的坐标，那么在前面描述的投影模型的基础上需要额外引入一个坐标系的转换，即将世界坐标系上的点的坐标转换到摄像机坐标系上（如图 1-22 所示）：

$$\boldsymbol{P}=\begin{pmatrix}\boldsymbol{R} & \boldsymbol{t}\\ \boldsymbol{0}^{\mathrm{T}} & 1\end{pmatrix}\boldsymbol{P}_{\mathrm{w}} \tag{1-31}$$

然后将其代入一般摄像机模型，得到世界坐标系下的三维点到摄像机像素平面的二维点的映射关系：

$$\boldsymbol{p}=\boldsymbol{K}(\boldsymbol{I}\quad \boldsymbol{0})\boldsymbol{P}=\boldsymbol{K}(\boldsymbol{I}\quad \boldsymbol{0})\begin{pmatrix}\boldsymbol{R} & \boldsymbol{t}\\ \boldsymbol{0}^{\mathrm{T}} & 1\end{pmatrix}\boldsymbol{P}_{\mathrm{w}}=\boldsymbol{K}(\boldsymbol{R}\quad \boldsymbol{t})\boldsymbol{P}_{\mathrm{w}}=\boldsymbol{M}\boldsymbol{P}_{\mathrm{w}} \tag{1-32}$$

其中矩阵 $(\boldsymbol{R}\quad \boldsymbol{t})$ 称为外参数矩阵，表示世界坐标系与摄像机坐标系的旋转平移关系。这里的 $\boldsymbol{M}=\boldsymbol{K}(\boldsymbol{R}\quad \boldsymbol{t})$ 称为透视投影矩阵，不仅包含摄像机的内部参数，也包含摄像机的位姿信息。透视投影关系中各矩阵的含义和维度整理如表 1-2 所示。

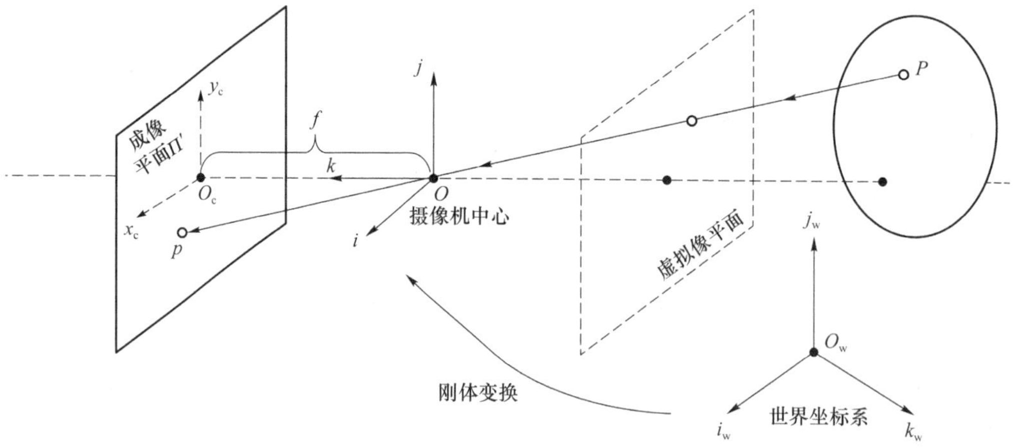

图 1-22　世界坐标系和摄像机坐标系的关系

表 1-2　透视投影各符号的含义

符号	含义	维度
$\boldsymbol{p}$	像素平面上的点的齐次坐标	3×1
$\boldsymbol{K}$	摄像机内参数矩阵	3×3
$\boldsymbol{P}$	三维点在摄像机坐标系下的齐次坐标	4×1
$\begin{pmatrix}\boldsymbol{R} & \boldsymbol{t}\\ \boldsymbol{0}^{\mathrm{T}} & 1\end{pmatrix}$	摄像机坐标系相对世界坐标系的旋转与平移	4×4
$\boldsymbol{P}_{\mathrm{w}}$	三维点在世界坐标系下的齐次坐标	4×1
$\boldsymbol{M}$	透视投影矩阵	3×4

1.2.4 透视投影矩阵的性质

透视投影矩阵 $\boldsymbol{M}$ 由两种类型的参数组成：内参数和外参数。摄像机内参数矩阵 $\boldsymbol{K}$ 包含的所有参数都是内参数，随着摄像机自身状况的变化而变化，外参数包括旋转和平移参数，只与摄像机的位姿有关，而与摄像机的性质无关。总的来说，透视投影矩阵 $\boldsymbol{M}$ 是一个 3×4 的矩阵，有 11 个自由度：其中 5 个自由度来自摄像机内参数矩阵，3 个自由度来自旋转矩阵，最后 3 个自由度来自平移向量。当内参数中的倾斜角度为 90°且两坐标轴的转换系数一样($\alpha=\beta$)时，矩阵 $\boldsymbol{M}$ 是一个零倾斜和单位纵横比的透视投影矩阵，可以通过一定的矩阵变换将一般的摄像机转换为具有零倾斜和单位纵横比的摄像机。

关于透视投影矩阵 $\boldsymbol{M}$ 还有以下定理，将透视投影矩阵写成($\boldsymbol{A}\quad\boldsymbol{b}$)的形式，其中矩阵 $\boldsymbol{A}$ 的每一行用向量 $\boldsymbol{a}_i^{\mathrm{T}}(i=1,2,3)$ 表示：

$$\boldsymbol{M}=\boldsymbol{K}(\boldsymbol{R}\quad \boldsymbol{t})=(\boldsymbol{KR}\quad \boldsymbol{Kt})=(\boldsymbol{A}\quad \boldsymbol{b})$$

$$\boldsymbol{A}=\begin{pmatrix}\boldsymbol{a}_1^{\mathrm{T}}\\ \boldsymbol{a}_2^{\mathrm{T}}\\ \boldsymbol{a}_3^{\mathrm{T}}\end{pmatrix}$$

- $\boldsymbol{M}$ 是透视投影矩阵的一个充分必要条件是 $\mathrm{Det}(\boldsymbol{A})\neq0$。
- $\boldsymbol{M}$ 是零倾斜透视矩阵的一个充分必要条件是 $\mathrm{Det}(\boldsymbol{A})\neq0$ 且 $(\boldsymbol{a}_1\times\boldsymbol{a}_3)\cdot(\boldsymbol{a}_2\times\boldsymbol{a}_3)=0$。
- $\boldsymbol{M}$ 是零倾斜且宽高比为 1 的透视投影矩阵的一个充分必要条件是 $\mathrm{Det}(\boldsymbol{A})\neq0$ 且

$$\begin{cases}(\boldsymbol{a}_1\times\boldsymbol{a}_3)\cdot(\boldsymbol{a}_2\times\boldsymbol{a}_3)=0\\ (\boldsymbol{a}_1\times\boldsymbol{a}_3)\cdot(\boldsymbol{a}_1\times\boldsymbol{a}_3)=(\boldsymbol{a}_2\times\boldsymbol{a}_3)\cdot(\boldsymbol{a}_2\times\boldsymbol{a}_3)\end{cases}$$

Faugeras 于 1993 年给出了这些定理的证明，我们在后面的摄像机标定推导中也讨论并证明了这些定理。

1.3 其他摄像机模型

其他摄像机模型

1.3.1 规范化摄像机模型

规范化摄像机模型是 1.2.3 节中一般摄像机模型的一个特例。

在规范化摄像机中内参数矩阵 $\boldsymbol{K}$ 是一个单位矩阵，其映射关系如下：

$$\boldsymbol{p}=\begin{pmatrix}1&0&0&0\\0&1&0&0\\0&0&1&0\end{pmatrix}\begin{pmatrix}x\\y\\z\\1\end{pmatrix}=(\boldsymbol{I}\quad \boldsymbol{0})\boldsymbol{P} \tag{1-33}$$

在这种情况下，内参数 $\alpha=1,\beta=1,\theta=90°$表示成像平面坐标到像素平面坐标的 x 方向和 y 方向上的映射是一样的，像素形状都为正方形；内参数 $c_x=c_y=0$，表示像素坐标系的坐标原点没有偏移。

在这种理想的相机模型中，三维世界点的坐标是其二维映射坐标的齐次坐标，反过来我们就可以根据像素平面中点的坐标推算出其在三维世界点的坐标，在后续极几何章节中会用到这一性质。

1.3.2 弱透视投影摄像机

当三维物体的深度远小于其与摄像机的距离时，即三维物体距离摄像机很远时，可以近似认为三维物体上的所有点到摄像机成像平面的距离相等，此时这个摄像机就称为弱透视投影摄像机。如图 1-23 所示，假设 $z_0\gg f$，我们将物体上的 3 个点 P,R,Q 近似看作在同一个平面上。其中点 P 和 R 的弱透视投影分为两个步骤：先将点 P 和 R 按照垂直投影投到三维点所在的平面，投影点分别记为 P'和 R'，然后用透视投影把 P'和 R'分别映射到成像点 p 和 r。这样在摄像机坐标系下三维物体上点的坐标和二维像素点的坐标的关系便是一个线性关系：

$$\begin{cases} x'=\dfrac{f}{z}x \\ y'=\dfrac{f}{z}y \end{cases} \rightarrow \begin{cases} x'=\dfrac{f}{z_0}x \\ y'=\dfrac{f}{z_0}y \end{cases} \tag{1-34}$$

这种情况下我们将其投影矩阵写成如下形式：

$$\boldsymbol{M}=\boldsymbol{K}(\boldsymbol{R}\quad \boldsymbol{t})=\begin{pmatrix} \boldsymbol{A}_{2\times 3} & \boldsymbol{b}_{2\times 1} \\ \boldsymbol{v}_{1\times 3}^{\mathrm{T}} & 1 \end{pmatrix} \tag{1-35}$$

在弱透视投影中向量 $\boldsymbol{v}_{1\times 3}=\boldsymbol{0}$，所以投影矩阵可以写成

$$\boldsymbol{M}=\begin{pmatrix} \boldsymbol{A} & \boldsymbol{b} \\ \boldsymbol{0}^{\mathrm{T}} & 1 \end{pmatrix} \tag{1-36}$$

因为 $\boldsymbol{M}$ 是 3×4 的矩阵，将其每一行用 1×4 的向量 $\boldsymbol{m}_i^{\mathrm{T}}(i=1,2,3)$表示：

$$\boldsymbol{M}=\begin{pmatrix} \boldsymbol{A} & \boldsymbol{b} \\ \boldsymbol{0}^{\mathrm{T}} & 1 \end{pmatrix}=\begin{pmatrix} \boldsymbol{m}_1^{\mathrm{T}} \\ \boldsymbol{m}_2^{\mathrm{T}} \\ \boldsymbol{m}_3^{\mathrm{T}} \end{pmatrix}=\begin{pmatrix} & \boldsymbol{m}_1^{\mathrm{T}} & \\ & \boldsymbol{m}_2^{\mathrm{T}} & \\ 0 \quad 0 & 0 & 1 \end{pmatrix} \tag{1-37}$$

于是，以 P 点为例，得到弱透视投影下三维点和二维点的映射关系：

$$\boldsymbol{p}=\boldsymbol{M}\boldsymbol{P}_{\mathrm{w}}=\begin{pmatrix} \boldsymbol{m}_1^{\mathrm{T}} \\ \boldsymbol{m}_2^{\mathrm{T}} \\ \boldsymbol{m}_3^{\mathrm{T}} \end{pmatrix}\boldsymbol{P}_{\mathrm{w}}=\begin{pmatrix} \boldsymbol{m}_1^{\mathrm{T}}\boldsymbol{P}_{\mathrm{w}} \\ \boldsymbol{m}_2^{\mathrm{T}}\boldsymbol{P}_{\mathrm{w}} \\ 1 \end{pmatrix} \tag{1-38}$$

点 p 在欧氏空间中的坐标为$(\boldsymbol{m}_1^{\mathrm{T}}\boldsymbol{P}_{\mathrm{w}},\boldsymbol{m}_2^{\mathrm{T}}\boldsymbol{P}_{\mathrm{w}})$，在这个弱透视投影的过程中，投影矩阵总共只有 8 个独立的参数，而一般透视摄像机的投影矩阵有 11 个参数。通常当物体距离摄像机较远时，我们以弱透视投影的模型进行计算，可以简化计算的复杂度。

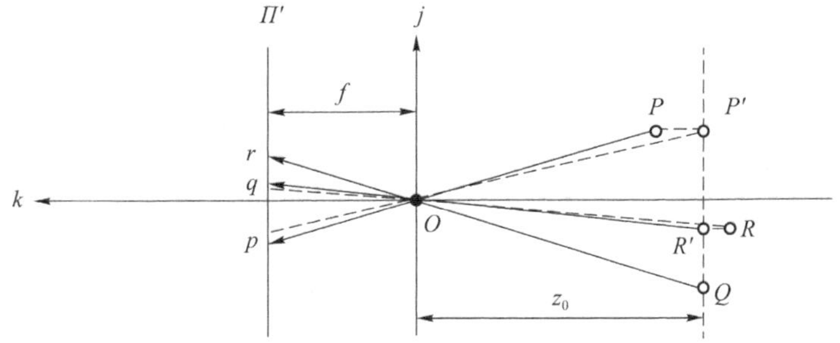

图 1-23 弱透视投影示意图

1.3.3 正交投影摄像机

假设当摄像机焦距无限大，且物体距离摄像机足够远时，对象的透视效果会消除，同时在成像平面上会投影出与对象大小相同的图像，这种投影可以保留平行关系，其中每个投影线都是平行的，如图 1-24 所示，我们将这种投影情况称为正交投影。

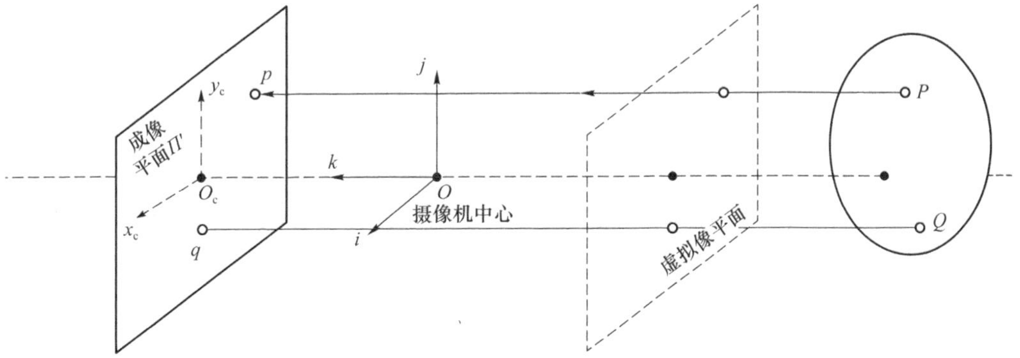

图 1-24 正交投影示意图

正交投影的尺度大小是和原始物体的大小一致的，摄像机坐标系下点的映射关系如下：

$$\begin{cases} x'=\dfrac{f'}{z}x \\ y'=\dfrac{f'}{z}y \end{cases} \rightarrow \begin{cases} x'=x \\ y'=y \end{cases} \tag{1-39}$$

于是在正交投影下三维点与二维点的映射关系可以写为

$$\boldsymbol{p}=\boldsymbol{M}\boldsymbol{P}_{\mathrm{w}}=\begin{pmatrix} 1 & 0 & 0 & 0 \\ 0 & 1 & 0 & 0 \\ 0 & 0 & 0 & 1 \end{pmatrix}\begin{pmatrix} \boldsymbol{R} & \boldsymbol{t} \\ \boldsymbol{0}^{\mathrm{T}} & 1 \end{pmatrix}\boldsymbol{P}_{\mathrm{w}} \tag{1-40}$$

正交投影通常是不现实的，我们一般不会考虑这种情况。正交投影更多应用在建筑设计(AUTOCAD)或者工业设计行业。

习　题

1. 在针孔摄像机成像的几何模型中(图1-5),试绘出 Oik 平面上的成像关系图,写出对应的坐标关系。

2. 推导出距离针孔前面 f' 处的虚拟像平面的投影关系式。

3. 讨论球体在针孔摄像机中的投影是什么形状。

4. 推导透镜成像方程〔式(1-4)〕。

5. 假设坐标系(B)由坐标系(A)分别绕 $\boldsymbol{i}_A$,$\boldsymbol{j}_A$,$\boldsymbol{k}_A$ 轴旋转角度 θ 得到,参考书中公式写出旋转矩阵 ${}_B^A\boldsymbol{R}$。

6. 证明旋转矩阵的性质:

① 旋转矩阵的逆矩阵等于它的转置;

② 旋转矩阵的行列式等于1。

7. 证明旋转矩阵不满足交换律,即给定两个旋转矩阵 $\boldsymbol{R}$ 和 $\boldsymbol{R}'$,两个乘积 $\boldsymbol{R}\boldsymbol{R}'$ 和 $\boldsymbol{R}'\boldsymbol{R}$ 通常是不同的。

8. 假设在坐标系(A)中两点间的刚体变换为 ${}^A\boldsymbol{T}=\begin{pmatrix} {}^A\boldsymbol{R} & {}^A\boldsymbol{t} \\ \boldsymbol{0}^{\mathrm{T}} & 1 \end{pmatrix}$,又已知坐标系$(A)$和坐标系$(B)$之间的刚体变换为 ${}_B^A\boldsymbol{T}$,求出在坐标系(B)中该两点间的刚体变换矩阵 ${}^B\boldsymbol{T}$。

9. 证明刚体变换不会改变点之间的距离和角度。

10. 证明当像素发生倾斜即两坐标轴夹角 θ 不为 $90°$ 时,式(1-26)变为式(1-28)。

11. 令 $\boldsymbol{O}$ 表示摄像机中心在世界坐标系中的齐次坐标向量,$\boldsymbol{M}$ 表示对应的透视投影矩阵,证明 $\boldsymbol{M}\boldsymbol{O}=\boldsymbol{0}$。

第2章

摄像机标定

2.1 针孔模型与摄像机标定问题

摄像机标定

2.1.1 最小二乘参数估计

估计摄像机的内、外参数问题也称为摄像机的标定问题，该问题可以建模为一个优化过程。本小节介绍一种基本的优化方法，即最小二乘法，用于解决摄像机标定问题，该方法在后续章节中也会多次使用。

1. 线性最小二乘法

假设线性方程组有 p 个方程和 q 个未知数：

$$\begin{cases} a_{11}x_1 + a_{12}x_2 + \cdots + a_{1q}x_q = y_1 \\ a_{21}x_1 + a_{22}x_2 + \cdots + a_{2q}x_q = y_2 \\ \qquad\qquad \vdots \\ a_{p1}x_1 + a_{p2}x_2 + \cdots + a_{pq}x_q = y_p \end{cases} \tag{2-1}$$

写成矩阵的形式为

$$\boldsymbol{A}\boldsymbol{x} = \boldsymbol{y} \tag{2-2}$$

其中：

$$\boldsymbol{A} = \begin{pmatrix} a_{11} & \cdots & a_{1q} \\ \vdots & & \vdots \\ a_{p1} & \cdots & a_{pq} \end{pmatrix}, \quad \boldsymbol{x} = \begin{pmatrix} x_1 \\ \vdots \\ x_q \end{pmatrix}, \quad \boldsymbol{y} = \begin{pmatrix} y_1 \\ \vdots \\ y_p \end{pmatrix}$$

当矩阵 $\boldsymbol{A}$ 列满秩时：

- 当 $p<q$ 时，为欠定方程组，方程个数少于未知量个数，有多解，解集形成 $\mathbb{R}^q$ 的 $q-p$ 维向量子空间；
- 当 $p=q$ 时，方程个数等于未知量个数，有唯一解；

- 当 $p>q$ 时，为超定方程组，方程个数多于未知量个数，无解（除非 $\boldsymbol{y}$ 可以由 $\boldsymbol{A}$ 的列向量线性表示）。

当矩阵 $\boldsymbol{A}$ 未列满秩时，解的存在取决于 $\boldsymbol{y}$ 的值和它是否属于 $\boldsymbol{A}$ 中列向量表示的向量空间，可能无解或有无穷多解。

本书主要关注 $p>q$ 的情况，并且假设矩阵 $\boldsymbol{A}$ 列满秩。在这种情况下，直接计算方程组无解，我们需要计算出一个近似解 $\boldsymbol{x}$，使得近似解的误差最小。误差的定义如下：

$$E=\sum_{i=1}^{p}(a_{i1}x_1+a_{i2}x_2+\cdots+a_{iq}x_q-y_i)^2=\|\boldsymbol{Ax}-\boldsymbol{y}\|^2 \tag{2-3}$$

令 $\boldsymbol{e}=\boldsymbol{Ax}-\boldsymbol{y}$，误差 E 可以写成 $E=\boldsymbol{e}\cdot\boldsymbol{e}$。为了找到向量 $\boldsymbol{x}$ 使得误差 E 最小，需要使误差 E 关于 $\boldsymbol{x}$ 的导数为 0，即

$$\frac{\partial E}{\partial x_i}=2\frac{\partial \boldsymbol{e}}{\partial x_i}\cdot\boldsymbol{e}=0,\quad i=1,\cdots,q \tag{2-4}$$

假设矩阵 $\boldsymbol{A}$ 的列向量用 $\boldsymbol{c}_j=(a_{1j},\cdots,a_{pj})^{\mathrm{T}}(j=1,\cdots,q)$ 表示，可以得到

$$\frac{\partial \boldsymbol{e}}{\partial x_i}=\frac{\partial}{\partial x_i}\left[(\boldsymbol{c}_1\quad\cdots\quad\boldsymbol{c}_q)\begin{pmatrix}x_1\\ \vdots\\ x_q\end{pmatrix}-\boldsymbol{y}\right]=\frac{\partial}{\partial x_i}(x_1\boldsymbol{c}_1+\cdots+x_q\boldsymbol{c}_q-\boldsymbol{y})=\boldsymbol{c}_i \tag{2-5}$$

于是欲使 $\dfrac{\partial E}{\partial x_i}=0$，就是使得 $\boldsymbol{c}_i^{\mathrm{T}}(\boldsymbol{Ax}-\boldsymbol{y})=0$，所以

$$\boldsymbol{0}=\begin{pmatrix}\boldsymbol{c}_1^{\mathrm{T}}\\ \vdots\\ \boldsymbol{c}_q^{\mathrm{T}}\end{pmatrix}(\boldsymbol{Ax}-\boldsymbol{y})=\boldsymbol{A}^{\mathrm{T}}(\boldsymbol{Ax}-\boldsymbol{y})\quad\Leftrightarrow\quad\boldsymbol{A}^{\mathrm{T}}\boldsymbol{Ax}=\boldsymbol{A}^{\mathrm{T}}\boldsymbol{y} \tag{2-6}$$

因为矩阵 $\boldsymbol{A}$ 列满秩且 $p>q$，所以矩阵 $\boldsymbol{A}$ 的秩为 q，显然矩阵 $\boldsymbol{A}^{\mathrm{T}}\boldsymbol{A}$ 是可逆的，根据上式可以直接得到该线性方程组的最优解是

$$\boldsymbol{x}=\boldsymbol{A}^{\dagger}\boldsymbol{y} \tag{2-7}$$

其中 $\boldsymbol{A}^{\dagger}=(\boldsymbol{A}^{\mathrm{T}}\boldsymbol{A})^{-1}\boldsymbol{A}^{\mathrm{T}}$ 称为矩阵 $\boldsymbol{A}$ 的伪逆矩阵，大小为 $q\times q$。当矩阵 $\boldsymbol{A}$ 是方阵且非奇异时 $\boldsymbol{A}^{\dagger}=\boldsymbol{A}^{-1}$。

这种方法简单直接，但在计算过程中需要求解矩阵的逆，计算量较大。其他方法例如 QR 分解或奇异值分解可以在不显式计算伪逆的情况下进行求解，并且在结果数值上表现得更好。

现在考虑 $\boldsymbol{y}=\boldsymbol{0}$ 的特殊情况，原方程组变为齐次线性方程组：

$$\begin{cases}a_{11}x_1+a_{12}x_2+\cdots+a_{1q}x_q=0\\ a_{21}x_1+a_{22}x_2+\cdots+a_{2q}x_q=0\\ \quad\vdots\\ a_{p1}x_1+a_{p2}x_2+\cdots+a_{pq}x_q=0\end{cases}\quad\Leftrightarrow\quad\boldsymbol{Ax}=\boldsymbol{0} \tag{2-8}$$

如果 $\boldsymbol{x}$ 是该方程组的一个解，那么对于任意 $\lambda\neq0$，$\lambda\boldsymbol{x}$ 都是该方程组的解。如果 $p=q$ 并且矩阵 $\boldsymbol{A}$ 是非奇异的，该方程组只有零解；在 $p\geqslant q$ 的情况下，只有在矩阵 $\boldsymbol{A}$ 是奇异的且秩严格小于 q 时才存在非零解。

在这些情况下，因为 $\boldsymbol{x}=\boldsymbol{0}$ 会使得 $E=0$，所以最小二乘误差 $E=\|\boldsymbol{Ax}\|^2$ 只有在排除 $\boldsymbol{x}=\boldsymbol{0}$ 的解后才有意义，于是我们对 $\boldsymbol{x}$ 采取 $\|\boldsymbol{x}\|=1$ 的约束。

误差 E 可以写为 $\|\boldsymbol{Ax}\|^2=\boldsymbol{x}^{\mathrm{T}}(\boldsymbol{A}^{\mathrm{T}}\boldsymbol{A})\boldsymbol{x}$。其中 $q\times q$ 大小的矩阵 $\boldsymbol{A}^{\mathrm{T}}\boldsymbol{A}$ 是一个对称半正定矩阵，其特征值全为正数或零，因此可以在特征值 $\lambda_i(0\leqslant\lambda_1\leqslant\cdots\leqslant\lambda_q)$ 对应的特征向量 $\boldsymbol{e}_i$ 的正交基础上对角化。我们可以将任意的单位向量写成 $\boldsymbol{x}=\mu_1\boldsymbol{e}_1+\cdots+\mu_q\boldsymbol{e}_q$，其中 $\mu_1^2+\cdots+\mu_q^2=1$。特别地：

$$\begin{aligned} E(\boldsymbol{x})-E(\boldsymbol{e}_1) &= \boldsymbol{x}^{\mathrm{T}}(\boldsymbol{A}^{\mathrm{T}}\boldsymbol{A})\boldsymbol{x}-\boldsymbol{e}_1^{\mathrm{T}}(\boldsymbol{A}^{\mathrm{T}}\boldsymbol{A})\boldsymbol{e}_1 \\ &= \lambda_1\mu_1^2+\cdots+\lambda_q\mu_q^2-\lambda_1 \\ &\geqslant \lambda_1(\mu_1^2+\cdots+\mu_q^2-1) \\ &= 0 \end{aligned} \tag{2-9}$$

由此可知，使得误差 E 最小的单位向量 $\boldsymbol{x}$ 是矩阵 $\boldsymbol{A}^{\mathrm{T}}\boldsymbol{A}$ 最小特征值对应的特征向量 $\boldsymbol{e}_1$，并且对应 E 的最小值是 λ_1。对于对称矩阵特征值和特征向量的计算，可以采用雅可比变换或转化成三对角形式后进行 QR 分解的方法，也可以采用奇异值分解的方法。

在上述齐次和非齐次线性最小二乘问题中，使用奇异值分解的方法可以在不计算矩阵 $\boldsymbol{A}^{\mathrm{T}}\boldsymbol{A}$ 的情况下进行求解。任何 $p\times q(p\geqslant q)$ 的实矩阵 $\boldsymbol{A}$ 都可以分解为

$$\boldsymbol{A}=\boldsymbol{UWV}^{\mathrm{T}} \tag{2-10}$$

其中：

- $\boldsymbol{U}$ 是一个 $p\times q$ 的列正交矩阵，即 $\boldsymbol{U}^{\mathrm{T}}\boldsymbol{U}=\boldsymbol{I}$；
- $\boldsymbol{W}$ 是一个对角矩阵，其对角元素 $w_i(i=1,\cdots,q)$ 是 $\boldsymbol{A}$ 的奇异值，其中 $w_1\geqslant w_2\geqslant\cdots\geqslant w_q\geqslant 0$；
- $\boldsymbol{V}$ 是一个 $q\times q$ 的正交矩阵，即 $\boldsymbol{V}^{\mathrm{T}}\boldsymbol{V}=\boldsymbol{VV}^{\mathrm{T}}=\boldsymbol{I}$。

这个过程就是矩阵 $\boldsymbol{A}$ 的奇异值分解(SVD)，可以用 Wilkinson 和 Reich(1971)提出的算法进行计算。通过该算法无须计算 $\boldsymbol{A}^{\mathrm{T}}\boldsymbol{A}$ 矩阵，而实际上 $\boldsymbol{A}$ 的伪逆可以写成

$$\boldsymbol{A}^{\dagger}=(\boldsymbol{A}^{\mathrm{T}}\boldsymbol{A})^{-1}\boldsymbol{A}^{\mathrm{T}}=[(\boldsymbol{VW}^{\mathrm{T}}\boldsymbol{U}^{\mathrm{T}})(\boldsymbol{UWV}^{\mathrm{T}})]^{-1}(\boldsymbol{VW}^{\mathrm{T}}\boldsymbol{U}^{\mathrm{T}})=\boldsymbol{VW}^{-1}\boldsymbol{U}^{\mathrm{T}} \tag{2-11}$$

存在定理：矩阵 $\boldsymbol{A}$ 的奇异值是矩阵 $\boldsymbol{A}^{\mathrm{T}}\boldsymbol{A}$ 特征值的平方根，矩阵 $\boldsymbol{V}$ 的列是对应的特征向量。

该定理可以用于求解之前的过约束齐次线性方程组，而无须显式地计算 $\boldsymbol{A}^{\mathrm{T}}\boldsymbol{A}$，方程组的解就是矩阵 $\boldsymbol{A}$ 奇异值分解中最小奇异值对应 $\boldsymbol{V}$ 的列向量。假设用 $\boldsymbol{e}_1,\cdots,\boldsymbol{e}_q$ 表示矩阵 $\boldsymbol{V}$ 的每一列，任意的单位向量 $\boldsymbol{x}$ 都可以表示为这些向量的线性组合：

$$\boldsymbol{x}=\mu_1\boldsymbol{e}_1+\cdots+\mu_q\boldsymbol{e}_q=\boldsymbol{V\mu} \tag{2-12}$$

其中 $\|\boldsymbol{\mu}\|^2=\mu_1^2+\cdots+\mu_q^2=1$。于是：

$$E(\boldsymbol{x})=\boldsymbol{x}^{\mathrm{T}}(\boldsymbol{A}^{\mathrm{T}}\boldsymbol{A})\boldsymbol{x}=(\boldsymbol{\mu}^{\mathrm{T}}\boldsymbol{V}^{\mathrm{T}})(\boldsymbol{VW}^{\mathrm{T}}\boldsymbol{U}^{\mathrm{T}})(\boldsymbol{UWV}^{\mathrm{T}})(\boldsymbol{V\mu})=\boldsymbol{\mu}^{\mathrm{T}}\boldsymbol{W}^{\mathrm{T}}\boldsymbol{W\mu}=\sum_{i=1}^{q}w_i^2\mu_i^2 \tag{2-13}$$

因为 $\boldsymbol{U}$ 是列正交的，而 $\boldsymbol{V}$ 是正交的，奇异值按降序排列，所以

$$E(\boldsymbol{x})-E(\boldsymbol{e}_q)=w_1^2\mu_1^2+\cdots+w_q^2\mu_q^2-w_q^2\geqslant w_q^2(\mu_1^2+\cdots+\mu_q^2-1)=0 \tag{2-14}$$

矩阵的奇异值分解也可用于矩阵未满秩的情况，假设矩阵 $\boldsymbol{A}$ 的秩为 $r<q$，$\boldsymbol{A}$ 的奇异值分解中矩阵 $\boldsymbol{U}$，$\boldsymbol{W}$，$\boldsymbol{V}$ 可以表示为

$$\boldsymbol{U}=(\boldsymbol{U}_r \quad \boldsymbol{U}_{q-r}),\quad \boldsymbol{W}=\begin{pmatrix}\boldsymbol{W}_r & \boldsymbol{0}\\ \boldsymbol{0} & \boldsymbol{0}\end{pmatrix},\quad \boldsymbol{V}^{\mathrm{T}}=\begin{pmatrix}\boldsymbol{V}_r^{\mathrm{T}}\\ \boldsymbol{V}_{q-r}^{\mathrm{T}}\end{pmatrix} \tag{2-15}$$

其中矩阵 $\boldsymbol{U}_r$ 中的列形成一组关于 $\boldsymbol{A}$ 中列向量所在空间的正交基，$\boldsymbol{V}_{q-r}$ 中列向量为矩阵 $\boldsymbol{A}$ 零

空间的基。因为矩阵 $\boldsymbol{U}_r$ 和 $\boldsymbol{V}_r$ 都是列正交的，所以有 $\boldsymbol{A}=\boldsymbol{U}_r\boldsymbol{W}_r\boldsymbol{V}_r^{\mathrm{T}}$。

2. 非线性最小二乘法

对于有 q 个未知量和 p 个方程的一般方程组：

$$\begin{cases} f_1(x_1,x_2,\cdots,x_q)=0 \\ f_2(x_1,x_2,\cdots,x_q)=0 \\ \qquad\vdots \\ f_p(x_1,x_2,\cdots,x_q)=0 \end{cases} \Leftrightarrow \quad \boldsymbol{f}(\boldsymbol{x})=\boldsymbol{0} \tag{2-16}$$

其中 $f_i, i=1,\cdots,p$ 是任意可微函数，$\boldsymbol{f}=(f_1,\cdots,f_p)^{\mathrm{T}}$，$\boldsymbol{x}=(x_1,\cdots,x_q)^{\mathrm{T}}$。当 $p<q$ 时，可能有多解，解集的维数是 $q-p$，但该集合将不再形成向量空间，其结构将取决于函数 f_i 的性质。同样地，在 $p=q$ 的情况下，通常也有有限个数的解，而不是唯一解。当 $p>q$ 时，方程组一般无解，我们仍然针对这种情况求取其近似解。

对函数 f_i 在点 $\boldsymbol{x}$ 附近进行一阶泰勒展开：

$$\begin{aligned} f_i(\boldsymbol{x}+\delta\boldsymbol{x}) &= f_i(\boldsymbol{x})+\delta x_1\frac{\partial f_i}{\partial x_1}(\boldsymbol{x})+\cdots+\delta x_q\frac{\partial f_i}{\partial x_q}(\boldsymbol{x})+O(\|\delta\boldsymbol{x}\|^2) \\ &\approx f_i(\boldsymbol{x})+\nabla f_i(\boldsymbol{x})\cdot\delta\boldsymbol{x} \end{aligned} \tag{2-17}$$

其中$\nabla f_i(\boldsymbol{x})=\left(\frac{\partial f_i}{\partial x_1},\cdots,\frac{\partial f_i}{\partial x_q}\right)^{\mathrm{T}}$ 称为函数 f_i 在点 $\boldsymbol{x}$ 处的梯度。于是可以得到

$$\boldsymbol{f}(\boldsymbol{x}+\delta\boldsymbol{x})\approx\boldsymbol{f}(\boldsymbol{x})+\boldsymbol{J}_f(\boldsymbol{x})\delta\boldsymbol{x} \tag{2-18}$$

其中 $\boldsymbol{J}_f(\boldsymbol{x})$称为雅可比矩阵：

$$\boldsymbol{J}_f(\boldsymbol{x})=\begin{pmatrix} \nabla f_1^{\mathrm{T}}(\boldsymbol{x}) \\ \vdots \\ \nabla f_p^{\mathrm{T}}(\boldsymbol{x}) \end{pmatrix}=\begin{bmatrix} \frac{\partial f_1}{\partial x_1}(\boldsymbol{x}) & \cdots & \frac{\partial f_1}{\partial x_q}(\boldsymbol{x}) \\ \vdots & & \vdots \\ \frac{\partial f_p}{\partial x_1}(\boldsymbol{x}) & \cdots & \frac{\partial f_p}{\partial x_q}(\boldsymbol{x}) \end{bmatrix} \tag{2-19}$$

我们可以利用迭代的方法进行解的估计，先给出解的一个估计值 $\boldsymbol{x}$，然后根据 $\boldsymbol{f}(\boldsymbol{x}+\delta\boldsymbol{x})\approx 0$ 来计算出关于 $\boldsymbol{x}$ 的变化量 $\delta\boldsymbol{x}$，即

$$\boldsymbol{J}_f(\boldsymbol{x})\delta\boldsymbol{x}=-\boldsymbol{f}(\boldsymbol{x}) \tag{2-20}$$

当雅可比矩阵非奇异时，可以直接解出 $\delta\boldsymbol{x}$，以此来更新估计值 $\boldsymbol{x}$，不断重复该过程直到解收敛。牛顿法就是基于此原理的一种迭代方法，因为牛顿法具有二阶收敛性，在 $k+1$ 步的误差与 k 步误差的平方成正比，所以在估计解接近最优解时会迅速收敛，下面将具体介绍该方法。

定义最小二乘误差 E 为

$$E(\boldsymbol{x}) = \|\boldsymbol{f}(\boldsymbol{x})\|^2 = \sum_{i=1}^{p} f_i^2(\boldsymbol{x}) \tag{2-21}$$

我们需要寻找 E 的局部最小值，通过迭代使得梯度为零来近似求解，首先定义与误差梯度相关的函数 $\boldsymbol{F}$：

$$\boldsymbol{F}(\boldsymbol{x})=\frac{1}{2}\nabla E(\boldsymbol{x}) \tag{2-22}$$

计算误差的梯度并将其展开后可得

$$\boldsymbol{F}(\boldsymbol{x})=\begin{pmatrix}\sum_{i=1}^{p}\frac{\partial f_i}{\partial x_1}(\boldsymbol{x})f_i(\boldsymbol{x})\\ \vdots\\ \sum_{i=1}^{p}\frac{\partial f_i}{\partial x_q}(\boldsymbol{x})f_i(\boldsymbol{x})\end{pmatrix}=\boldsymbol{J}_f^{\mathrm{T}}(\boldsymbol{x})\boldsymbol{f}(\boldsymbol{x}) \tag{2-23}$$

对上式进行微分得到 $\boldsymbol{F}$ 的雅可比矩阵：

$$\begin{pmatrix}\sum_{i=1}^{p}\left[\frac{\partial^2 f_i}{\partial x_1^2}f_i+\left(\frac{\partial f_i}{\partial x_1}\right)^2\right] & \sum_{i=1}^{p}\left[\frac{\partial^2 f_i}{\partial x_1 x_2}f_i+\frac{\partial f_i}{\partial x_1}\frac{\partial f_i}{\partial x_2}\right] & \cdots & \sum_{i=1}^{p}\left[\frac{\partial^2 f_i}{\partial x_1 x_q}f_i+\frac{\partial f_i}{\partial x_1}\frac{\partial f_i}{\partial x_q}\right]\\ \sum_{i=1}^{p}\left[\frac{\partial^2 f_i}{\partial x_1 x_2}f_i+\frac{\partial f_i}{\partial x_1}\frac{\partial f_i}{\partial x_2}\right] & \sum_{i=1}^{p}\left[\frac{\partial^2 f_i}{\partial x_2^2}f_i+\left(\frac{\partial f_i}{\partial x_2}\right)^2\right] & \cdots & \sum_{i=1}^{p}\left[\frac{\partial^2 f_i}{\partial x_2 x_q}f_i+\frac{\partial f_i}{\partial x_2}\frac{\partial f_i}{\partial x_q}\right]\\ \vdots & \vdots & & \vdots\\ \sum_{i=1}^{p}\left[\frac{\partial^2 f_i}{\partial x_1 x_q}f_i+\frac{\partial f_i}{\partial x_1}\frac{\partial f_i}{\partial x_q}\right] & \sum_{i=1}^{p}\left[\frac{\partial^2 f_i}{\partial x_2 x_q}f_i+\frac{\partial f_i}{\partial x_2}\frac{\partial f_i}{\partial x_q}\right] & \cdots & \sum_{i=1}^{p}\left[\frac{\partial^2 f_i}{\partial x_q^2}f_i+\left(\frac{\partial f_i}{\partial x_q}\right)^2\right]\end{pmatrix}$$

其中，为简洁起见，雅可比矩阵中函数的表示忽略了 $\boldsymbol{x}$ 参数。

如果我们定义 $f_i(i=1,\cdots,p)$ 的海森矩阵为 $q\times q$ 大小的二阶导矩阵：

$$\boldsymbol{H}_{f_i}(\boldsymbol{x})=\begin{pmatrix}\frac{\partial^2 f_i}{\partial x_1^2}(\boldsymbol{x}) & \frac{\partial^2 f_i}{\partial x_1 x_2}(\boldsymbol{x}) & \cdots & \frac{\partial^2 f_i}{\partial x_1 x_q}(\boldsymbol{x})\\ \frac{\partial^2 f_i}{\partial x_1 x_2}(\boldsymbol{x}) & \frac{\partial^2 f_i}{\partial x_2^2}(\boldsymbol{x}) & \cdots & \frac{\partial^2 f_i}{\partial x_2 x_q}(\boldsymbol{x})\\ \vdots & \vdots & & \vdots\\ \frac{\partial^2 f_i}{\partial x_1 x_q}(\boldsymbol{x}) & \frac{\partial^2 f_i}{\partial x_2 x_q}(\boldsymbol{x}) & \cdots & \frac{\partial^2 f_i}{\partial x_q^2}(\boldsymbol{x})\end{pmatrix} \tag{2-24}$$

基于此可以将 $\boldsymbol{F}$ 的雅可比矩阵重新写为

$$\boldsymbol{J}_{\boldsymbol{F}}(\boldsymbol{x})=\boldsymbol{J}_f^{\mathrm{T}}(\boldsymbol{x})\boldsymbol{J}_f(\boldsymbol{x})+\sum_{i=1}^{p}f_i(\boldsymbol{x})\boldsymbol{H}_{f_i}(\boldsymbol{x}) \tag{2-25}$$

然后根据等式 $\boldsymbol{J}_{\boldsymbol{F}}(\boldsymbol{x})\delta\boldsymbol{x}=-\boldsymbol{F}(\boldsymbol{x})$ 求解 $\delta\boldsymbol{x}$，将上式代入，每次迭代需要的变化量 $\delta\boldsymbol{x}$ 通过下面的等式求解：

$$\left[\boldsymbol{J}_f^{\mathrm{T}}(\boldsymbol{x})\boldsymbol{J}_f(\boldsymbol{x})+\sum_{i=1}^{p}f_i(\boldsymbol{x})\boldsymbol{H}_{f_i}(\boldsymbol{x})\right]\delta\boldsymbol{x}=-\boldsymbol{J}_f^{\mathrm{T}}(\boldsymbol{x})\boldsymbol{f}(\boldsymbol{x}) \tag{2-26}$$

牛顿法需要计算海森矩阵，其中函数二阶导的求解是非常麻烦的，一种改进的方法——高斯-牛顿法只采用一阶泰勒展开来优化误差 E：

$$E(\boldsymbol{x}+\delta\boldsymbol{x})=\|\boldsymbol{f}(\boldsymbol{x}+\delta\boldsymbol{x})\|^2=\|\boldsymbol{f}(\boldsymbol{x})+\boldsymbol{J}_f(\boldsymbol{x})\delta\boldsymbol{x}\|^2 \tag{2-27}$$

此时我们采用线性最小二乘解，于是每次迭代的 $\delta\boldsymbol{x}$ 可以由下式得到：

$$\boldsymbol{J}_f^{\mathrm{T}}(\boldsymbol{x})\boldsymbol{J}_f(\boldsymbol{x})\delta\boldsymbol{x}=-\boldsymbol{J}_f^{\mathrm{T}}(\boldsymbol{x})\boldsymbol{f}(\boldsymbol{x}) \tag{2-28}$$

通过比较牛顿法和高斯-牛顿法的迭代公式，我们可以认为高斯-牛顿法是牛顿法的一种近似，其中忽略了二阶导数项。当解对应的误差函数值很小时，海森矩阵的值也很小，所以可以近似忽略，在这种情况下两个算法的性能相当，高斯-牛顿法的计算效率更高。但当解对应的误差函数值很大时，高斯-牛顿法可能会收敛缓慢或不会收敛。

当 $\delta\boldsymbol{x}$ 的计算公式变为 $[\boldsymbol{J}_f^{\mathrm{T}}(\boldsymbol{x})\boldsymbol{J}_f(\boldsymbol{x})+\mu\boldsymbol{I}_d]\delta\boldsymbol{x}=-\boldsymbol{J}_f^{\mathrm{T}}(\boldsymbol{x})\boldsymbol{f}(\boldsymbol{x})$ 时，这就是常用的列文伯

格-马夸尔特法(L-M 法)。这种方法是牛顿法的一种变体，牛顿法涉及的海森矩阵的项在这里用单位矩阵来近似，与高斯-牛顿法有类似的收敛特征，但该方法更加健壮，可在雅可比矩阵不满秩且伪逆矩阵不存在的时候使用。

2.1.2 投影矩阵求解

摄像机的内、外参数矩阵描述了三维世界到二维像素的映射关系，求解三维世界点到二维像素点的对应关系有助于我们从二维图像中获取三维世界的信息，从而帮助我们重构三维世界。而摄像机标定的过程就是估计摄像机的内、外参数矩阵的过程。

更具体地说，摄像机标定就是从一张或多张图像中估算摄像机的内参数矩阵 $\boldsymbol{K}$ 和外参数矩阵$(\boldsymbol{R} \quad \boldsymbol{t})$。首先，通过自动或手动的方法获得三维物体上 n 个基准点在世界坐标系下的坐标；然后，找到这些基准点在像素平面上的投影点的像素坐标；接下来，利用三维到二维的映射关系列出 n 个方程组，通过求解方程组得到透视投影矩阵 $\boldsymbol{M}$；最后，基于 $\boldsymbol{M}$ 矩阵估计出摄像机的内参数和外参数。

在进行标定之前，我们通常会预先制作图 2-1 左图所示的标定装置，它由 3 个相互垂直的棋盘格平面组成，每个平面上都绘有等分的正方形网格，且网格的尺寸相同。以 3 个平面的交点作为原点，两两平面的交线作为 3 个坐标轴建立世界坐标系，如图 2-1 右图所示。假定每个网格的边长为单位长度，这样就可以直接得到网格点在世界坐标系下的三维坐标，通过摄像机获取二维图像，同样也可以得到网格点的二维像素坐标。通过该装置我们便能很容易地获得多组点的三维坐标和其对应的像素坐标。

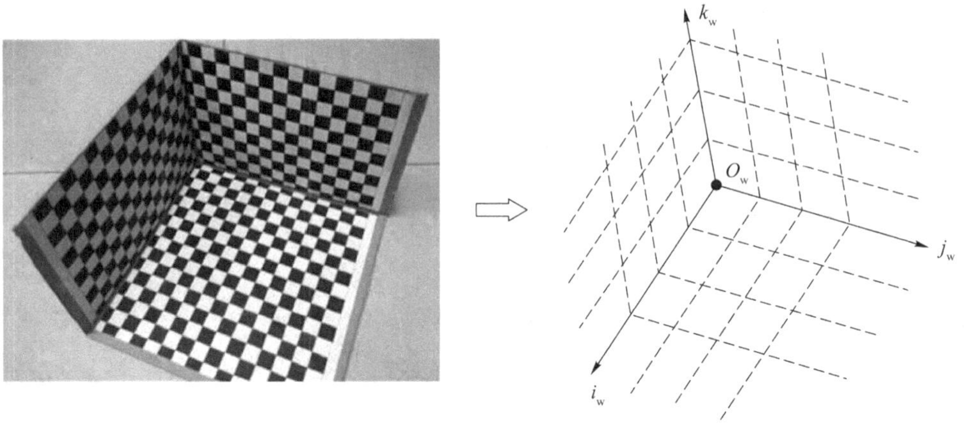

图 2-1 标定装置

根据 1.2 节摄像机几何的内容我们知道透视投影的映射关系为 $\boldsymbol{p}=\boldsymbol{M}\boldsymbol{P}_w=\boldsymbol{K}(\boldsymbol{R} \quad \boldsymbol{t})\boldsymbol{P}_w$，首先将透视投影矩阵 $\boldsymbol{M}$ 用行向量 $\boldsymbol{m}_i^{\mathrm{T}}(i=1,2,3)$ 表示：

$$\boldsymbol{M}=\boldsymbol{K}(\boldsymbol{R} \quad \boldsymbol{t})=\begin{pmatrix}\boldsymbol{m}_1^{\mathrm{T}}\\ \boldsymbol{m}_2^{\mathrm{T}}\\ \boldsymbol{m}_3^{\mathrm{T}}\end{pmatrix} \tag{2-29}$$

于是对于一个三维点 P_i，其投影点的欧氏坐标可以写成

$$\tilde{\boldsymbol{p}}_i=\begin{pmatrix}u_i\\ v_i\end{pmatrix}=\begin{pmatrix}\dfrac{\boldsymbol{m}_1^{\mathrm{T}}\boldsymbol{P}_i}{\boldsymbol{m}_3^{\mathrm{T}}\boldsymbol{P}_i}\\ \dfrac{\boldsymbol{m}_2^{\mathrm{T}}\boldsymbol{P}_i}{\boldsymbol{m}_3^{\mathrm{T}}\boldsymbol{P}_i}\end{pmatrix} \tag{2-30}$$

因为三维坐标和像素坐标均可通过标定装置得到，所以可以列出两个关于 $\boldsymbol{M}$ 的约束方程：

$$u_i=\frac{\boldsymbol{m}_1^{\mathrm{T}}\boldsymbol{P}_i}{\boldsymbol{m}_3^{\mathrm{T}}\boldsymbol{P}_i}\ \rightarrow\ u_i(\boldsymbol{m}_3^{\mathrm{T}}\boldsymbol{P}_i)=\boldsymbol{m}_1^{\mathrm{T}}\boldsymbol{P}_i\ \rightarrow\ \boldsymbol{m}_1^{\mathrm{T}}\boldsymbol{P}_i-u_i(\boldsymbol{m}_3^{\mathrm{T}}\boldsymbol{P}_i)=0 \tag{2-31}$$

$$v_i=\frac{\boldsymbol{m}_2^{\mathrm{T}}\boldsymbol{P}_i}{\boldsymbol{m}_3^{\mathrm{T}}\boldsymbol{P}_i}\ \rightarrow\ v_i(\boldsymbol{m}_3^{\mathrm{T}}\boldsymbol{P}_i)=\boldsymbol{m}_2^{\mathrm{T}}\boldsymbol{P}_i\ \rightarrow\ \boldsymbol{m}_2^{\mathrm{T}}\boldsymbol{P}_i-v_i(\boldsymbol{m}_3^{\mathrm{T}}\boldsymbol{P}_i)=0 \tag{2-32}$$

假设获取 n 组对应点，每组对应点可以列出两个方程，于是可以得到一个由 $2n$ 个方程组成的齐次线性方程组：

$$\begin{cases}-u_1(\boldsymbol{m}_3^{\mathrm{T}}\boldsymbol{P}_1)+\boldsymbol{m}_1^{\mathrm{T}}\boldsymbol{P}_1=0\\ -v_1(\boldsymbol{m}_3^{\mathrm{T}}\boldsymbol{P}_1)+\boldsymbol{m}_2^{\mathrm{T}}\boldsymbol{P}_1=0\\ \qquad\vdots\\ -u_n(\boldsymbol{m}_3^{\mathrm{T}}\boldsymbol{P}_n)+\boldsymbol{m}_1^{\mathrm{T}}\boldsymbol{P}_n=0\\ -v_n(\boldsymbol{m}_3^{\mathrm{T}}\boldsymbol{P}_n)+\boldsymbol{m}_2^{\mathrm{T}}\boldsymbol{P}_n=0\end{cases} \tag{2-33}$$

简写成矩阵的形式就是

$$\boldsymbol{Pm}=\boldsymbol{0} \tag{2-34}$$

其中

$$\boldsymbol{P}=\begin{pmatrix}\boldsymbol{P}_1^{\mathrm{T}} & \boldsymbol{0}^{\mathrm{T}} & -u_1\boldsymbol{P}_1^{\mathrm{T}}\\ \boldsymbol{0}^{\mathrm{T}} & \boldsymbol{P}_1^{\mathrm{T}} & -v_1\boldsymbol{P}_1^{\mathrm{T}}\\ \vdots & \vdots & \vdots\\ \boldsymbol{P}_n^{\mathrm{T}} & \boldsymbol{0}^{\mathrm{T}} & -u_n\boldsymbol{P}_n^{\mathrm{T}}\\ \boldsymbol{0}^{\mathrm{T}} & \boldsymbol{P}_n^{\mathrm{T}} & -v_n\boldsymbol{P}_n^{\mathrm{T}}\end{pmatrix}_{2n\times 12},\quad \boldsymbol{m}=\begin{pmatrix}\boldsymbol{m}_1\\ \boldsymbol{m}_2\\ \boldsymbol{m}_3\end{pmatrix}_{12\times 1}$$

因为需要估计的投影矩阵 $\boldsymbol{M}$ 中有 11 个未知量，所以 n 至少为 6，在实际应用中我们会采取多于六组点来获得更加鲁棒的结果。根据 2.1.1 节的内容，我们可以采用齐次线性方程组的最小二乘估计来求解上述方程组，从而得到投影矩阵 $\boldsymbol{M}$。

对 $\boldsymbol{P}$ 进行奇异值分解，即 $\boldsymbol{P}=\boldsymbol{UDV}^{\mathrm{T}}$，最优估计值 $\boldsymbol{m}^*$ 为 $\boldsymbol{V}$ 矩阵的最后一列（最小奇异值对应的右奇异向量）并且保证 $\|\boldsymbol{m}^*\|=1$，然后将 $\boldsymbol{m}^*$ 向量重新排列成 $\boldsymbol{M}$ 矩阵。

需要注意的是，该方法在求解过程中设定 $\boldsymbol{m}$ 的模为 1（实际上向量 $\boldsymbol{m}$ 的任意非零线性倍数均可作为方程组的解），所以最后求出的投影矩阵 $\boldsymbol{M}$ 的模也是 1，它与真实的投影矩阵之间只相差一个未知的比例系数。

2.1.3 摄像机内、外参数求解

估计出 $\boldsymbol{M}$ 矩阵的数值结果后，我们还需要从 $\boldsymbol{M}$ 矩阵中恢复出摄像机的内、外参数，即需要进行如下形式的分解得到具体的内、外参数数值：

$$\boldsymbol{p}=\boldsymbol{MP}=\boldsymbol{K}(\boldsymbol{R}\quad \boldsymbol{t})\boldsymbol{P} \tag{2-35}$$

$$\boldsymbol{K}=\begin{pmatrix}\alpha & -\alpha\cot\theta & c_x\\ 0 & \dfrac{\beta}{\sin\theta} & c_y\\ 0 & 0 & 1\end{pmatrix},\quad \boldsymbol{R}=\begin{pmatrix}\boldsymbol{r}_1^{\mathrm{T}}\\ \boldsymbol{r}_2^{\mathrm{T}}\\ \boldsymbol{r}_3^{\mathrm{T}}\end{pmatrix},\quad \boldsymbol{t}=\begin{pmatrix}t_x\\ t_y\\ t_z\end{pmatrix}$$

将透视投影矩阵 $\boldsymbol{M}$ 用摄像机的内、外参数表示：

$$\rho\boldsymbol{M}=\boldsymbol{K}(\boldsymbol{R}\quad \boldsymbol{t})=\begin{pmatrix}\alpha\boldsymbol{r}_1^{\mathrm{T}}-\alpha\cot\theta\boldsymbol{r}_2^{\mathrm{T}}+c_x\boldsymbol{r}_3^{\mathrm{T}} & \alpha t_x-\alpha\cot\theta t_y+c_x t_z\\ \dfrac{\beta}{\sin\theta}\boldsymbol{r}_2^{\mathrm{T}}+c_y\boldsymbol{r}_3^{\mathrm{T}} & \dfrac{\beta}{\sin\theta}t_y+c_y t_z\\ \boldsymbol{r}_3^{\mathrm{T}} & t_z\end{pmatrix} \tag{2-36}$$

其中，ρ 为估计出的矩阵 $\boldsymbol{M}$ 与真实 $\boldsymbol{M}$ 之间的未知比例因子。

然后将 $\boldsymbol{M}$ 改写成 $(\boldsymbol{A}\quad \boldsymbol{b})$ 的形式，矩阵 $\boldsymbol{A}$ 用行向量 $\boldsymbol{a}_1^{\mathrm{T}},\boldsymbol{a}_2^{\mathrm{T}},\boldsymbol{a}_3^{\mathrm{T}}$ 表示，即

$$\boldsymbol{A}=\begin{pmatrix}\boldsymbol{a}_1^{\mathrm{T}}\\ \boldsymbol{a}_2^{\mathrm{T}}\\ \boldsymbol{a}_3^{\mathrm{T}}\end{pmatrix},\quad \boldsymbol{b}=\begin{pmatrix}b_1\\ b_2\\ b_3\end{pmatrix} \tag{2-37}$$

所以可以得到

$$\rho\boldsymbol{A}=\rho\begin{pmatrix}\boldsymbol{a}_1^{\mathrm{T}}\\ \boldsymbol{a}_2^{\mathrm{T}}\\ \boldsymbol{a}_3^{\mathrm{T}}\end{pmatrix}=\begin{pmatrix}\alpha\boldsymbol{r}_1^{\mathrm{T}}-\alpha\cot\theta\boldsymbol{r}_2^{\mathrm{T}}+c_x\boldsymbol{r}_3^{\mathrm{T}}\\ \dfrac{\beta}{\sin\theta}\boldsymbol{r}_2^{\mathrm{T}}+c_y\boldsymbol{r}_3^{\mathrm{T}}\\ \boldsymbol{r}_3^{\mathrm{T}}\end{pmatrix}=\boldsymbol{KR} \tag{2-38}$$

已知旋转矩阵 $\boldsymbol{R}$ 的每一行互相垂直且模为 1：

$$\begin{cases}\boldsymbol{r}_1^{\mathrm{T}}\cdot\boldsymbol{r}_2^{\mathrm{T}}=0\\ \boldsymbol{r}_1^{\mathrm{T}}\cdot\boldsymbol{r}_3^{\mathrm{T}}=0\\ \boldsymbol{r}_2^{\mathrm{T}}\cdot\boldsymbol{r}_3^{\mathrm{T}}=0\\ |\boldsymbol{r}_1^{\mathrm{T}}|=|\boldsymbol{r}_2^{\mathrm{T}}|=|\boldsymbol{r}_3^{\mathrm{T}}|=1\end{cases} \tag{2-39}$$

所以，观察 $\rho\boldsymbol{A}$ 矩阵的第三行可以得到 $|\rho|\cdot|\boldsymbol{a}_3^{\mathrm{T}}|=1$，此时，可以解出比例系数 ρ，但无法确定正负：

$$\rho=\frac{\pm1}{|\boldsymbol{a}_3|} \tag{2-40}$$

然后，将 $\rho\boldsymbol{A}$ 矩阵的第一行和第三行进行点乘，得到如下关系式：

$$\rho\boldsymbol{a}_1^{\mathrm{T}}\cdot\rho\boldsymbol{a}_3^{\mathrm{T}}=(\alpha\boldsymbol{r}_1^{\mathrm{T}}-\alpha\cot\theta\boldsymbol{r}_2^{\mathrm{T}}+c_x\boldsymbol{r}_3^{\mathrm{T}})\cdot\boldsymbol{r}_3^{\mathrm{T}} \tag{2-41}$$

对上式展开化简后，可以解出参数 c_x：

$$c_x=\rho^2(\boldsymbol{a}_1\cdot\boldsymbol{a}_3) \tag{2-42}$$

同样地，将 $\rho\boldsymbol{A}$ 矩阵第二行和第三行进行点乘，得到

$$\rho\boldsymbol{a}_2^{\mathrm{T}}\cdot\rho\boldsymbol{a}_3^{\mathrm{T}}=\left(\frac{\beta}{\sin\theta}\boldsymbol{r}_2^{\mathrm{T}}+c_y\boldsymbol{r}_3^{\mathrm{T}}\right)\cdot\boldsymbol{r}_3^{\mathrm{T}} \tag{2-43}$$

展开化简后，可以得到参数 c_y：

$$c_y=\rho^2(\boldsymbol{a}_2\cdot\boldsymbol{a}_3) \tag{2-44}$$

通过上述步骤，我们就能得到摄像机的内参数 c_x 和 c_y：

$$\begin{cases}c_x=\rho^2(\boldsymbol{a}_1\cdot\boldsymbol{a}_3)\\ c_y=\rho^2(\boldsymbol{a}_2\cdot\boldsymbol{a}_3)\end{cases} \tag{2-45}$$

接下来,我们应用旋转矩阵叉乘的性质:

$$\begin{cases} \boldsymbol{r}_1^{\mathrm{T}} \times \boldsymbol{r}_2^{\mathrm{T}} = \boldsymbol{r}_3^{\mathrm{T}} \\ \boldsymbol{r}_1^{\mathrm{T}} \times \boldsymbol{r}_3^{\mathrm{T}} = \boldsymbol{r}_2^{\mathrm{T}} \\ \boldsymbol{r}_2^{\mathrm{T}} \times \boldsymbol{r}_3^{\mathrm{T}} = \boldsymbol{r}_1^{\mathrm{T}} \end{cases} \tag{2-46}$$

分别将 $\rho\boldsymbol{A}$ 矩阵的第一行和第三行进行叉乘,第二行和第三行进行叉乘,得到

$$\begin{cases} \rho^2(\boldsymbol{a}_1 \times \boldsymbol{a}_3) = \alpha\boldsymbol{r}_2 - \alpha\cot\theta\boldsymbol{r}_1 \\ \rho^2(\boldsymbol{a}_2 \times \boldsymbol{a}_3) = \dfrac{\beta}{\sin\theta}\boldsymbol{r}_1 \end{cases} \tag{2-47}$$

将上面两式左右两边取模,由于 θ 总是在 $\pi/2$ 的领域内,所以 $\sin\theta$ 为正数,得到

$$\begin{cases} \rho^2 \left|\boldsymbol{a}_1 \times \boldsymbol{a}_3\right| = \dfrac{|\alpha|}{\sin\theta} \\ \rho^2 \left|\boldsymbol{a}_2 \times \boldsymbol{a}_3\right| = \dfrac{|\beta|}{\sin\theta} \end{cases} \tag{2-48}$$

其中,对于 $\alpha\boldsymbol{r}_2 - \alpha\cot\theta\boldsymbol{r}_1$ 取模的推导如下:

$$\begin{aligned} \left|\alpha\boldsymbol{r}_2 - \alpha\cot\theta\boldsymbol{r}_1\right| &= (\alpha\boldsymbol{r}_2 - \alpha\cot\theta\boldsymbol{r}_1)^{\mathrm{T}} \cdot (\alpha\boldsymbol{r}_2 - \alpha\cot\theta\boldsymbol{r}_1) \\ &= \alpha^2 + (\alpha\cot\theta)^2 \\ &= \alpha^2\left(1 + \left(\frac{\cos\theta}{\sin\theta}\right)^2\right) \\ &= \left(\frac{\alpha}{\sin\theta}\right)^2 \end{aligned}$$

可以解出 θ:

$$\cos\theta = -\frac{(\boldsymbol{a}_1 \times \boldsymbol{a}_3) \cdot (\boldsymbol{a}_2 \times \boldsymbol{a}_3)}{\left|\boldsymbol{a}_1 \times \boldsymbol{a}_3\right| \cdot \left|\boldsymbol{a}_2 \times \boldsymbol{a}_3\right|} \tag{2-49}$$

因为 α 和 β 都为大于 0 的正数,所以可以直接得到

$$\begin{cases} \alpha = \rho^2 \left|\boldsymbol{a}_1 \times \boldsymbol{a}_3\right| \sin\theta \\ \beta = \rho^2 \left|\boldsymbol{a}_2 \times \boldsymbol{a}_3\right| \sin\theta \end{cases} \tag{2-50}$$

当 $\theta = 90°$ 时,即 $\cos\theta = 0$,可以得到

$$(\boldsymbol{a}_1 \times \boldsymbol{a}_3) \cdot (\boldsymbol{a}_2 \times \boldsymbol{a}_3) = 0 \tag{2-51}$$

当 $\alpha = \beta$ 时,即 $\rho^2 \left|\boldsymbol{a}_1 \times \boldsymbol{a}_3\right| \sin\theta = \rho^2 \left|\boldsymbol{a}_2 \times \boldsymbol{a}_3\right| \sin\theta$,可以得到

$$\left|\boldsymbol{a}_1 \times \boldsymbol{a}_3\right| = \left|\boldsymbol{a}_2 \times \boldsymbol{a}_3\right| \tag{2-52}$$

$$(\boldsymbol{a}_1 \times \boldsymbol{a}_3) \cdot (\boldsymbol{a}_1 \times \boldsymbol{a}_3) = (\boldsymbol{a}_2 \times \boldsymbol{a}_3) \cdot (\boldsymbol{a}_2 \times \boldsymbol{a}_3) \tag{2-53}$$

这样也就证明了 1.2.4 节中关于透视投影矩阵的两个定理:

- $\boldsymbol{M}$ 是零倾斜透视投影矩阵的一个充分必要条件是 $\mathrm{Det}(\boldsymbol{A}) \neq 0$ 且 $(\boldsymbol{a}_1 \times \boldsymbol{a}_3) \cdot (\boldsymbol{a}_2 \times \boldsymbol{a}_3) = 0$;
- $\boldsymbol{M}$ 是零倾斜且宽高比为 1 的透视投影矩阵的一个充分必要条件是 $\mathrm{Det}(\boldsymbol{A}) \neq 0$ 且

$$\begin{cases} (\boldsymbol{a}_1 \times \boldsymbol{a}_3) \cdot (\boldsymbol{a}_2 \times \boldsymbol{a}_3) = 0 \\ (\boldsymbol{a}_1 \times \boldsymbol{a}_3) \cdot (\boldsymbol{a}_1 \times \boldsymbol{a}_3) = (\boldsymbol{a}_2 \times \boldsymbol{a}_3) \cdot (\boldsymbol{a}_2 \times \boldsymbol{a}_3) \end{cases}$$

接下来继续进行摄像机外参数 $\boldsymbol{r}_1, \boldsymbol{r}_2, \boldsymbol{r}_3$ 的求解。因为 $\rho\boldsymbol{a}_3^{\mathrm{T}} = \boldsymbol{r}_3^{\mathrm{T}}$,其中 $\boldsymbol{a}_3^{\mathrm{T}}$ 已知且 ρ 已求出,所以可以直接得到 $\boldsymbol{r}_3$ 的结果:

$$\boldsymbol{r}_3 = \frac{\pm\boldsymbol{a}_3}{\left|\boldsymbol{a}_3\right|} \tag{2-54}$$

在 $\rho\boldsymbol{A}$ 的第二行和第三行进行叉乘得到的关系式 $\rho^2(\boldsymbol{a}_2\times\boldsymbol{a}_3)=\frac{\beta}{\sin\theta}\boldsymbol{r}_1$ 中，因为 $\boldsymbol{r}_1$ 是一个单位向量，与 $\boldsymbol{a}_2\times\boldsymbol{a}_3$ 向量同方向，所以

$$\boldsymbol{r}_1=\frac{\boldsymbol{a}_2\times\boldsymbol{a}_3}{|\boldsymbol{a}_2\times\boldsymbol{a}_3|} \tag{2-55}$$

再根据旋转矩阵的叉乘性质我们可以直接得到 $\boldsymbol{r}_2$：

$$\boldsymbol{r}_2=\boldsymbol{r}_3\times\boldsymbol{r}_1 \tag{2-56}$$

最后求解摄像机的外参数 $\boldsymbol{t}$。因为 $\rho(\boldsymbol{A}\quad\boldsymbol{b})=\boldsymbol{K}(\boldsymbol{R}\quad\boldsymbol{t})$，于是得到

$$\rho\,\boldsymbol{b}=\boldsymbol{K}\boldsymbol{t} \tag{2-57}$$

因为摄像机的内参数矩阵 $\boldsymbol{K}$ 满秩，所以 $\boldsymbol{K}$ 可逆，直接计算出 $\boldsymbol{t}$：

$$\boldsymbol{t}=\rho\,\boldsymbol{K}^{-1}\boldsymbol{b} \tag{2-58}$$

最后我们对摄像机标定中各参数计算公式进行汇总，如下。

内参数：

$$\rho=\frac{\pm 1}{|\boldsymbol{a}_3|},\quad \begin{cases}c_x=\rho^2(\boldsymbol{a}_1\cdot\boldsymbol{a}_3)\\ c_y=\rho^2(\boldsymbol{a}_2\cdot\boldsymbol{a}_3)\end{cases}$$

$$\cos\theta=-\frac{(\boldsymbol{a}_1\times\boldsymbol{a}_3)\cdot(\boldsymbol{a}_2\times\boldsymbol{a}_3)}{|\boldsymbol{a}_1\times\boldsymbol{a}_3|\cdot|\boldsymbol{a}_2\times\boldsymbol{a}_3|}$$

$$\begin{cases}\alpha=\rho^2|\boldsymbol{a}_1\times\boldsymbol{a}_3|\sin\theta\\ \beta=\rho^2|\boldsymbol{a}_2\times\boldsymbol{a}_3|\sin\theta\end{cases}$$

外参数：

$$\boldsymbol{r}_1=\frac{\boldsymbol{a}_2\times\boldsymbol{a}_3}{|\boldsymbol{a}_2\times\boldsymbol{a}_3|},\quad \boldsymbol{r}_3=\frac{\pm\boldsymbol{a}_3}{|\boldsymbol{a}_3|},\quad \boldsymbol{r}_2=\boldsymbol{r}_3\times\boldsymbol{r}_1$$

$$\boldsymbol{t}=\rho\,\boldsymbol{K}^{-1}\boldsymbol{b}$$

因为比例系数 ρ 正负不确定，所以摄像机的内、外参数会有两种情况，在实际应用中通常可以预先知道 t_z 的符号(对应于世界坐标系原点在摄像机的前面还是后面)，从而确定唯一的一组内、外参数。

2.1.4 退化情况

本小节我们讨论可能会导致相机标定过程失败的情况。假设一种理想情况，在标定过程中选取的点坐标没有误差，可以解出矩阵 $\boldsymbol{P}$ 的零空间，设定一列向量 $\boldsymbol{l}$ 满足 $\boldsymbol{P}\boldsymbol{l}=\boldsymbol{0}$，将 $\boldsymbol{l}$ 写成 3 个四维的列向量：

$$\begin{cases}\boldsymbol{\lambda}=(l_1,l_2,l_3,l_4)^{\mathrm{T}}\\ \boldsymbol{\mu}=(l_5,l_6,l_7,l_8)^{\mathrm{T}}\\ \boldsymbol{v}=(l_9,l_{10},l_{11},l_{12})^{\mathrm{T}}\end{cases} \tag{2-59}$$

于是 $\boldsymbol{P}\boldsymbol{l}=\boldsymbol{0}$ 可以写为

$$\boldsymbol{0}=\boldsymbol{P}\boldsymbol{l}=\begin{pmatrix}\boldsymbol{P}_1^{\mathrm{T}} & \boldsymbol{0}^{\mathrm{T}} & -u_1\boldsymbol{P}_1^{\mathrm{T}}\\ \boldsymbol{0}^{\mathrm{T}} & \boldsymbol{P}_1^{\mathrm{T}} & -v_1\boldsymbol{P}_1^{\mathrm{T}}\\ \vdots & \vdots & \vdots\\ \boldsymbol{P}_n^{\mathrm{T}} & \boldsymbol{0}^{\mathrm{T}} & -u_n\boldsymbol{P}_n^{\mathrm{T}}\\ \boldsymbol{0}^{\mathrm{T}} & \boldsymbol{P}_n^{\mathrm{T}} & -v_n\boldsymbol{P}_n^{\mathrm{T}}\end{pmatrix},\quad \begin{pmatrix}\boldsymbol{\lambda}\\ \boldsymbol{\mu}\\ \boldsymbol{v}\end{pmatrix}=\begin{pmatrix}\boldsymbol{P}_1^{\mathrm{T}}\boldsymbol{\lambda}-u_1\boldsymbol{P}_1^{\mathrm{T}}\boldsymbol{v}\\ \boldsymbol{P}_1^{\mathrm{T}}\boldsymbol{\mu}-v_1\boldsymbol{P}_1^{\mathrm{T}}\boldsymbol{v}\\ \vdots\\ \boldsymbol{P}_n^{\mathrm{T}}\boldsymbol{\lambda}-u_n\boldsymbol{P}_n^{\mathrm{T}}\boldsymbol{v}\\ \boldsymbol{P}_n^{\mathrm{T}}\boldsymbol{\mu}-v_n\boldsymbol{P}_n^{\mathrm{T}}\boldsymbol{v}\end{pmatrix} \tag{2-60}$$

与投影关系式(2-31)和(2-32)相结合可以得到

$$\begin{cases} \boldsymbol{P}_i^{\mathrm{T}}\boldsymbol{\lambda}-\dfrac{\boldsymbol{m}_1^{\mathrm{T}}\boldsymbol{P}_i}{\boldsymbol{m}_3^{\mathrm{T}}\boldsymbol{P}_i}\boldsymbol{P}_i^{\mathrm{T}}\boldsymbol{v}=0 \\ \boldsymbol{P}_i^{\mathrm{T}}\boldsymbol{\mu}-\dfrac{\boldsymbol{m}_2^{\mathrm{T}}\boldsymbol{P}_i}{\boldsymbol{m}_3^{\mathrm{T}}\boldsymbol{P}_i}\boldsymbol{P}_i^{\mathrm{T}}\boldsymbol{v}=0 \end{cases} \quad (i=1,\cdots,n) \tag{2-61}$$

去掉分母整理后：

$$\begin{cases} \boldsymbol{P}_i^{\mathrm{T}}(\boldsymbol{m}_3\boldsymbol{\lambda}^{\mathrm{T}}-\boldsymbol{m}_1\boldsymbol{v}^{\mathrm{T}})\boldsymbol{P}_i=0 \\ \boldsymbol{P}_i^{\mathrm{T}}(\boldsymbol{m}_3\boldsymbol{\mu}^{\mathrm{T}}-\boldsymbol{m}_2\boldsymbol{v}^{\mathrm{T}})\boldsymbol{P}_i=0 \end{cases} \quad (i=1,\cdots,n) \tag{2-62}$$

假设我们标定时选取的点 $P_i(i=1,\cdots,n)$ 都位于某个平面 Π 中，平面 Π 可以用四维向量 $\boldsymbol{\Pi}$ 表示，有 $\boldsymbol{\Pi}^{\mathrm{T}}\cdot\boldsymbol{P}_i=0$。显然当 $(\boldsymbol{\lambda}^{\mathrm{T}},\boldsymbol{\mu}^{\mathrm{T}},\boldsymbol{v}^{\mathrm{T}})$ 等于 $(\boldsymbol{\Pi}^{\mathrm{T}},\boldsymbol{0}^{\mathrm{T}},\boldsymbol{0}^{\mathrm{T}})$，$(\boldsymbol{0}^{\mathrm{T}},\boldsymbol{\Pi}^{\mathrm{T}},\boldsymbol{0}^{\mathrm{T}})$，$(\boldsymbol{0}^{\mathrm{T}},\boldsymbol{0}^{\mathrm{T}},\boldsymbol{\Pi}^{\mathrm{T}})$ 3 个向量的任意线性组合时等式 $\boldsymbol{Pl}=\boldsymbol{0}$ 都成立，此时矩阵 $\boldsymbol{P}$ 的零空间将额外包括由这些向量组成的向量空间。这意味着标定时所选的点不能全部位于同一平面上(如图 2-2 展示的情况)，否则，将无法正确地估计出投影矩阵。

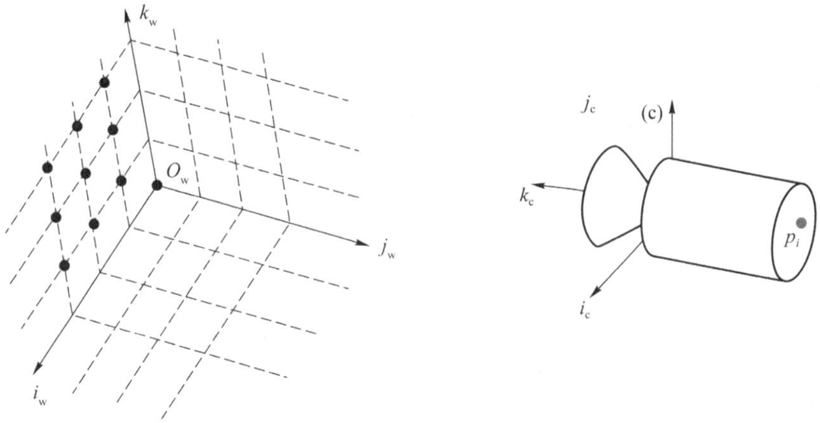

图 2-2　退化情况示意图

2.2　径向畸变的摄像机标定

径向畸变摄像机标定

2.2.1　径向畸变模型

我们在 1.1.2 节透镜成像中介绍过，由于摄像机镜头制造工艺和误差的原因，拍摄图像可能会产生一定程度的径向畸变，这在广角镜头下尤为显著。图像径向畸变就是图像像素点以畸变中心为中心点，沿着径向产生的位置偏差，从而导致图像中所成的像发生形变。严重的径向畸变会对摄像机标定产生很大的误差影响。本小节中我们主要分析径向畸变，并对径向畸变进行数学建模，从而对有径向畸变的摄像机进行标定。

径向畸变产生的直接原因就是图像的放大率随距光轴距离的增加而变化，用一个畸变

矩阵 $\boldsymbol{S}_\lambda$ 来描述这样的变化：

$$\boldsymbol{S}_\lambda=\begin{pmatrix}\frac{1}{\lambda} & 0 & 0\\ 0 & \frac{1}{\lambda} & 0\\ 0 & 0 & 1\end{pmatrix} \tag{2-63}$$

三维物体上的点的坐标经过投影矩阵 $\boldsymbol{M}$ 得到二维像素点的坐标，在此基础上再经过矩阵 $\boldsymbol{S}_\lambda$ 的变换得到径向畸变图像上该点的坐标，以此来描述径向畸变相机的成像过程：

$$\boldsymbol{p}_i=\boldsymbol{S}_\lambda\boldsymbol{M}\boldsymbol{P}_i=\begin{pmatrix}\frac{1}{\lambda} & 0 & 0\\ 0 & \frac{1}{\lambda} & 0\\ 0 & 0 & 1\end{pmatrix}\boldsymbol{M}\boldsymbol{P}_i \tag{2-64}$$

其中，λ 表示畸变程度，是关于像素点和图像中心之间距离平方的多项式函数，定义如下：

$$\lambda=1\pm\sum_{p=1}^{q}k_p d^{2p} \tag{2-65}$$

一般情况下，式(2-65)中的 $q\leqslant 3$ 且失真系数 $k_p(p=1,\cdots,q)$ 的数值很小。其中 d^2 可由归一化后的图像坐标表示，即 $d^2=\hat{u}^2+\hat{v}^2$，假设摄像机内参数中 u_0,v_0 都为 0，d^2 还可以表示为

$$d^2=\frac{u^2}{\alpha^2}+\frac{v^2}{\beta^2}+2\frac{uv}{\alpha\beta}\cos\theta \tag{2-66}$$

使用上述畸变模型在摄像机标定时会对 $q+11$ 个摄像机参数产生高度非线性约束。我们可以直接使用非线性最小二乘的方法进行畸变相机的标定，也可以先消除 λ，使用线性最小二乘法估计 9 个摄像机参数，剩余 $q+2$ 个参数再用非线性方法进行求解。

2.2.2 径向畸变标定

三维点 P_i 通过径向畸变摄像机投影到像素平面上的欧氏坐标可以表示为

$$\tilde{\boldsymbol{p}}_i=\begin{pmatrix}u_i\\ v_i\end{pmatrix}=\frac{1}{\lambda}\begin{pmatrix}\frac{\boldsymbol{m}_1^{\mathrm{T}}\boldsymbol{P}_i}{\boldsymbol{m}_3^{\mathrm{T}}\boldsymbol{P}_i}\\ \frac{\boldsymbol{m}_2^{\mathrm{T}}\boldsymbol{P}_i}{\boldsymbol{m}_3^{\mathrm{T}}\boldsymbol{P}_i}\end{pmatrix} \tag{2-67}$$

用 u_i 除以 v_i 得到

$$\frac{u_i}{v_i}=\frac{\frac{1}{\lambda}\frac{(\boldsymbol{m}_1^{\mathrm{T}}\boldsymbol{P}_i)}{(\boldsymbol{m}_3^{\mathrm{T}}\boldsymbol{P}_i)}}{\frac{1}{\lambda}\frac{(\boldsymbol{m}_2^{\mathrm{T}}\boldsymbol{P}_i)}{(\boldsymbol{m}_3^{\mathrm{T}}\boldsymbol{P}_i)}}=\frac{\boldsymbol{m}_1^{\mathrm{T}}\boldsymbol{P}_i}{\boldsymbol{m}_2^{\mathrm{T}}\boldsymbol{P}_i} \tag{2-68}$$

消去 λ 后，可以得到一个不包含畸变参数的约束方程：

$$v_i(\boldsymbol{m}_1^{\mathrm{T}}\boldsymbol{P}_i)-u_i(\boldsymbol{m}_2^{\mathrm{T}}\boldsymbol{P}_i)=0 \tag{2-69}$$

一组对应点可以列出一个线性方程，当有 n 组对应点时，我们可以列出一个包含 n 个方程的齐次线性方程组：

$$\begin{cases} v_1(\boldsymbol{m}_1^{\mathrm{T}}\boldsymbol{P}_1)-u_1(\boldsymbol{m}_2^{\mathrm{T}}\boldsymbol{P}_1)=0 \\ \vdots \\ v_i(\boldsymbol{m}_1^{\mathrm{T}}\boldsymbol{P}_i)-u_i(\boldsymbol{m}_2^{\mathrm{T}}\boldsymbol{P}_i)=0 \\ \vdots \\ v_n(\boldsymbol{m}_1^{\mathrm{T}}\boldsymbol{P}_n)-u_n(\boldsymbol{m}_2^{\mathrm{T}}\boldsymbol{P}_n)=0 \end{cases} \tag{2-70}$$

将其表示为矩阵形式：

$$\boldsymbol{Ln}=\mathbf{0} \tag{2-71}$$

其中：

$$\boldsymbol{L}=\begin{pmatrix} v_1\boldsymbol{P}_1^{\mathrm{T}} & -u_1\boldsymbol{P}_1^{\mathrm{T}} \\ v_2\boldsymbol{P}_2^{\mathrm{T}} & -u_2\boldsymbol{P}_2^{\mathrm{T}} \\ \vdots & \vdots \\ v_n\boldsymbol{P}_n^{\mathrm{T}} & -u_n\boldsymbol{P}_n^{\mathrm{T}} \end{pmatrix},\quad \boldsymbol{n}=\begin{pmatrix} \boldsymbol{m}_1 \\ \boldsymbol{m}_2 \end{pmatrix} \tag{2-72}$$

因为方程组包含 8 个未知数，所以选取点的个数 $n\geqslant 8$，与 2.1.2 节中的求解类似，采用线性最小二乘法，可以通过奇异值分解求出 $\boldsymbol{n}$。

估计出 $\boldsymbol{m}_1$ 和 $\boldsymbol{m}_2$ 后，参考 2.1.3 节可以列出以下等式：

$$\rho\begin{pmatrix} \boldsymbol{a}_1^{\mathrm{T}} \\ \boldsymbol{a}_2^{\mathrm{T}} \end{pmatrix}=\begin{pmatrix} \alpha\boldsymbol{r}_1^{\mathrm{T}}-\alpha\cot\theta\boldsymbol{r}_2^{\mathrm{T}}+u_0\boldsymbol{r}_3^{\mathrm{T}} \\ \dfrac{\beta}{\sin\theta}\boldsymbol{r}_2^{\mathrm{T}}+v_0\boldsymbol{r}_3^{\mathrm{T}} \end{pmatrix} \tag{2-73}$$

计算向量 $\boldsymbol{a}_1,\boldsymbol{a}_2$ 的模和点积可以得到摄像机的纵横比和倾斜角度：

$$\frac{\beta}{\alpha}=\frac{|\boldsymbol{a}_2|}{|\boldsymbol{a}_1|},\quad \cos\theta=-\frac{\boldsymbol{a}_1\cdot\boldsymbol{a}_2}{|\boldsymbol{a}_1||\boldsymbol{a}_2|} \tag{2-74}$$

因为 $\boldsymbol{r}_2^{\mathrm{T}}$ 是旋转矩阵的第二行，所以模为 1，可以得到

$$\alpha=\varepsilon\rho|\boldsymbol{a}_1|\sin\theta,\quad \beta=\varepsilon\rho|\boldsymbol{a}_2|\sin\theta \tag{2-75}$$

其中 $\varepsilon=\pm1$。经过一些简单的代数运算可得到

$$\begin{cases} \boldsymbol{r}_1=\dfrac{\varepsilon}{\sin\theta}\left(\dfrac{1}{|\boldsymbol{a}_1|}\boldsymbol{a}_1+\dfrac{\cos\theta}{|\boldsymbol{a}_2|}\boldsymbol{a}_2\right) \\ \boldsymbol{r}_2=\dfrac{\varepsilon}{|\boldsymbol{a}_1|}\boldsymbol{a}_2 \end{cases} \tag{2-76}$$

再利用 $\boldsymbol{r}_3=\boldsymbol{r}_1\times\boldsymbol{r}_2$ 的性质可以得到旋转矩阵 $\boldsymbol{R}$。平移向量 $\boldsymbol{t}$ 中的两个平移参数也可以通过下式得到：

$$\begin{pmatrix} \alpha t_x-\alpha\cot\theta t_y \\ \dfrac{\beta}{\sin\theta}t_y \end{pmatrix}=\rho\begin{pmatrix} b_1 \\ b_2 \end{pmatrix} \tag{2-77}$$

其中 b_1,b_2 是向量 $\boldsymbol{b}$ 中的前两个坐标，解出 t_x 和 t_y 为

$$\begin{cases} t_x=\dfrac{\varepsilon}{\sin\theta}\left(\dfrac{b_1}{|\boldsymbol{a}_1|}+\dfrac{b_2\cos\theta}{|\boldsymbol{a}_2|}\right) \\ t_y=\dfrac{\varepsilon b_2}{|\boldsymbol{a}_2|} \end{cases} \tag{2-78}$$

仅根据 $\boldsymbol{m}_1$ 和 $\boldsymbol{m}_2$ 的估计结果无法求出 t_z 和比例系数 ρ，我们需要有更多的约束条件。将带有畸变的投影关系式改写成如下等式：

$$\begin{cases}(\boldsymbol{m}_1^{\mathrm{T}}-\lambda u_i\boldsymbol{m}_3^{\mathrm{T}})\cdot\boldsymbol{P}_i=0\\(\boldsymbol{m}_2^{\mathrm{T}}-\lambda v_i\boldsymbol{m}_3^{\mathrm{T}})\cdot\boldsymbol{P}_i=0\end{cases}\tag{2-79}$$

这里 $\boldsymbol{m}_1$ 和 $\boldsymbol{m}_2$ 是已知的，因为 $\boldsymbol{m}_3^{\mathrm{T}}=(\boldsymbol{r}_3^{\mathrm{T}}\quad t_z)$，这里 $\boldsymbol{r}_3^{\mathrm{T}}$ 也是已知的，将 2.2.1 节中的 d^2 表达式与上述 α,β 和 $\cos\theta$ 的表达式结合可得到

$$d^2=\frac{1}{\rho^2}\frac{|u_i\boldsymbol{a}_2-v_i\boldsymbol{a}_1|^2}{|\boldsymbol{a}_1\times\boldsymbol{a}_2|}\tag{2-80}$$

将该式代入投影关系式中可以得到一个关于参数 ρ,t_z 和 $k_p(p=1,\cdots,q)$ 的非线性方程组。对于非线性方程组的求解，我们可以利用 2.1.1 节中的非线性最小二乘法进行迭代求解。初始解的设置对迭代效果有很大的影响，可以假设 $\lambda=1$ 从而利用线性最小二乘法找到参数 ρ 和 t_z 的近似估计来作为迭代的初始解，失真参数一般初始设置为 0。最后可以通过 t_z 的符号唯一确定摄像机的一组参数，以此解决双重歧义的问题。

畸变相机标定中也存在不能唯一确定向量 $\boldsymbol{m}_1$ 和 $\boldsymbol{m}_2$ 的点的选取情况，和 1.4.4 节类似，假设矩阵 $\boldsymbol{P}$ 零空间中有一向量 $\boldsymbol{l}$，将 $\boldsymbol{l}$ 分为两个四维向量：$\boldsymbol{\lambda}=(l_1,l_2,l_3,l_4)^{\mathrm{T}}$ 和 $\boldsymbol{\mu}=(l_5,l_6,l_7,l_8)^{\mathrm{T}}$。$\boldsymbol{Ll}=\boldsymbol{0}$ 可以写为

$$\boldsymbol{0}=\boldsymbol{Ll}=\begin{pmatrix}v_1\boldsymbol{P}_1^{\mathrm{T}} & -u_1\boldsymbol{P}_1^{\mathrm{T}}\\ \vdots & \vdots\\ v_n\boldsymbol{P}_n^{\mathrm{T}} & -u_n\boldsymbol{P}_n^{\mathrm{T}}\end{pmatrix}\begin{pmatrix}\boldsymbol{\lambda}\\ \boldsymbol{\mu}\end{pmatrix}=\begin{pmatrix}v_1\boldsymbol{P}_1^{\mathrm{T}}\boldsymbol{\lambda}-u_1\boldsymbol{P}_1^{\mathrm{T}}\boldsymbol{\mu}\\ \vdots\\ v_n\boldsymbol{P}_n^{\mathrm{T}}\boldsymbol{\lambda}-u_n\boldsymbol{P}_n^{\mathrm{T}}\boldsymbol{\mu}\end{pmatrix}\tag{2-81}$$

将 u_i 和 v_i 用 $\boldsymbol{P}_i$ 表示，整理后得到

$$\boldsymbol{P}_i^{\mathrm{T}}(\boldsymbol{m}_2\boldsymbol{\lambda}^{\mathrm{T}}-\boldsymbol{m}_1\boldsymbol{\mu}^{\mathrm{T}})\boldsymbol{P}_i=0\quad(i=1,\cdots,n)\tag{2-82}$$

当选取的点 $\boldsymbol{P}_i$ 都位于同一个平面 $\boldsymbol{\Pi}$ 中时，有 $\boldsymbol{\Pi}^{\mathrm{T}}\cdot\boldsymbol{P}_i=0$，显然当 $(\boldsymbol{\lambda}^{\mathrm{T}},\boldsymbol{\mu}^{\mathrm{T}})$ 等于 $(\boldsymbol{\Pi}^{\mathrm{T}},\boldsymbol{0}^{\mathrm{T}})$，$(\boldsymbol{0}^{\mathrm{T}},\boldsymbol{\Pi}^{\mathrm{T}})$ 或这两个向量的任意线性组合时，等式 $\boldsymbol{Ll}=\boldsymbol{0}$ 都成立，此时矩阵 $\boldsymbol{L}$ 的零空间也将额外包括由这些向量组成的向量空间，所以在畸变相机标定中选点也不能在同一平面内。

2.2.3 解析摄影测量

到目前为止我们提出的所有标定方法都忽略了与标定过程相关的一些约束，例如，在 2.1.2 节中假设相机的倾斜角度是任意的，而不是零或非常接近零。在本小节中我们主要介绍一种考虑所有相关约束的非线性标定方法。

这种方法来自摄影测量学，摄影测量学是一门工程领域的学科，主要研究从一张或多张图片中恢复摄像机几何信息，多应用于制图、军事情报、城市规划等方面。自 20 世纪 30 年代以来，摄影测量基本上都使用模拟式的解法，但在 20 世纪 50 年代以后，随着数学计算机和计算技术的高速发展，摄影测量逐步由模拟方式向解析方式过渡。解析摄影测量利用计算机来解决摄影测量中的复杂计算问题，精度与模拟摄影测量相近，但工作量大大降低。

假设我们选取 n 个基准点，三维空间中任一基准点 $P_i(i=1,\cdots,n)$ 在世界坐标系中的坐标是已知的，通过摄像机拍摄的图像得到其二维像素坐标 (u_i,v_i)，我们的目标就是最小化由透视投影矩阵算出的像素点 $(\tilde{u}_i,\tilde{v}_i)$ 和实际像素点 (u_i,v_i) 之间的均方距离，假设摄像机的参数向量为 $\boldsymbol{\xi}=(\xi_1,\cdots,\xi_q)^{\mathrm{T}}(q\geqslant 11)$，其中除了摄像机的内、外参数，还可能包括各种失真系数。

这里最小二乘误差可以写为

$$E(\boldsymbol{\xi}) = \sum_{i=1}^{n}[(\tilde{u}_i(\boldsymbol{\xi})-u_i)^2+(\tilde{v}_i(\boldsymbol{\xi})-v_i)^2] \tag{2-83}$$

其中：

$$\tilde{u}_i(\boldsymbol{\xi})=\frac{\boldsymbol{m}_1^{\mathrm{T}}(\boldsymbol{\xi})\cdot\boldsymbol{P}_i}{\boldsymbol{m}_3^{\mathrm{T}}(\boldsymbol{\xi})\cdot\boldsymbol{P}_i},\quad \tilde{v}_i(\boldsymbol{\xi})=\frac{\boldsymbol{m}_2^{\mathrm{T}}(\boldsymbol{\xi})\cdot\boldsymbol{P}_i}{\boldsymbol{m}_3^{\mathrm{T}}(\boldsymbol{\xi})\cdot\boldsymbol{P}_i} \tag{2-84}$$

这里每个误差项相对于未知参数 $\boldsymbol{\xi}$ 都是非线性的，它涉及多项式和三角函数的组合，最小化误差函数可以应用 2.1.1 节中的非线性方法。为了与 2.1.1 节的符号一致，我们将误差函数重写为

$$E(\boldsymbol{\xi}) = |\boldsymbol{f}(\boldsymbol{\xi})|^2 = \sum_{j=1}^{2n} f_j^2(\boldsymbol{\xi}) \tag{2-85}$$

其中：

$$\begin{cases} f_{2i-1}(\boldsymbol{\xi})=\tilde{u}_i(\boldsymbol{\xi})-u_i \\ f_{2i}(\boldsymbol{\xi})=\tilde{v}_i(\boldsymbol{\xi})-v_i \end{cases} \quad (i=1,\cdots,n) \tag{2-86}$$

高斯-牛顿法和 L-M 法都需要计算函数 f_j 的梯度，牛顿法还需要计算海森矩阵。这里我们只计算梯度即函数 $\boldsymbol{f}$ 的雅可比矩阵。为了表达简洁我们书写函数时忽略后面的参数 $\boldsymbol{\xi}$。定义 $\tilde{x}_i=\boldsymbol{m}_1^{\mathrm{T}}\cdot\boldsymbol{P}_i$，$\tilde{y}_i=\boldsymbol{m}_2^{\mathrm{T}}\cdot\boldsymbol{P}_i$，$\tilde{z}_i=\boldsymbol{m}_3^{\mathrm{T}}\cdot\boldsymbol{P}_i(i=1,\cdots,n)$，所以 $\tilde{u}_i=\frac{\tilde{x}_i}{\tilde{z}_i}$，$\tilde{v}_i=\frac{\tilde{y}_i}{\tilde{z}_i}$，于是得到

$$\begin{cases} \frac{\partial f_{2i-1}}{\partial\xi_i}=\frac{\partial\tilde{u}_i}{\partial\xi_j}=\frac{1}{z_i}\frac{\partial\tilde{x}_i}{\partial\xi_j}-\frac{\tilde{x}_i}{\tilde{z}_i^2}\frac{\partial\tilde{z}_i}{\partial\xi_j}=\frac{1}{\tilde{z}_i}\left(\frac{\partial}{\partial\xi_j}(\boldsymbol{m}_1^{\mathrm{T}}\cdot\boldsymbol{P}_i)-\tilde{u}_i\frac{\partial}{\partial\xi_j}(\boldsymbol{m}_3^{\mathrm{T}}\cdot\boldsymbol{P}_i)\right) \\ \frac{\partial f_{2i}}{\partial\xi_j}=\frac{\partial\tilde{u}_i}{\partial\xi_j}=\frac{1}{z_i}\frac{\partial\tilde{y}_i}{\partial\xi_j}-\frac{\tilde{y}_i}{\tilde{z}_i^2}\frac{\partial\tilde{z}_i}{\partial\xi_j}=\frac{1}{\tilde{z}_i}\left(\frac{\partial}{\partial\xi_j}(\boldsymbol{m}_1^{\mathrm{T}}\cdot\boldsymbol{P}_i)-\tilde{v}_i\frac{\partial}{\partial\xi_j}(\boldsymbol{m}_3^{\mathrm{T}}\cdot\boldsymbol{P}_i)\right) \end{cases} \tag{2-87}$$

上式可以写为

$$\begin{pmatrix} \frac{\partial f_{2i-1}}{\partial\xi_j} \\ \frac{\partial f_{2i}}{\partial\xi_j} \end{pmatrix}=\frac{1}{\tilde{z}_i}\begin{pmatrix} \boldsymbol{P}_i^{\mathrm{T}} & \boldsymbol{0}^{\mathrm{T}} & -\tilde{u}_i\boldsymbol{P}_i^{\mathrm{T}} \\ \boldsymbol{0}^{\mathrm{T}} & \boldsymbol{P}_i^{\mathrm{T}} & -\tilde{v}_i\boldsymbol{P}_i^{\mathrm{T}} \end{pmatrix}\boldsymbol{J}_m \tag{2-88}$$

其中 $\boldsymbol{m}$ 是与投影矩阵 $\boldsymbol{M}$ 相关的 12 维向量，$\boldsymbol{J}_m$ 则表示它的雅可比矩阵。最终可以得到函数 $\boldsymbol{f}$ 的雅可比矩阵：

$$\boldsymbol{J}_f=\begin{pmatrix} \frac{1}{\tilde{z}_1}\boldsymbol{P}_1^{\mathrm{T}} & \boldsymbol{0}^{\mathrm{T}} & -\frac{\tilde{u}_1}{\tilde{z}_1}\boldsymbol{P}_1^{\mathrm{T}} \\ \boldsymbol{0}^{\mathrm{T}} & \frac{1}{\tilde{z}_1}\boldsymbol{P}_1^{\mathrm{T}} & -\frac{\tilde{v}_1}{\tilde{z}_1}\boldsymbol{P}_1^{\mathrm{T}} \\ \vdots & \vdots & \vdots \\ \frac{1}{\tilde{z}_n}\boldsymbol{P}_n^{\mathrm{T}} & \boldsymbol{0}^{\mathrm{T}} & -\frac{\tilde{u}_n}{\tilde{z}_n}\boldsymbol{P}_n^{\mathrm{T}} \\ \boldsymbol{0}^{\mathrm{T}} & \frac{1}{\tilde{z}_n}\boldsymbol{P}_n^{\mathrm{T}} & -\frac{\tilde{v}_n}{\tilde{z}_n}\boldsymbol{P}_n^{\mathrm{T}} \end{pmatrix}\boldsymbol{J}_m \tag{2-89}$$

在上面的表达式中，u_i，v_i，z_i 和 $\boldsymbol{P}_i$ 取决于所选取的基准点，而 $\boldsymbol{J}_m$ 仅取决于摄像机的内、外参数。还需要注意，这种方法需要对旋转矩阵 $\boldsymbol{R}$ 进行参数化，第 1 章提到了关于坐标

轴的 3 个基本旋转的参数化,也可以使用其他参数化方法:欧拉角、罗德里格斯公式和四元数。

习 题

1. 计算线性方程组 $\begin{pmatrix} 1 & 2 \\ 0 & 1 \\ 1 & 1 \\ 1 & 0 \end{pmatrix} \boldsymbol{x} = \begin{pmatrix} 1 \\ 5 \\ 2 \\ 3 \end{pmatrix}$ 的最小二乘解。

2. 对矩阵 $\boldsymbol{A} = \begin{pmatrix} 1 & 1 \\ 1 & 1 \\ 0 & 0 \end{pmatrix}$ 进行奇异值分解,写出分解结果。

3. 假设摄像机成像平面没有角度偏斜,已知 5 组三维到二维投影的对应点 $X_i \sim x_i$,证明在该情况下计算透视投影矩阵一般会有 4 个解,并且这 4 个解都能准确地实现这 5 组对应点的映射。

4. 假设摄像机内参数已知,给定 3 组三维到二维投影的对应点 $X_i \sim x_i$,证明在该情况下计算透视投影矩阵一般会有 4 个解,并且这 4 个解都能准确地实现这 3 组对应点的映射。

5. 推导透视投影矩阵的摄像机内、外参数表示形式〔式(2-36)〕。

6. 编程实现 2.1.2 节中摄像机投影矩阵的求解算法。

7. 阐述摄像机标定时标定点不能处于同一平面的原因。

8. 推导“2.2.3 解析摄影测量”一节中函数 $f_{2i-1}(\boldsymbol{\xi}) = \tilde{u}_i(\boldsymbol{\xi}) - u_i$ 和函数 $f_{2i}(\boldsymbol{\xi}) = \tilde{v}_i(\boldsymbol{\xi}) - v_i (i=1,\cdots,n)$ 的雅可比矩阵。

第3章

单视图几何

3.1 射影几何基础

3.1.1 直线的齐次坐标

在平面上建立直角坐标系(O,x,y)，则平面上的点的欧氏坐标可用二元组(x',y')来表示。给定直角坐标系(O,x,y)，平面上的直线可写为

$$ax'+by'+c=0 \tag{3-1}$$

其中，a，b，c 为直线的参数，(x',y')表示直线上的点。

在方程两边同乘以任意非零常数 t，可以得到如下方程：

$$ax't+by't+ct=0 \tag{3-2}$$

很显然，方程(3-1)与方程(3-2)表示同一条直线。

接下来，令 $\boldsymbol{p}=(x,y,t)^{\mathrm{T}}$，其中 $x=x't$，$y=y't$，同时令 $\boldsymbol{l}=(a,b,c)^{\mathrm{T}}$，则方程(3-2)可写成

$$\boldsymbol{l}^{\mathrm{T}}\boldsymbol{p}=0(\text{或者 } \boldsymbol{p}^{\mathrm{T}}\boldsymbol{l}=0) \tag{3-3}$$

其中，$\boldsymbol{p}$ 是直线上的点，$\boldsymbol{l}$ 是一个由直线参数组成的向量。

我们称向量 $\boldsymbol{p}=(x,y,t)^{\mathrm{T}}$为点 p 的齐次坐标，$\boldsymbol{l}=(a,b,c)^{\mathrm{T}}$ 称为直线 l 的齐次坐标。这里的“齐次”也可以这样来理解：在这种表示下，直线方程(3-3)关于点或直线变量都是齐次的，而方程(3-1)则是非齐次的。

对于任意平面点 $(x',y')^{\mathrm{T}}$，将其扩展到三维，并将第三维设置为 1，即可获得它的齐次坐标 $(x',y',1)^{\mathrm{T}}$。对于$\forall t\neq 0$ 的齐次坐标$(x,y,t)^{\mathrm{T}}$，可以通过下式获得其对应的非齐次坐标：

$$\tilde{\boldsymbol{p}}=\left(\frac{x}{t},\frac{y}{t}\right)^{\mathrm{T}} \tag{3-4}$$

需要注意的是，首先，同一个平面上的点的齐次坐标可以相差任意的非零常数因子，即$\forall s\neq 0$，$\boldsymbol{p}=(x,y,t)^{\mathrm{T}}$ 和 $\boldsymbol{q}=s\boldsymbol{p}=(sx,sy,st)^{\mathrm{T}}$ 表示同一个点，因为通过式(3-4)可知它们的

非齐次坐标相等。其次，直线的齐次坐标也不是唯一的。例如 $\forall s\neq 0$，方程$(s\boldsymbol{l})^{\mathrm{T}}\boldsymbol{p}=0$ 与方程(3-3)确定同一条直线，换句话说就是齐次坐标$(sa,sb,sc)^{\mathrm{T}}$ 与$(a,b,c)^{\mathrm{T}}$ 表示同一条直线。所以，一条直线的齐次坐标也不是唯一的，它们可以相差任意的非零常数因子。

3.1.2 平面上的无穷远点与无穷远线

对于齐次坐标点 $\boldsymbol{p}_{\infty}=(x,y,0)^{\mathrm{T}}$，如果 x,y 至少有一个不为零，我们称 p_{∞} 点为无穷远点。在本书中，右下标∞表示无穷远，当其作为点的右下标时，表示该点为无穷远点。需要特别说明的是，无穷远点没有欧氏坐标，因为 $x/0=\infty$，$y/0=\infty$。

假设平面上的任一无穷远点的齐次坐标可写成 $\boldsymbol{p}_{\infty}=(x,y,0)^{\mathrm{T}}$ 的形式，则有如下等式成立：

$$\begin{pmatrix}0\\0\\1\end{pmatrix}^{\mathrm{T}}\begin{pmatrix}x\\y\\0\end{pmatrix}=0 \tag{3-5}$$

如果令 $\boldsymbol{l}_{\infty}=(0,0,1)^{\mathrm{T}}$，上式可变为

$$\boldsymbol{l}_{\infty}^{\mathrm{T}}\boldsymbol{p}_{\infty}=0 \tag{3-6}$$

从上式可以看出，平面上所有的无穷远点都位于直线 l_{∞}上，我们称 $\boldsymbol{l}_{\infty}=(0,0,1)^{\mathrm{T}}$ 为无穷远直线。

有了无穷远点的概念后，本小节接下来的部分主要讨论平行线的交点。首先，我们引入叉积来表示直线的交点。

三维向量叉积：两个非零向量 $\boldsymbol{a}$ 与 $\boldsymbol{b}$ 的叉积（也称为外积或数量积）记为 $\boldsymbol{a}\times\boldsymbol{b}$，它的模为

$$|\boldsymbol{a}\times\boldsymbol{b}|=|\boldsymbol{a}|\,|\boldsymbol{b}|\sin\langle\boldsymbol{a},\boldsymbol{b}\rangle$$

它的方向与 $\boldsymbol{a},\boldsymbol{b}$ 都垂直，并按 $\boldsymbol{a},\boldsymbol{b},\boldsymbol{a}\times\boldsymbol{b}$ 这一顺序组成右手系。如果 $\boldsymbol{a},\boldsymbol{b}$ 中有零向量，定义 $\boldsymbol{a}$ 与 $\boldsymbol{b}$ 的点积为零。

令 $\boldsymbol{a}=(x_1,y_1,t_1)^{\mathrm{T}}$，$\boldsymbol{b}=(x_2,y_2,t_2)^{\mathrm{T}}$ 为两个三维向量，$\boldsymbol{a}\times\boldsymbol{b}$ 可按下式计算：

$$\boldsymbol{a}\times\boldsymbol{b}=\begin{vmatrix}\boldsymbol{i}&\boldsymbol{j}&\boldsymbol{k}\\x_1&y_1&t_1\\x_2&y_2&t_2\end{vmatrix}=\left(\begin{vmatrix}y_1&t_1\\y_2&t_2\end{vmatrix},-\begin{vmatrix}x_1&y_1\\x_2&y_2\end{vmatrix},\begin{vmatrix}x_1&y_1\\x_2&y_2\end{vmatrix}\right) \tag{3-7}$$

同时，叉积与反对称矩阵存在着对应关系。向量 $\boldsymbol{a}=(x_1,y_1,t_1)^{\mathrm{T}}$ 定义的反对称矩阵$[\boldsymbol{a}]_{\times}$形式如下：

$$[\boldsymbol{a}]_{\times}=\begin{pmatrix}0&-t_1&y_1\\t_1&0&-x_1\\-y_1&x_1&0\end{pmatrix} \tag{3-8}$$

并称 $[\boldsymbol{a}]_{\times}$ 为由向量 $\boldsymbol{a}$ 所确定的反对称矩阵。

矩阵 $[\boldsymbol{a}]_{\times}$ 具有下述性质：

- 对任意非零向量 $\boldsymbol{a}$，有 $\mathrm{rank}([\boldsymbol{a}]_{\times})=2$；
- 对任意两个三维向量 $\boldsymbol{a},\boldsymbol{b}$，有 $\boldsymbol{a}\times\boldsymbol{b}=[\boldsymbol{a}]_{\times}\boldsymbol{b}$；
- $\boldsymbol{a}$ 是$[\boldsymbol{a}]_{\times}$的右零空间，同时也是它的左零空间，即$[\boldsymbol{a}]_{\times}\boldsymbol{a}=\boldsymbol{0}$，$\boldsymbol{a}^{\mathrm{T}}[\boldsymbol{a}]_{\times}=\boldsymbol{0}$；
- 对任意三维向量 $\boldsymbol{b}$，有 $\boldsymbol{b}^{\mathrm{T}}[\boldsymbol{a}]_{\times}\boldsymbol{b}=0$。

给定平面上的两条直线 $\boldsymbol{l}=(a,b,c)^{\mathrm{T}}$ 与 $\boldsymbol{l}'=(a',b',c')^{\mathrm{T}}$，它们的交点可以通过下式得到：

$$\boldsymbol{x}=\boldsymbol{l}\times\boldsymbol{l}' \tag{3-9}$$

证明：如果向量 $\boldsymbol{x}$ 为两直线 $\boldsymbol{l}$ 和 $\boldsymbol{l}'$ 的交点，则 $\boldsymbol{x}$ 同时在两条直线上，即 $\boldsymbol{x}$ 同时满足 $\boldsymbol{x}^{\mathrm{T}}\boldsymbol{l}=0$ 与 $\boldsymbol{x}^{\mathrm{T}}\boldsymbol{l}'=0$。如果令 $\boldsymbol{x}=\boldsymbol{l}\times\boldsymbol{l}'$，由叉乘的定义可知，向量 $\boldsymbol{x}$ 与向量 $\boldsymbol{l}$ 和向量 $\boldsymbol{l}'$ 均垂直。由正交向量的性质可得 $\boldsymbol{x}^{\mathrm{T}}\boldsymbol{l}=0$ 以及 $\boldsymbol{x}^{\mathrm{T}}\boldsymbol{l}'=0$，因此 $\boldsymbol{x}=\boldsymbol{l}\times\boldsymbol{l}'$ 是两条直线 $\boldsymbol{l}$ 和 $\boldsymbol{l}'$ 的交点。

给定平面上的两点 $\boldsymbol{p}=(a,b,c)^{\mathrm{T}}$ 与 $\boldsymbol{q}=(a',b',c')^{\mathrm{T}}$，则过这两点的直线为

$$\boldsymbol{l}=\boldsymbol{p}\times\boldsymbol{q} \tag{3-10}$$

上述结论的证明与式(3-9)的证明类似，这里就不再赘述了。

更进一步，给定两条平行直线 $\boldsymbol{l}=(a,b,c)^{\mathrm{T}}$ 和 $\boldsymbol{l}'=(a,b,c')^{\mathrm{T}}$，它们的交点 $\boldsymbol{x}$ 可表示为

$$\boldsymbol{x}=\boldsymbol{l}\times\boldsymbol{l}'=\lambda\begin{pmatrix} b \\ -a \\ 0 \end{pmatrix} \tag{3-11}$$

其中，$\lambda=c'-c$。

从上式可以看出交点 $\boldsymbol{x}$ 的第三维坐标为 0，这表明平行直线相交于无穷远点，这与我们的认知是一致的。$(\lambda b,-\lambda a,0)^{\mathrm{T}}$ 与 $(b,-a,0)^{\mathrm{T}}$ 仅相差一个固定的常数 λ，因此，它们表示平面上的同一点。所以，有如下结论：

$$\boldsymbol{x}=\begin{pmatrix} b \\ -a \\ 0 \end{pmatrix} \tag{3-12}$$

事实上，将 $(b,-a)^{\mathrm{T}}$ 看作直线 $\boldsymbol{l}$ 的方向向量，无穷远点的直观意义就更明显了。对于平行直线，我们还可以得到如下结论：一组平行直线通过同一个无穷远点，通过同一无穷远点的所有直线彼此平行，不同的平行直线相交于不同的无穷远点。

3.1.3 平面上的变换

2D 变换

给定平面上两个点 $\boldsymbol{p}=(x,y,1)^{\mathrm{T}}$ 与 $\boldsymbol{p}'=(x',y',1)^{\mathrm{T}}$，它们之间的变换可以通过下式实现：

$$\boldsymbol{p}'=\boldsymbol{H}\boldsymbol{p} \tag{3-13}$$

其中，$\boldsymbol{H}$ 为 3×3 的变换矩阵。

接下来，我们介绍平面上的几种典型变换。

欧氏变换（又称为刚体变换）是旋转变换与平移变换组合所得到的变换，如图 3-1 所示，其定义如下：

$$\begin{pmatrix} x' \\ y' \\ 1 \end{pmatrix}=\begin{pmatrix} \boldsymbol{R} & \boldsymbol{t} \\ \boldsymbol{0}^{\mathrm{T}} & 1 \end{pmatrix}\begin{pmatrix} x \\ y \\ 1 \end{pmatrix} \tag{3-14}$$

其中，$\boldsymbol{R}=\begin{pmatrix} \cos\theta & -\sin\theta \\ \sin\theta & \cos\theta \end{pmatrix}$为旋转矩阵，$\boldsymbol{t}=(t_x,t_y)^{\mathrm{T}}$ 为平移向量。平面欧氏变换有 3 个自由度（旋转包含 1 个自由度，平移包含 2 个自由度）。因此，两个点对应可确定欧氏变换。

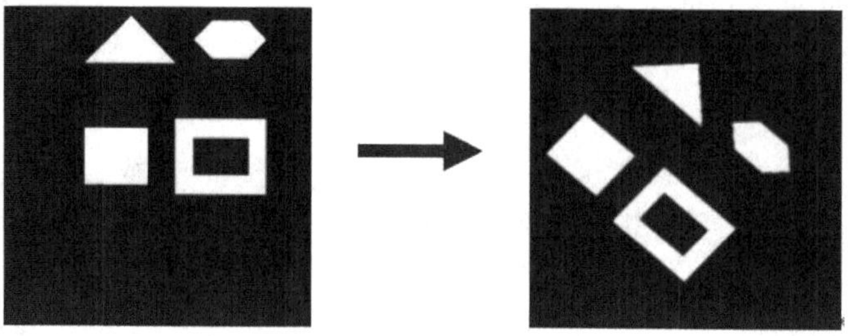

图 3-1 欧氏变换示意图

相似变换是欧氏变换与均匀伸缩变换的合成变换，如图 3-2 所示，其定义如下：

$$\begin{pmatrix} x' \\ y' \\ 1 \end{pmatrix} = \begin{pmatrix} \boldsymbol{SR} & \boldsymbol{t} \\ \boldsymbol{0}^{\mathrm{T}} & 1 \end{pmatrix} \begin{pmatrix} x \\ y \\ 1 \end{pmatrix} \tag{3-15}$$

其中，$\boldsymbol{S} = \begin{pmatrix} s & 0 \\ 0 & s \end{pmatrix}$，$s$ 是均匀伸缩因子。

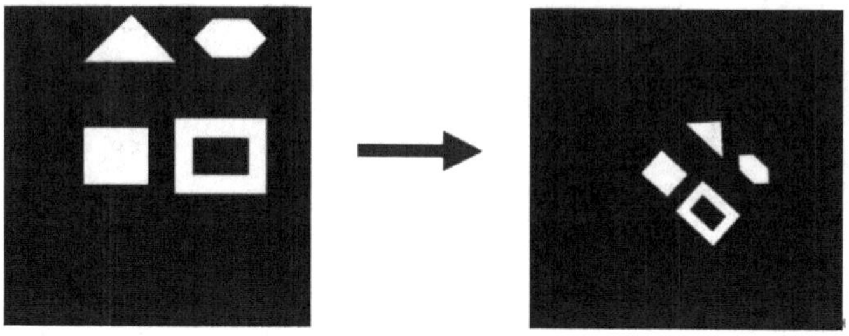

图 3-2 相似变换示意图

相似变换是保持图形相似的变换，它比欧氏变换多一个均匀伸缩因子，因此具有 4 个自由度。与欧氏变换一样，两个点对应也可以确定相似变换。

仿射变换是对相似变换的一种扩展，如图 3-3 所示，其定义如下：

$$\begin{pmatrix} x' \\ y' \\ 1 \end{pmatrix} = \begin{pmatrix} \boldsymbol{A} & \boldsymbol{t} \\ \boldsymbol{0}^{\mathrm{T}} & 1 \end{pmatrix} \begin{pmatrix} x \\ y \\ 1 \end{pmatrix} \tag{3-16}$$

其中，$\boldsymbol{A} = \begin{pmatrix} a & b \\ c & d \end{pmatrix}$ 是一个 2 阶可逆矩阵。仿射变换有 6 个自由度，因此，需要 3 个不共线的点对应才能确定仿射变换。

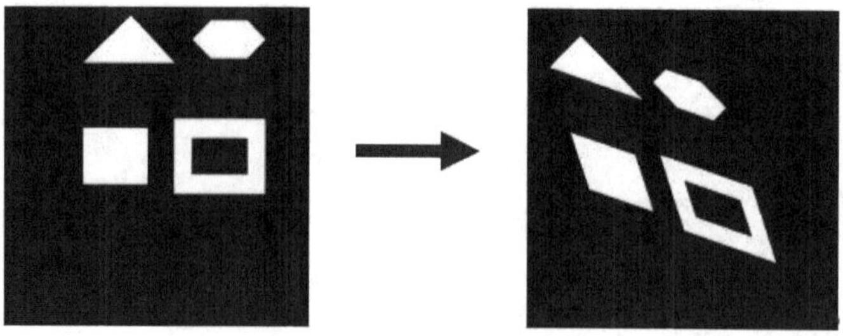

图 3-3 仿射变换示意图

射影变换是对仿射变换的一种扩展,如图 3-4 所示,其定义如下:

$$\begin{pmatrix} x' \\ y' \\ 1 \end{pmatrix} = \begin{pmatrix} \boldsymbol{A} & \boldsymbol{t} \\ \boldsymbol{v}^{\mathrm{T}} & k \end{pmatrix} \begin{pmatrix} x \\ y \\ 1 \end{pmatrix} \tag{3-17}$$

其中,$\boldsymbol{v}=(v_1,v_2)^{\mathrm{T}}$。

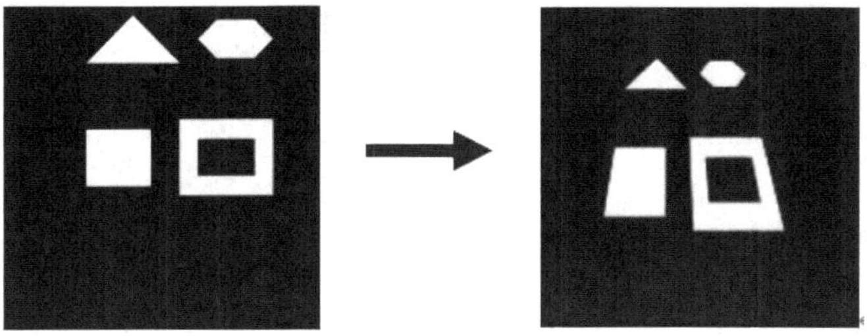

图 3-4 射影变换示意图

3.1.4 平面上的无穷远点与无穷远线的变换

假设 $\boldsymbol{H}$ 为射影变换,无穷远点 $\boldsymbol{p}_{\infty}=(1,1,0)^{\mathrm{T}}$ 经过射影变换可得

$$\boldsymbol{p}'=\boldsymbol{H}\boldsymbol{p}_{\infty}=\begin{pmatrix} \boldsymbol{A} & \boldsymbol{t} \\ \boldsymbol{v}^{\mathrm{T}} & 1 \end{pmatrix} \begin{pmatrix} 1 \\ 1 \\ 0 \end{pmatrix} = \begin{pmatrix} p_x' \\ p_y' \\ p_z' \end{pmatrix} \tag{3-18}$$

观察上式可以发现,坐标向量 $\boldsymbol{p}'$ 的第三维 p_z' 不为 0,表明 p' 点不是无穷远点。所以,平面上无穷远点经过射影变换后不再是无穷远点。

假设 $\boldsymbol{H}$ 为仿射变换,无穷远点 $\boldsymbol{p}_{\infty}=(1,1,0)^{\mathrm{T}}$ 经过仿射变换可得

$$\boldsymbol{p}'=\boldsymbol{H}\boldsymbol{p}_{\infty}=\begin{pmatrix} \boldsymbol{A} & \boldsymbol{t} \\ \boldsymbol{0}^{\mathrm{T}} & 1 \end{pmatrix} \begin{pmatrix} 1 \\ 1 \\ 0 \end{pmatrix} = \begin{pmatrix} p_x' \\ p_y' \\ 0 \end{pmatrix} \tag{3-19}$$

从上式可以看出,变换后的 p' 点的齐次坐标第三维依然为 0,故仿射变换将无穷远点变为无穷远点。

给定平面上的一条直线 l,其经过变换矩阵 $\boldsymbol{H}$ 作用后得到直线 l',则 l' 的齐次坐标为

$$\boldsymbol{l}'=\boldsymbol{H}^{-\mathrm{T}}\boldsymbol{l} \tag{3-20}$$

此处证明留作课后习题。

假设 $\boldsymbol{H}$ 为射影变换,则无穷远线 $\boldsymbol{l}_{\infty}=(0,0,1)^{\mathrm{T}}$ 经过变换可得

$$\boldsymbol{l}'=\boldsymbol{H}^{-\mathrm{T}}\boldsymbol{l}_{\infty}=\begin{pmatrix} \boldsymbol{A} & \boldsymbol{t} \\ \boldsymbol{v}^{\mathrm{T}} & 1 \end{pmatrix}^{-T} \begin{pmatrix} 0 \\ 0 \\ 1 \end{pmatrix} = \begin{pmatrix} t_x \\ t_y \\ b \end{pmatrix} \tag{3-21}$$

观察上式可以看出 t_x 和 t_y 不为 0,这说明平面上的无穷远线经过射影变换后不再是无穷远线。

假设 $\boldsymbol{H}$ 为仿射变换,无穷远线 $\boldsymbol{l}_{\infty}=(0,0,1)^{\mathrm{T}}$ 经过仿射变换可得

$$l'=H^{-T}l_{\infty}=\begin{pmatrix}A & t\\ 0^{T} & 1\end{pmatrix}^{-T}\begin{pmatrix}0\\0\\1\end{pmatrix}=\begin{pmatrix}A^{-T} & 0\\ -t^{T}A^{-T} & 1\end{pmatrix}\begin{pmatrix}0\\0\\1\end{pmatrix}=\begin{pmatrix}0\\0\\1\end{pmatrix} \tag{3-22}$$

通过上式可以看出，平面上无穷远线经过仿射变换后仍然是无穷远线。

3.2 单视图重构

3.2.1 隐消点与隐消线

隐消点与隐消线

在空间中建立直角坐标系（O，x，y，z），则空间中的点的欧氏坐标为 $\widetilde{P}=(x',y',z')^{T}$，令

$$\frac{x}{w}=x',\quad \frac{y}{w}=y',\quad \frac{z}{w}=z',\quad x_4\neq 0 \tag{3-23}$$

则空间中的点的齐次坐标为 $P=(x,y,z,w)^{T}$。与平面上的点类似，空间中的点的齐次坐标可以相差一个非零常数因子，即当 $s\neq 0$ 时，sP 与 P 表示同一空间点的齐次坐标。

空间中的平面方程可以写成

$$\pi_1 x+\pi_2 y+\pi_3 z+\pi_4 w=0 \tag{3-24}$$

其中，$X=(x,y,z,w)^{T}$ 表示空间点的齐次坐标。称四维向量 $\Pi=(\pi_1,\pi_2,\pi_3,\pi_4)^{T}$ 为该平面的齐次坐标。显然，方程(3-24)两边同乘以一个非零常数仍表示该平面。方程(3-24)可以写成更简洁的形式：

$$\Pi^{T}X=0 \tag{3-25}$$

在三维空间中，直线不如点、平面那样可以非常简单地用一个四维向量(齐次坐标)来表示，因为三维空间中的直线有 4 个自由度。在本书中不做详细介绍，感兴趣的读者可以参考解析几何相关书籍。

对于齐次坐标点 $P_{\infty}=(x,y,z,0)^{T}$，如果 x,y,z 至少有一个不为零，我们称该点为空间中的无穷远点。一组平行直线通过同一个无穷远点，令 $d=(a,b,c)^{T}$ 为这组平行直线的方向向量，则它们的交点为 $D_{\infty}=(a,b,c,0)^{T}$。另外，通过同一无穷远点的所有直线彼此平行。同时，不同的平行直线相交于不同的无穷远点。

与平面上的无穷远线类似，空间中的无穷远平面表示为 $\Pi_{\infty}=(0,0,0,1)^{T}$，它是所有无穷远点所构成的集合。两平面平行的充要条件是它们的交线为无穷远直线，或者说它们有相同的方向；直线与直线(面)平行的充要条件是它们相交于无穷远点。

摄像机的投影变换也是射影变换，平面上的射影变换得出的结论，同样适用于空间中的射影变换，即将空间上的无穷远点投影到图像平面上的有限点。

隐消点：我们将直线上的无穷远点在图像平面上的投影称为该直线的隐消点，如图 3-5 所示。由于平行直线与无穷远平面相交于同一个无穷远点，因此平行直线有一个相同的隐消点，即隐消点只与直线的方向有关，而与直线的位置无关。

图 3-5 隐消点示意图

令 $\boldsymbol{X}_\infty=(\boldsymbol{d}^{\mathrm{T}},0)^{\mathrm{T}}$ 是无穷远点，位于直线 l 上，向量 $\boldsymbol{d}=(a,b,c)^{\mathrm{T}}$ 是直线 l 的方向。令摄像机投影矩阵为 $\boldsymbol{M}=\boldsymbol{K}(\boldsymbol{I}\quad \boldsymbol{0})$，其中 $\boldsymbol{K}$ 是摄像机内参数矩阵，则直线 l 的隐消点为

$$\boldsymbol{v}=\boldsymbol{M}\boldsymbol{X}_\infty=\boldsymbol{K}(\boldsymbol{I}\quad \boldsymbol{0})\begin{pmatrix}a\\b\\c\\0\end{pmatrix}=\boldsymbol{K}\begin{pmatrix}a\\b\\c\end{pmatrix}=\boldsymbol{K}\boldsymbol{d} \tag{3-26}$$

如已知直线 l 的隐消点 v 的坐标和摄像机内参数矩阵 $\boldsymbol{K}$，可以通过下式得到直线 l 的方向向量：

$$\boldsymbol{d}=\frac{\boldsymbol{K}^{-1}\boldsymbol{v}}{\|\boldsymbol{K}^{-1}\boldsymbol{v}\|} \tag{3-27}$$

记两条直线 l_1,l_2 的方向向量分别为 $\boldsymbol{d}_1,\boldsymbol{d}_2$，由欧氏几何可知它们之间的夹角可通过下述公式来计算：

$$\cos\theta=\frac{\boldsymbol{d}_1^{\mathrm{T}}\boldsymbol{d}_2}{\sqrt{\boldsymbol{d}_1^{\mathrm{T}}\boldsymbol{d}_1}\cdot\sqrt{\boldsymbol{d}_2^{\mathrm{T}}\boldsymbol{d}_2}} \tag{3-28}$$

若直线 l_1,l_2 的隐消点分别为 v_1,v_2，则根据式(3-27)，可得到

$$\boldsymbol{d}_1=\frac{\boldsymbol{K}^{-1}\boldsymbol{v}_1}{\|\boldsymbol{K}^{-1}\boldsymbol{v}_1\|},\quad \boldsymbol{d}_2=\frac{\boldsymbol{K}^{-1}\boldsymbol{v}_2}{\|\boldsymbol{K}^{-1}\boldsymbol{v}_2\|} \tag{3-29}$$

于是

$$\cos\theta=\frac{(\boldsymbol{K}^{-1}\boldsymbol{v}_1)^{\mathrm{T}}}{\sqrt{(\boldsymbol{K}^{-1}\boldsymbol{v}_1)^{\mathrm{T}}\boldsymbol{K}^{-1}\boldsymbol{v}_1}}\frac{\boldsymbol{K}^{-1}\boldsymbol{v}_2}{\sqrt{(\boldsymbol{K}^{-1}\boldsymbol{v}_2)^{\mathrm{T}}\boldsymbol{K}^{-1}\boldsymbol{v}_2}}=\frac{\boldsymbol{v}_1^{\mathrm{T}}\boldsymbol{W}\boldsymbol{v}_2}{\sqrt{\boldsymbol{v}_1^{\mathrm{T}}\boldsymbol{W}\boldsymbol{v}_1}\sqrt{\boldsymbol{v}_2^{\mathrm{T}}\boldsymbol{W}\boldsymbol{v}_2}} \tag{3-30}$$

其中，$\boldsymbol{W}=\boldsymbol{K}^{-\mathrm{T}}\boldsymbol{K}^{-1}=(\boldsymbol{K}\boldsymbol{K}^{\mathrm{T}})^{-1}$ 仅与摄像机的内参数有关。

矩阵 $\boldsymbol{W}$ 由摄像机的内参数矩阵 $\boldsymbol{K}$ 决定，$\boldsymbol{W}$ 有如下 4 点性质：

- $\boldsymbol{W}=\begin{pmatrix}w_1 & w_2 & w_4\\ w_2 & w_3 & w_5\\ w_4 & w_5 & w_6\end{pmatrix}$ 是一个 3×3 的对称矩阵；
- 当 $w_2=0$ 时，像素坐标系零倾斜；
- 当 $w_2=0,w_1=w_3$ 时为方形像素；
- $\boldsymbol{W}$ 只有 5 个自由度(因为 $\boldsymbol{K}$ 有 5 个自由度)。

如果已知两条直线的夹角和它们的隐消点，则式(3-30)就构成摄像机内参数的约束，从而可被用于标定摄像机内参数。特别地，当三维空间中两组平行线正交时，即它们的 $\theta=90^\circ$ 时可以得到如下关系：

$$\boldsymbol{v}_1^{\mathrm{T}}\boldsymbol{W}\boldsymbol{v}_2=0 \tag{3-31}$$

隐消线：平面 Π 上的无穷远直线 l_∞ 在图像平面上的投影称为该平面的隐消线，如图 3-6 所示。平行平面相交于无穷远平面上的同一条直线，因而平行平面有相同的隐消线。隐消线只与平面的法向量(或称为平面的方向)有关，而与平面的位置无关。

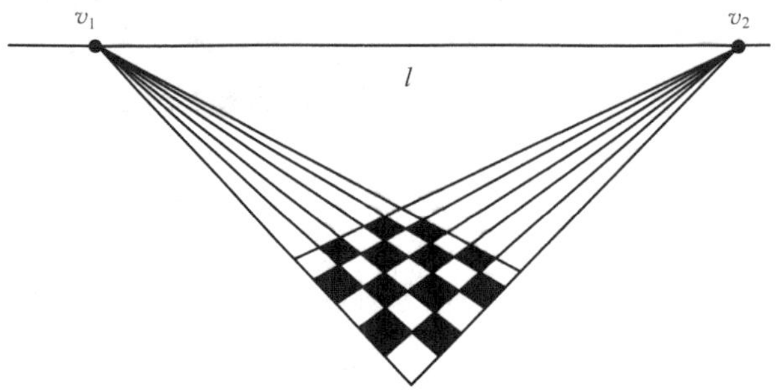

图 3-6　隐消线示意图

令 l_1，l_2 是平面 Π 上的相交于有限点的两条直线，其无穷远点坐标分别记为

$$\boldsymbol{P}_\infty=(\boldsymbol{d}_1^{\mathrm{T}},0)^{\mathrm{T}},\quad \boldsymbol{Q}_\infty=(\boldsymbol{d}_2^{\mathrm{T}},0)^{\mathrm{T}} \tag{3-32}$$

则平面 Π 上的无穷远直线必通过 P_∞ 与 Q_∞，并且平面 Π 的方向是 $\boldsymbol{n}=\boldsymbol{d}_1\times\boldsymbol{d}_2$。令 l 是平面 Π 的隐消线，则直线 l_1，l_2 的隐消点 v_1，v_2 是 l 上两个不同的点。令摄像机投影矩阵为 $\boldsymbol{M}=\boldsymbol{K}(\boldsymbol{I}\quad\boldsymbol{0})$，于是

$$\boldsymbol{l}=\boldsymbol{v}_1\times\boldsymbol{v}_2=\boldsymbol{K}\boldsymbol{d}_1\times\boldsymbol{K}\boldsymbol{d}_2=\boldsymbol{K}^{-\mathrm{T}}(\boldsymbol{d}_1\times\boldsymbol{d}_2)=\boldsymbol{K}^{-\mathrm{T}}\boldsymbol{n}=\boldsymbol{K}^{-\mathrm{T}}\boldsymbol{n} \tag{3-33}$$

其中，$\boldsymbol{n}=\boldsymbol{d}_1\times\boldsymbol{d}_2$ 是平面 Π 的法方向。

令平面 Π_1，Π_2 的方向向量分别为 $\boldsymbol{n}_1$，$\boldsymbol{n}_2$，则它们之间的夹角可表示为

$$\cos\theta=\frac{\boldsymbol{n}_1^{\mathrm{T}}\boldsymbol{n}_2}{\sqrt{\boldsymbol{n}_1^{\mathrm{T}}\boldsymbol{n}_1}\cdot\sqrt{\boldsymbol{n}_2^{\mathrm{T}}\boldsymbol{n}_2}} \tag{3-34}$$

如果 l_1，l_2 分别为平面 Π_1，Π_2 的隐消线，则利用式(3-33)和式(3-34)，就可得到下述平面夹角表达式：

$$\cos\theta=\frac{\boldsymbol{l}_1^{\mathrm{T}}\boldsymbol{W}^*\boldsymbol{l}_2}{\sqrt{\boldsymbol{l}_1^{\mathrm{T}}\boldsymbol{W}^*\boldsymbol{l}_1}\cdot\sqrt{\boldsymbol{l}_2^{\mathrm{T}}\boldsymbol{W}^*\boldsymbol{l}_2}} \tag{3-35}$$

其中，$\boldsymbol{W}^*=\boldsymbol{K}\boldsymbol{K}^{\mathrm{T}}$，$\boldsymbol{K}$ 为摄像机的内参数矩阵。

同样，在已知平面夹角和隐消线的情况下，式(3-35)也可以被用于确定摄像机内参数。

3.2.2　基于单视图的结构恢复

基于单视图的结构恢复

在前一小节中我们知道，如果摄像机内参数已知便可以计算出 $\boldsymbol{W}$，利用隐消点的信息就可以得到空间中直线的夹角；反之，如果三维空间中直线的夹角已知，利用式(3-30)则可建立关于 $\boldsymbol{W}$ 的约束方程。

给定 3 组平行线的隐消点 v_1, v_2, v_3，如果这 3 组平行线两两正交(如图 3-7 所示)，可以得到如下方程组：

$$
\begin{cases}
\boldsymbol{v}_1^{\mathrm{T}}\boldsymbol{W}\boldsymbol{v}_2 = 0 \\
\boldsymbol{v}_1^{\mathrm{T}}\boldsymbol{W}\boldsymbol{v}_3 = 0 \\
\boldsymbol{v}_2^{\mathrm{T}}\boldsymbol{W}\boldsymbol{v}_3 = 0
\end{cases}
\tag{3-36}
$$

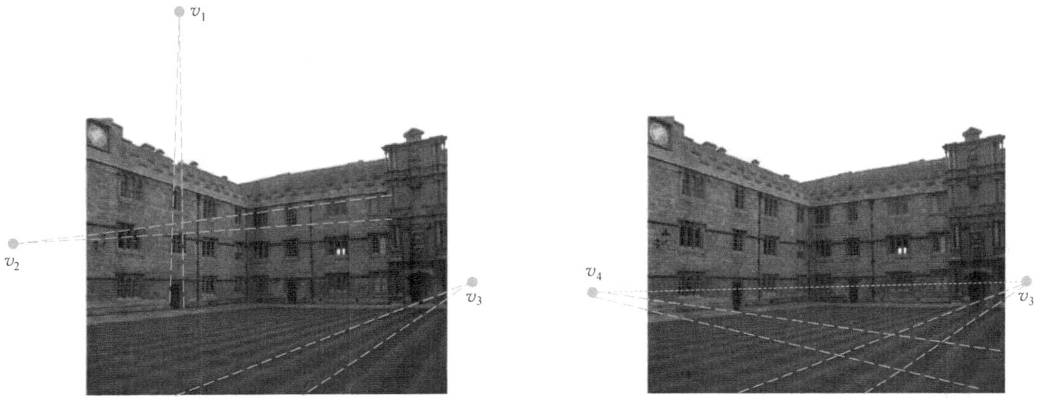

(a) (b)

图 3-7 单视图重构示例

由于摄像机矩阵 $\boldsymbol{K}$ 有 5 个自由度，所以，$\boldsymbol{W}$ 也有 5 个自由度。因此，需要至少 5 个方程才能确定 $\boldsymbol{W}$。但是，如果我们引入两个假设：摄像机零倾斜和像素形状为正方形(或者它们的长宽比是已知的)。这样就减少了两个自由度，便可以用上述方程组解出 $\boldsymbol{W}$。因为 $\boldsymbol{W} = \boldsymbol{K}^{-\mathrm{T}}\boldsymbol{K}^{-1} = (\boldsymbol{K}\boldsymbol{K}^{\mathrm{T}})^{-1}$，对 $\boldsymbol{W}$ 进行 cholesky 分解后便可得到摄像机内参数矩阵 $\boldsymbol{K}$。

更进一步，通过 3 个平面的隐消线，利用式(3-35)我们可以恢复 3 个面的法向量。最终，将三维空间中的各个平面重构出来(如图 3-8 所示)。

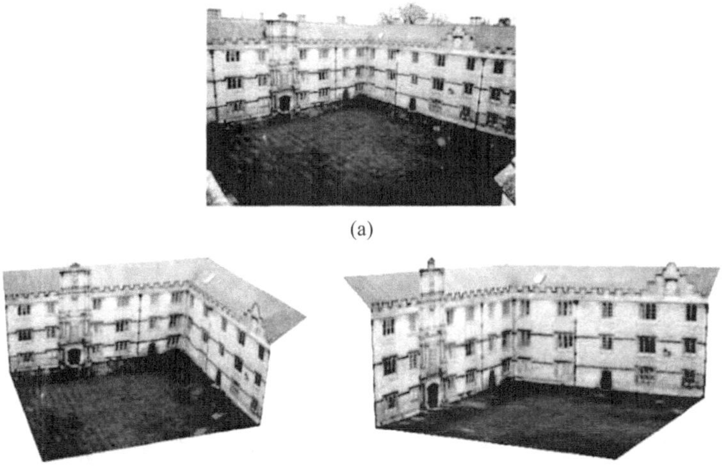

(a)

(b) (c)

图 3-8 单视图重构结果示例

但这里需要注意的是，我们只能得到三维场景中每个面的相对位置和相对大小，场景的尺寸是未知的，所以场景的实际大小是无法恢复的。并且我们也不知道场景的绝对朝向和位置，用这种方法重构出来的场景与真实场景之间仍有一个相似性的变换。

该方法还有一个弊端，我们需要事先知道隐消点与隐消线以及场景先验信息（点对应关系，线、面几何信息等），这些都需要我们手动选择获取，在复杂场景的情况下很难准确地获得这些信息。

习　题

1. 写出下列的齐次坐标：(0,0)、(1,0)、(0,1)、以 3 为斜率方向的无穷远点。

2. 写出下列直线的齐次坐标：x 轴、y 轴、无穷远直线、过原点且斜率为 2 的直线。

3. 求直线 $3x+y=0$ 上的无穷远点的坐标。

4. 证明：给定平面上的两点 $\boldsymbol{p}=(a,b,c)^{\mathrm{T}}$ 与 $\boldsymbol{q}=(a',b',c')^{\mathrm{T}}$，则过这两点的直线为 $\boldsymbol{l}=\boldsymbol{p}\times\boldsymbol{q}$。

5. 证明：给定平面上的一条直线 l，其经过变换矩阵 $\boldsymbol{H}$ 作用后得到直线 l'，则 l' 的齐次坐标为 $\boldsymbol{l}'=\boldsymbol{H}^{-\mathrm{T}}\boldsymbol{l}$。

6. 说明三维空间中直线的表示方法。

7. 证明：平面中的两条平行线段经过仿射变换后长度比保持不变。

8. 证明：三角形的中线和重心具有仿射不变性。

9. 证明：梯形在仿射变换下仍为梯形。

10. 写出空间中 3 个向量共面的充要条件。

第 4 章

三维重建与极几何

4.1 三角化

三角化

4.1.1 三角化的概念

图像包含着大量的场景结构信息，但只依赖单张图像很难确定三维场景的深度。如图 4-1(a)所示，直观来看图中的人和比萨斜塔几乎一样大，显然这不可能是真实的，之所以产生错觉是因为一张图像无法提供足够的深度信息，此时我们会假设人和塔处于同一深度而形成人和塔一样大的错觉。但是如果从人与塔的分隔面上的某个位置看这一场景，这种错觉将不会存在。因此，为了解决单视图重建中深度未知的问题，我们一般会采用两个视点的图像(两视图)或多个视点的图像(多视图)进行三维场景重建，这也是人们拥有两只眼睛的原因。在人眼成像系统中，大脑通过处理两只眼睛获得的图像中的细微差别来得到物体的深度信息，如图 4-1(b)所示。同样，计算机也可以基于三维空间中的点在不同相机拍摄的图像中的二维像素坐标以及相机之间的关系来计算空间点的三维坐标，这个求解过程常称为“三角化”。

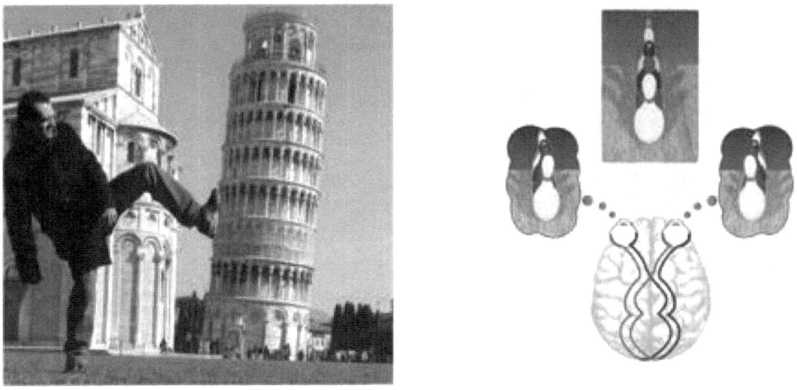

(a)　　　　(b)

图 4-1　比萨斜塔与人眼视觉系统示意图

本小节主要以两视图的情况对三角化问题进行建模。假设两个摄像机的内参数分别为 $\boldsymbol{K}$ 和 $\boldsymbol{K}'$，它们之间的旋转与平移关系已知。如图 4-2 所示，O_1，O_2 为两摄像机的中心，假设三维空间中的一点 P，在两个摄像机上的投影点分别是 p 和 p'，s，s'分别为 P 点与两摄像机中心的连线，分别经过 p，p'点。理论上，基于前述给定的条件，我们可以计算出直线 s 与 s' 在第一个摄像机坐标系中的参数方程，然后，通过求解这两条直线的交点就可获得 P 点的三维坐标。然而实际上这种方法并不可行，由于摄像机校准参数和观测点 p，p'存在噪声，所以这两条直线在大多数情况下不会相交。一种近似的方法是构造一条线段，使其与直线 s，s'相交且互相垂直，取该线段的中点作为 P 点的重构结果，如图 4-3 所示。总的来说这种方法虽然简单但实际效果并不好，重构出的三维点误差较大。在后面两小节中我们会给大家介绍两种典型的三角化方法：线性解法和非线性解法。

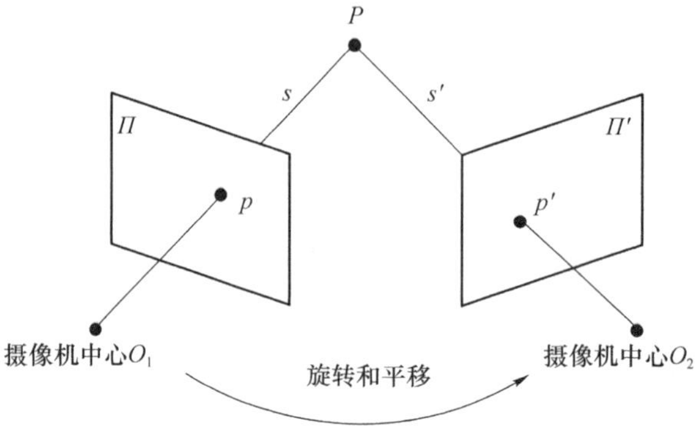

图 4-2　三角化示意图

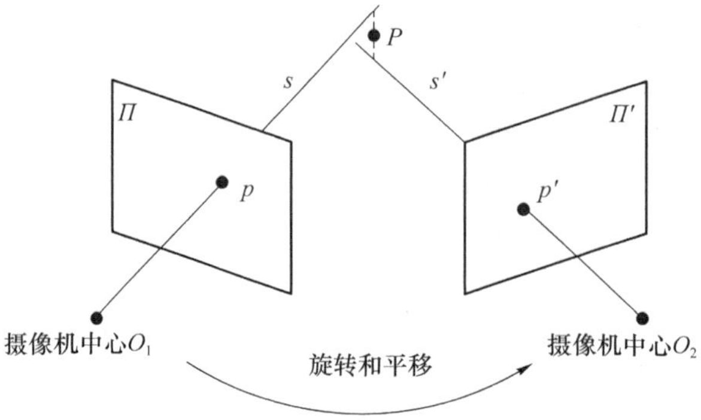

图 4-3　三角化的一种方法

4.1.2　三角化的线性解法

以第一个摄像机坐标系为世界坐标系，根据两个摄像机的透视投影矩阵，可以写出给定三维点与其对应的二维像素点之间的坐标映射关系：

$$\begin{cases} \boldsymbol{p}=\boldsymbol{MP}=\boldsymbol{K}(\boldsymbol{I}\quad \boldsymbol{0})\boldsymbol{P} \\ \boldsymbol{p}'=\boldsymbol{M}'\boldsymbol{P}=\boldsymbol{K}'(\boldsymbol{R}\quad \boldsymbol{t})\boldsymbol{P} \end{cases} \tag{4-1}$$

两摄像机的透视投影矩阵 $\boldsymbol{M}$，$\boldsymbol{M}'$是已知的，将它们分别写成如下形式：

$$\boldsymbol{M}=\begin{pmatrix}\boldsymbol{m}_1^{\mathrm{T}}\\ \boldsymbol{m}_2^{\mathrm{T}}\\ \boldsymbol{m}_3^{\mathrm{T}}\end{pmatrix},\quad \boldsymbol{M}'=\begin{pmatrix}\boldsymbol{m}_1'^{\mathrm{T}}\\ \boldsymbol{m}_2'^{\mathrm{T}}\\ \boldsymbol{m}_3'^{\mathrm{T}}\end{pmatrix} \tag{4-2}$$

假设二维像素点的欧氏坐标为$\tilde{\boldsymbol{p}}=(u,v)$，$\tilde{\boldsymbol{p}}'=(u',v')$，可以得到下面 4 个等式：

$$u=\frac{\boldsymbol{m}_1^{\mathrm{T}}\boldsymbol{P}}{\boldsymbol{m}_3^{\mathrm{T}}\boldsymbol{P}} \quad\Rightarrow\quad \boldsymbol{m}_1^{\mathrm{T}}\boldsymbol{P}-u(\boldsymbol{m}_3^{\mathrm{T}}\boldsymbol{P})=0 \tag{4-3}$$

$$v=\frac{\boldsymbol{m}_2^{\mathrm{T}}\boldsymbol{P}}{\boldsymbol{m}_3^{\mathrm{T}}\boldsymbol{P}} \quad\Rightarrow\quad \boldsymbol{m}_2^{\mathrm{T}}\boldsymbol{P}-v(\boldsymbol{m}_3^{\mathrm{T}}\boldsymbol{P})=0 \tag{4-4}$$

$$u'=\frac{\boldsymbol{m}_1'^{\mathrm{T}}\boldsymbol{P}}{\boldsymbol{m}_3'^{\mathrm{T}}\boldsymbol{P}} \quad\Rightarrow\quad \boldsymbol{m}_1'^{\mathrm{T}}\boldsymbol{P}-u'(\boldsymbol{m}_3'^{\mathrm{T}}\boldsymbol{P})=0 \tag{4-5}$$

$$v'=\frac{\boldsymbol{m}_2'^{\mathrm{T}}\boldsymbol{P}}{\boldsymbol{m}_3'^{\mathrm{T}}\boldsymbol{P}} \quad\Rightarrow\quad \boldsymbol{m}_2'^{\mathrm{T}}\boldsymbol{P}-v'(\boldsymbol{m}_3'^{\mathrm{T}}\boldsymbol{P})=0 \tag{4-6}$$

于是得到 4 个方程，写成矩阵的形式为

$$\boldsymbol{AP}=\boldsymbol{0} \tag{4-7}$$

其中：

$$\boldsymbol{A}=\begin{pmatrix}u\boldsymbol{m}_3^{\mathrm{T}}-\boldsymbol{m}_1^{\mathrm{T}}\\ v\boldsymbol{m}_3^{\mathrm{T}}-\boldsymbol{m}_2^{\mathrm{T}}\\ u'\boldsymbol{m}_3'^{\mathrm{T}}-\boldsymbol{m}_1'^{\mathrm{T}}\\ v'\boldsymbol{m}_3'^{\mathrm{T}}-\boldsymbol{m}_2'^{\mathrm{T}}\end{pmatrix}$$

因为方程有 4 个，未知参数有 3 个，所以，这是一个超定齐次线性方程组的求解问题。因此，我们可以使用 SVD 的方法求解该方程，进而获得 P 点坐标的最佳估计。具体来说，先对矩阵 $\boldsymbol{A}$ 进行奇异值分解，$\boldsymbol{A}=\boldsymbol{UDV}^{\mathrm{T}}$，然后，取出矩阵 $\boldsymbol{V}$ 的最后一列即 P 点坐标的估计结果。该方法可以直接推广到多视图的三角化，每增加一个视图就会多出两个约束方程，此时，矩阵 $\boldsymbol{A}$ 中便新增两行，但是，我们依然可以使用奇异值分解来求 P 点的坐标。

4.1.3 三角化的非线性解法

三角化的非线性解法的核心思想就是最小化重投影误差。如图 4-4 所示，在三维空间中随机选取一初始点 P^*，不断调整 P^* 的坐标使得点 P^* 在两个二维平面上的投影点 p^*，$p^{*'}$ 与实际点 P 对应的两投影点 p，p' 距离最近。

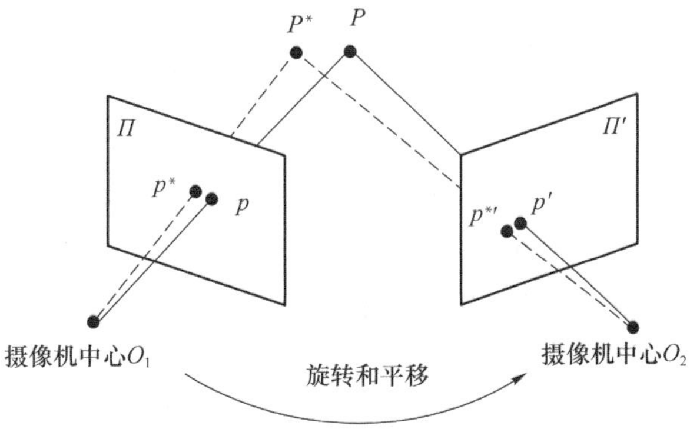

图 4-4　三角化的非线性求解示意图

基于上述思想，我们可以定义如下能量函数来表示点 P^* 与点 P 的差距，即重投影误差：

$$\begin{aligned} E &= d(\boldsymbol{p},\boldsymbol{MP}^*)+d(\boldsymbol{p}',\boldsymbol{M}'\boldsymbol{P}^*) \\ &= \|\boldsymbol{MP}^*-\boldsymbol{p}\|^2+\|\boldsymbol{M}'\boldsymbol{P}^*-\boldsymbol{p}'\|^2 \end{aligned} \tag{4-8}$$

我们的目标就是求解使重投影误差最小时点 P^* 的坐标，能量函数越小，则点 P^* 与点 P 越接近。这是一个非线性优化问题，通常的求解方法是牛顿法或列文伯格-马夸尔特法（L-M 法）。迭代的效果和收敛时长与初始点的设置有关，在实际应用中通常用线性解法求出的解作为该方法的初始解，然后进行迭代得到最优解。

式(4-8)定义的是两个视图的重投影误差。但是，其思想可以方便地推广到多视图的情况。如果增加一个视图，就在重投影误差里添加对应的误差项即可，所以，非线性方法推广到多视图时的重投影误差定义如下：

$$\min_{\boldsymbol{P}^*}\sum_i \|\boldsymbol{M}_i\boldsymbol{P}^*-\boldsymbol{p}_i\|^2 \tag{4-9}$$

式中，$\boldsymbol{p}_i$ 表示当前点在第 i 个视图上的投影点，$\boldsymbol{M}_i$ 表示第 i 个视图对应的摄像机投影矩阵。同样，我们可以采用非线性最小二乘法对上式进行求解。

需要注意的是，三角化的前提是摄像机的内、外参数已知。但在实际的三维场景重建过程中，我们很可能不知道摄像机的具体参数。此时，不能直接使用三角化方法进行求解，而需要先估计出摄像机参数。在第 2 章中我们已经讨论过单个摄像机内、外参数标定的方法，在第 7 章中我们会具体地讨论重建任务中摄像机投影矩阵的求取。

4.2 极几何与基础矩阵

4.2.1 极几何

极几何

极几何是两个视图之间的内在射影几何，用于描述同一场景或者物体的两个视点图像间的几何关系，它独立于场景结构，只依赖于摄像机的内部参数和相对位姿。本小节将具体讨论两视图对应点间的极几何关系。

如图 4-5 所示，三维空间中的点 P 在两个视图中的投影点分别为 p，p'，O_1，O_2 分别是两摄像机的中心，这 5 个点都在由相交直线 O_1P 和 O_2P 定义的平面上，该平面又称为极平面。两摄像机中心的连线称为基线，基线与两图像平面分别交于 e 和 e' 点，它们分别是对应摄像机的极点。极点 e' 可以看作第一个摄像机中心 O_1 在第二个摄像机成像平面上的投影点，同理，极点 e 也可以看作第二个摄像机中心 O_2 在第一个摄像机成像平面上的投影点。极平面与视图 Π 的交线为 l，与视图 Π' 的交线为 l'。l 和 l' 称为极线，显然点 p 位于极线 l 上，点 p' 位于极线 l' 上。

对点 P 进行三角化计算的前提是知道点 P 对应的一组投影点 p，p'，而直接在两张图像中寻找相匹配的投影点是非常困难的。假设两个摄像机的内参数和外参数都已知，我们可以通过两张图像之间的极几何关系来约束匹配点的搜索，从而提高搜索效率。如果已知

点 p 的坐标，结合两摄像机中心便可确定极平面。极平面与第二个摄像机平面的交线便是极线 l'。由极几何约束可知点 p 的对应点 p' 必然在极线 l' 上，于是寻找点 p' 时只需在极线 l' 上搜索即可，而无须在整个图像上搜索，因此可以极大地降低计算复杂度。

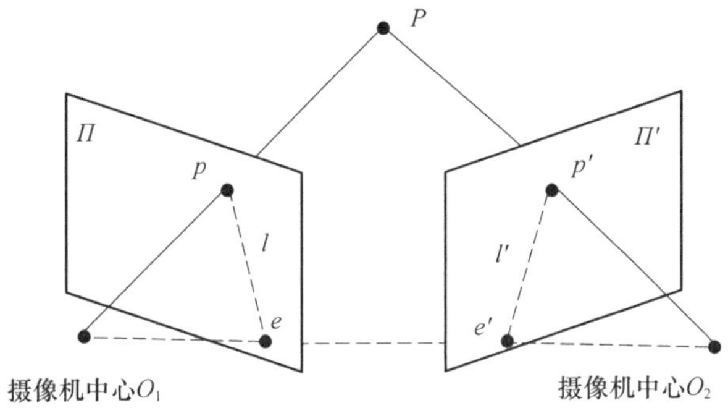

图 4-5　极几何关系示意图

本质矩阵与基础矩阵

4.2.2　本质矩阵与基础矩阵

本质矩阵是对规范化摄像机的两个视点图像间极几何关系的代数描述。以图 4-5 为例，假定两摄像机均为规范化摄像机，第二个摄像机坐标系相对于第一个摄像机坐标系的旋转为 $\boldsymbol{R}$，平移为 $\boldsymbol{t}$。设视图 Π 上的点 p 的像素坐标为 (u,v)，视图 Π' 上的点 p' 的像素坐标为 (u',v')，两摄像机的内参数矩阵 $\boldsymbol{K},\boldsymbol{K}'$ 为

$$\boldsymbol{K}=\boldsymbol{K}'=\begin{pmatrix}1&0&0\\0&1&0\\0&0&1\end{pmatrix}\tag{4-10}$$

由 1.3.1 节的内容可知规范化摄像机投影变换公式为

$$\boldsymbol{p}=\begin{pmatrix}x\\y\\z\end{pmatrix}=\boldsymbol{MP}=\begin{pmatrix}1&0&0&0\\0&1&0&0\\0&0&1&0\end{pmatrix}\begin{pmatrix}x\\y\\z\\1\end{pmatrix}\tag{4-11}$$

可以知道摄像机坐标系下三维点的欧氏坐标等于二维投影点的齐次坐标。于是回到示例图中，将两个投影点 p,p' 看成在三维空间中，可以直接得到点 p 在 O_1 坐标系下的欧氏坐标为 $(u,v,1)$，点 p' 在 O_2 坐标系下的欧氏坐标为 $(u',v',1)$。假设点 p' 在 O_1 坐标系下的坐标向量记为 $\boldsymbol{p}'^*$，由于两坐标系之间存在着旋转和平移的位置关系，所以坐标 $\boldsymbol{p}'^*$ 与 $\boldsymbol{p}'$ 之间存在着如下关系：

$$\boldsymbol{p}'=\boldsymbol{R}\boldsymbol{p}'^*+\boldsymbol{t}\tag{4-12}$$

于是可以解出 $\boldsymbol{p}'^*$，得到 p' 在 O_1 坐标系下的坐标：

$$\boldsymbol{p}'^*=\boldsymbol{R}^{\mathrm{T}}(\boldsymbol{p}'-\boldsymbol{t})=\boldsymbol{R}^{\mathrm{T}}\boldsymbol{p}'-\boldsymbol{R}^{\mathrm{T}}\boldsymbol{t}\tag{4-13}$$

由此也可以得到 O_2 坐标系的坐标原点在 O_1 坐标系下的坐标为 $-\boldsymbol{R}^{\mathrm{T}}\boldsymbol{t}$。知道了在 O_1 坐标系下 O_2 坐标原点的坐标和点 p' 的坐标，也就得到了向量 $\overrightarrow{O_1p'}$ 和向量 $\overrightarrow{O_1O_2}$，如图 4-6

所示。

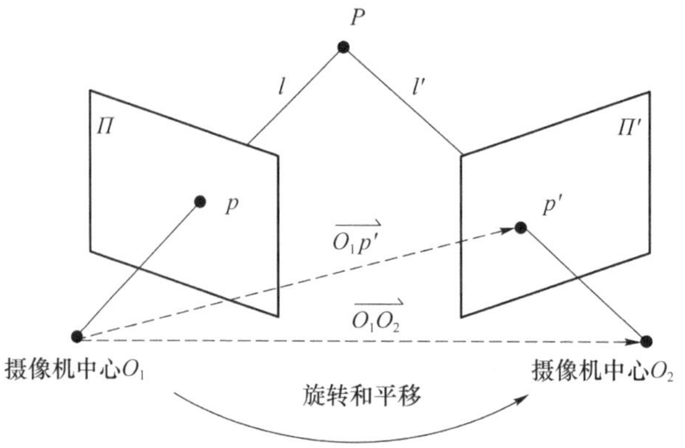

图 4-6　向量$\overrightarrow{O_1p'}$和向量$\overrightarrow{O_1O_2}$示意图

将这两个向量进行叉乘：

$$\boldsymbol{R}^{\mathrm{T}}\boldsymbol{t}\times(\boldsymbol{R}^{\mathrm{T}}\boldsymbol{p}'-\boldsymbol{R}^{\mathrm{T}}\boldsymbol{t})=\boldsymbol{R}^{\mathrm{T}}\boldsymbol{t}\times\boldsymbol{R}^{\mathrm{T}}\boldsymbol{p}' \tag{4-14}$$

由于向量$\overrightarrow{O_1p'}$和向量$\overrightarrow{O_1O_2}$都位于极平面上，所以叉乘后得到的向量垂直于极平面，与向量$\overrightarrow{O_1p}$点乘可得到

$$(\boldsymbol{R}^{\mathrm{T}}\boldsymbol{t}\times\boldsymbol{R}^{\mathrm{T}}\boldsymbol{p}')^{\mathrm{T}}\cdot\boldsymbol{p}=0 \tag{4-15}$$

对上式进行整理后可得到

$$\boldsymbol{p}'^{\mathrm{T}}[\boldsymbol{t}\times\boldsymbol{R}]\boldsymbol{p}=0 \tag{4-16}$$

于是得到了两投影点 p,p'之间的关系，我们将 $\boldsymbol{E}=\boldsymbol{t}\times\boldsymbol{R}=[\boldsymbol{t}_{\times}]\boldsymbol{R}$ 称为本质矩阵，它是一个 3×3大小的奇异矩阵，秩为 2，总共包含 5 个自由度，它描述了规范化摄像机下两个投影点之间的极几何约束关系。

本质矩阵可用于计算投影点对应的极线。在图 4-5 中，因为 p 点在极线 l 上，所以有 $\boldsymbol{l}^{\mathrm{T}}\boldsymbol{p}=0$，与极几何约束 $\boldsymbol{p}'^{\mathrm{T}}\boldsymbol{E}\boldsymbol{p}=0$ 比较，可以得到 $\boldsymbol{l}^{\mathrm{T}}=\boldsymbol{p}'^{\mathrm{T}}\boldsymbol{E}$，即 $\boldsymbol{l}=\boldsymbol{E}^{\mathrm{T}}\boldsymbol{p}'$。同理 p'所在的极线 l'也可由本质矩阵$\boldsymbol{E}$ 和 p 点计算得出，即 $\boldsymbol{l}'=\boldsymbol{E}\boldsymbol{p}$。对于第一个摄像机平面上的任意点(除了极点 e)，其对应的极线都会经过极点 e'，所以有 $\boldsymbol{E}\boldsymbol{e}=\boldsymbol{0}$，同理 $\boldsymbol{E}^{\mathrm{T}}\boldsymbol{e}'=\boldsymbol{0}$。

实际情况中摄像机并不是理想的规范化摄像机，所以下面将继续讨论一般摄像机情况下对应点的极几何关系。我们用基础矩阵对一般透视摄像机拍摄的两个视点图像间的极几何关系进行代数描述。

仍然以图 4-5 为例，求解思路就是在上述本质矩阵推导的基础上加入一般摄像机到规范化摄像机的变换。在一般透视摄像机中，三维点到二维点的映射关系为 $\boldsymbol{p}=\boldsymbol{K}(\boldsymbol{I}\quad\boldsymbol{0})\boldsymbol{P}$，我们将等式两边同时乘以 $\boldsymbol{K}^{-1}$可得到

$$\boldsymbol{K}^{-1}\boldsymbol{p}=\boldsymbol{K}^{-1}\boldsymbol{K}(\boldsymbol{I}\quad\boldsymbol{0})\boldsymbol{P}=\begin{pmatrix}1&0&0&0\\0&1&0&0\\0&0&1&0\end{pmatrix}\boldsymbol{P} \tag{4-17}$$

定义 $\boldsymbol{p}_{\mathrm{c}}=\boldsymbol{K}^{-1}\boldsymbol{p}$，上式可写成

$$\boldsymbol{p}_{\mathrm{c}}=\begin{pmatrix}1&0&0&0\\0&1&0&0\\0&0&1&0\end{pmatrix}\boldsymbol{P} \tag{4-18}$$

同样在第二个摄像机坐标系中，令 $\boldsymbol{p}_c'=\boldsymbol{K}'^{-1}\boldsymbol{p}'$，有

$$\boldsymbol{p}_c'=\begin{pmatrix}1&0&0&0\\0&1&0&0\\0&0&1&0\end{pmatrix}\boldsymbol{P}' \tag{4-19}$$

这样就可以把三维点 P 在两个一般摄像机下的投影点 p 和 p' 看作 P 经过两个规范化摄像机得到两个投影点 p_c 和 p_c'。p_c 和 p_c' 的坐标满足由本质矩阵定义的极几何约束，代入约束等式可得 $\boldsymbol{p}_c^{\mathrm{T}}\boldsymbol{E}\boldsymbol{p}_c'=0$，等式左边可展开为

$$\begin{aligned}\boldsymbol{p}_c'^{\mathrm{T}}\boldsymbol{E}\boldsymbol{p}_c&=\boldsymbol{p}_c'^{\mathrm{T}}[\boldsymbol{t}_\times]\boldsymbol{R}\boldsymbol{p}_c\\&=(\boldsymbol{K}'^{-1}\boldsymbol{p}')^{\mathrm{T}}\cdot[\boldsymbol{t}_\times]\boldsymbol{R}\boldsymbol{K}^{-1}\boldsymbol{p}\\&=\boldsymbol{p}'^{\mathrm{T}}\boldsymbol{K}'^{-\mathrm{T}}[\boldsymbol{t}_\times]\boldsymbol{R}\boldsymbol{K}^{-1}\boldsymbol{p}\end{aligned} \tag{4-20}$$

于是得到 p 和 p' 坐标之间的关系式：

$$\boldsymbol{p}'^{\mathrm{T}}\boldsymbol{K}'^{-\mathrm{T}}[\boldsymbol{t}_\times]\boldsymbol{R}\boldsymbol{K}^{-1}\boldsymbol{p}=0 \tag{4-21}$$

我们将矩阵 $\boldsymbol{F}=\boldsymbol{K}'^{-\mathrm{T}}[\boldsymbol{t}_\times]\boldsymbol{R}\boldsymbol{K}^{-1}$ 称为基础矩阵，上述关系式可写为 $\boldsymbol{p}'^{\mathrm{T}}\boldsymbol{F}\boldsymbol{p}=0$。基础矩阵的作用与本质矩阵类似，提供了一般摄像机下投影点的极几何约束，它不仅包含摄像机间的旋转平移信息，也包含摄像机的内参数信息。一旦基础矩阵已知，即使摄像机内、外参数均未知，我们也可以计算 p 或者 p' 对应的极线。基础矩阵与本质矩阵的性质类似，p 点对应的极线是 $\boldsymbol{l}'=\boldsymbol{F}\boldsymbol{p}$，$\boldsymbol{p}'$ 点对应的极线是 $\boldsymbol{l}=\boldsymbol{F}^{\mathrm{T}}\boldsymbol{p}'$。极点 e 和 e' 同样也满足 $\boldsymbol{F}^{\mathrm{T}}\boldsymbol{e}'=\boldsymbol{0}$ 和 $\boldsymbol{F}\boldsymbol{e}=\boldsymbol{0}$ 两个等式。基础矩阵和本质矩阵都是奇异矩阵，它们的秩都为 2，它们之间的主要区别就在于基础矩阵有 7 个自由度，而本质矩阵只有 5 个自由度。

如果我们知道基础矩阵，也知道图像中的一个点，利用基础矩阵的约束等式就可以得到该点在另一张图像上对应点的约束，也就是可以求出该点对应的极线，从而在该极线上寻找出其对应点。从另一种角度看，当我们有多组匹配点的信息时就能得到关于基础矩阵的多项约束，以此来解出基础矩阵。

4.3 基础矩阵估计

基础矩阵估计

4.3.1 八点法

在两视图中基础矩阵的约束关系式为 $\boldsymbol{p}'^{\mathrm{T}}\boldsymbol{F}\boldsymbol{p}=0$，正如前一节所提到的，在摄像机内、外参数未知的情况下，只要有充足的对应点信息我们就可以计算出基础矩阵 $\boldsymbol{F}$。基础矩阵 $\boldsymbol{F}$ 为 3×3 大小的矩阵，有 9 个参数，减去关于比例大小的尺度参数以及矩阵秩为 2 的约束，$\boldsymbol{F}$ 矩阵总共有 7 个自由度，所以理论上只需至少 7 组匹配点的坐标信息就可以计算出基础矩阵 $\boldsymbol{F}$。但通过 7 组匹配点计算基础矩阵的方法过于复杂，也不常用，所以这里不会介绍这类方法。本小节我们主要讨论一种更简单、更常见的基础矩阵估计方法，即八点法，它由 Longuet-Higgins 在 1981 年提出并且在 1995 年由 Hartley 进一步改进完善。

假设任意一组匹配点的坐标为

$$p=\begin{pmatrix}u\\v\\1\end{pmatrix},\quad p'=\begin{pmatrix}u'\\v'\\1\end{pmatrix}$$

代入基础矩阵约束关系式可得到

$$(u',v',1)\begin{pmatrix}\boldsymbol{F}_{11} & \boldsymbol{F}_{12} & \boldsymbol{F}_{13}\\ \boldsymbol{F}_{21} & \boldsymbol{F}_{22} & \boldsymbol{F}_{23}\\ \boldsymbol{F}_{31} & \boldsymbol{F}_{32} & \boldsymbol{F}_{33}\end{pmatrix}\begin{pmatrix}u\\v\\1\end{pmatrix}=0 \tag{4-22}$$

将 $\boldsymbol{F}$ 矩阵中每个元素排列成列向量的形式，整理上式可得到

$$(uu',vu',u',uv',vv',v',u,v,1)\begin{pmatrix}\boldsymbol{F}_{11}\\ \boldsymbol{F}_{12}\\ \boldsymbol{F}_{13}\\ \boldsymbol{F}_{21}\\ \boldsymbol{F}_{22}\\ \boldsymbol{F}_{23}\\ \boldsymbol{F}_{31}\\ \boldsymbol{F}_{32}\\ \boldsymbol{F}_{33}\end{pmatrix}=0 \tag{4-23}$$

一组匹配点可以得到一个约束方程，假设有 n 组匹配点的坐标信息，我们可以得到一组如下形式的线性方程组：

$$\boldsymbol{A}\boldsymbol{f}=\begin{pmatrix}u_1u_1' & u_1'v_1 & u_1' & u_1v_1' & v_1v_1' & v_1' & u_1 & v_1 & 1\\ \vdots & \vdots & \vdots & \vdots & \vdots & \vdots & \vdots & \vdots & \vdots\\ u_nu_n' & u_n'v_n & u_n' & u_nv_n' & v_nv_n' & v_n' & u_n & v_n & 1\end{pmatrix}\boldsymbol{f}=\boldsymbol{0} \tag{4-24}$$

其中列向量 $\boldsymbol{f}=(\boldsymbol{F}_{11},\boldsymbol{F}_{12},\boldsymbol{F}_{13},\boldsymbol{F}_{21},\boldsymbol{F}_{22},\boldsymbol{F}_{23},\boldsymbol{F}_{31},\boldsymbol{F}_{32},\boldsymbol{F}_{33})^{\mathrm{T}}$。这是一个齐次线性方程组，在不考虑比例大小的情况下我们需要至少 8 个约束方程才能进行求解（即 $n\geqslant 8$），所以正如八点法这一名称所示，该算法选取 8 组匹配点，线性方程组可以写为

$$\begin{pmatrix}u_1u_1' & v_1u_1' & u_1' & u_1v_1' & v_1v_1' & v_1' & u_1 & v_1 & 1\\ u_2u_2' & v_2u_2' & u_2' & u_2v_2' & v_2v_2' & v_2' & u_2 & v_2 & 1\\ u_3u_3' & v_3u_3' & u_3' & u_3v_3' & v_3v_3' & v_3' & u_3 & v_3 & 1\\ u_4u_4' & v_4u_4' & u_4' & u_4v_4' & v_4v_4' & v_4' & u_4 & v_4 & 1\\ u_5u_5' & v_5u_5' & u_5' & u_5v_5' & v_5v_5' & v_5' & u_5 & v_5 & 1\\ u_6u_6' & v_6u_6' & u_6' & u_6v_6' & v_6v_6' & v_6' & u_6 & v_6 & 1\\ u_7u_7' & v_7u_7' & u_7' & u_7v_7' & v_7v_7' & v_7' & u_7 & v_7 & 1\\ u_8u_8' & v_8u_8' & u_8' & u_8v_8' & v_8v_8' & v_8' & u_8 & v_8 & 1\end{pmatrix}\begin{pmatrix}\boldsymbol{F}_{11}\\ \boldsymbol{F}_{12}\\ \boldsymbol{F}_{13}\\ \boldsymbol{F}_{21}\\ \boldsymbol{F}_{22}\\ \boldsymbol{F}_{23}\\ \boldsymbol{F}_{31}\\ \boldsymbol{F}_{32}\\ \boldsymbol{F}_{33}\end{pmatrix}=\boldsymbol{0} \tag{4-25}$$

将上式记为 $\boldsymbol{A}\boldsymbol{f}=\boldsymbol{0}$，我们的求解目标就是 $\boldsymbol{f}$，因为不考虑比例因素，所以不妨直接令 $\boldsymbol{F}_{33}=1$，于是上述齐次线性方程组可以转化为一个非齐次线性方程组：

$$\begin{pmatrix} u_1u_1' & v_1u_1' & u_1' & u_1v_1' & v_1v_1' & v_1' & u_1 & v_1 \\ u_2u_2' & v_2u_2' & u_2' & u_2v_2' & v_2v_2' & v_2' & u_2 & v_2 \\ u_3u_3' & v_3u_3' & u_3' & u_3v_3' & v_3v_3' & v_3' & u_3 & v_3 \\ u_4u_4' & v_4u_4' & u_4' & u_4v_4' & v_4v_4' & v_4' & u_4 & v_4 \\ u_5u_5' & v_5u_5' & u_5' & u_5v_5' & v_5v_5' & v_5' & u_5 & v_5 \\ u_6u_6' & v_6u_6' & u_6' & u_6v_6' & v_6v_6' & v_6' & u_6 & v_6 \\ u_7u_7' & v_7u_7' & u_7' & u_7v_7' & v_7v_7' & v_7' & u_7 & v_7 \\ u_8u_8' & v_8u_8' & u_8' & u_8v_8' & v_8v_8' & v_8' & u_8 & v_8 \end{pmatrix} \begin{pmatrix} \boldsymbol{F}_{11} \\ \boldsymbol{F}_{12} \\ \boldsymbol{F}_{13} \\ \boldsymbol{F}_{21} \\ \boldsymbol{F}_{22} \\ \boldsymbol{F}_{23} \\ \boldsymbol{F}_{31} \\ \boldsymbol{F}_{32} \end{pmatrix} = - \begin{pmatrix} 1 \\ 1 \\ 1 \\ 1 \\ 1 \\ 1 \\ 1 \\ 1 \end{pmatrix} \tag{4-26}$$

上述方程组可以直接解出一组确定解，将结果重新排列为 3×3 的矩阵即可得到所估计的基础矩阵。

在实际应用中，我们一般会使用 8 组以上的对应点，以构造更多的关系式，减少测量噪声对估计结果带来的影响。当匹配点多于 8 对时，我们可以采用最小二乘法进行方程组的求解。利用奇异值分解的方法求取其最小二乘解，$\boldsymbol{f}$ 为 $\boldsymbol{A}$ 矩阵最小奇异值对应的右奇异向量，且 $\|\boldsymbol{f}\|=1$，将结果 $\boldsymbol{f}$ 重新排列可得到我们估计的基础矩阵。

需要注意的是，八点法直接计算的解或者最小二乘解都没有考虑基础矩阵秩为 2 的约束。获得的解通常是秩为 3 的矩阵，不满足基础矩阵的性质。所以在上述求解的基础上，我们需要增加一个奇异性的约束。假设通过上述方法求出的矩阵记为 $\hat{\boldsymbol{F}}$，最简便的方法就是寻找一个矩阵 $\boldsymbol{F}$ 使得其与 $\hat{\boldsymbol{F}}$ 在 Frobenius 范数 $\|\ \|_F$ 下最接近但秩为 2。寻找矩阵 $\boldsymbol{F}$ 的过程对应如下优化过程：

$$\begin{aligned} &\min_{\boldsymbol{F}} \|\boldsymbol{F}-\hat{\boldsymbol{F}}\|_F \\ &\text{s.t. } \det(\boldsymbol{F})=0 \end{aligned} \tag{4-27}$$

该优化问题可以通过式(4-28)进行求解：首先，对矩阵 $\hat{\boldsymbol{F}}$ 进行奇异值分解，即 $\hat{\boldsymbol{F}}=\boldsymbol{UDV}^{\mathrm{T}}$，获得对角矩阵 $\boldsymbol{D}=\mathrm{diag}(s_1, s_2, s_3)$，满足 $s_1 \geqslant s_2 \geqslant s_3$，然后，将 $\boldsymbol{D}$ 的第三个奇异值 s_3 直接赋 0，然后，将赋 0 后的对角矩阵 $\boldsymbol{D}$ 与分解得到的 $\boldsymbol{U}, \boldsymbol{V}^{\mathrm{T}}$ 相乘，即可获得满足上述优化条件且 Frobenius 范数最小的基础矩阵 $\boldsymbol{F}$：

$$\mathrm{SVD}(\hat{\boldsymbol{F}})=\boldsymbol{U}\begin{pmatrix} s_1 & 0 & 0 \\ 0 & s_2 & 0 \\ 0 & 0 & s_3 \end{pmatrix}\boldsymbol{V}^{\mathrm{T}} \quad \Rightarrow \quad \boldsymbol{F}=\boldsymbol{U}\begin{pmatrix} s_1 & 0 & 0 \\ 0 & s_2 & 0 \\ 0 & 0 & 0 \end{pmatrix}\boldsymbol{V}^{\mathrm{T}} \tag{4-28}$$

4.3.2 归一化八点法

八点法是计算基础矩阵最简单的方法之一，但在实际应用中直接使用八点法获得基础矩阵精度较低，主要原因就在于系数矩阵 $\boldsymbol{A}$ 里的元素数值差异过大而导致奇异值分解存在数值计算问题，因而误差较大。为了解决这个问题，我们在构造 $\boldsymbol{A}$ 矩阵之前将匹配点坐标先进行归一化，然后再进行八点法计算，最后，进行去归一化以获得最终的基础矩阵。这种方法也称为归一化八点法。

假设任意一对匹配点 p_i, p_i'，归一化操作就是对每一组匹配点施加平移和缩放的变换，使得变换后的坐标满足两个条件：同一图像上点的重心等于图像坐标系的原点，各个像点到坐标原点的均方根距离等于$\sqrt{2}$（或者均方距离等于 2），如图 4-7 所示。我们可以通过变换矩阵 $\boldsymbol{T}, \boldsymbol{T}'$ 来表示归一化过程：

$$\boldsymbol{q}_i = \boldsymbol{T}\boldsymbol{p}_i, \quad \boldsymbol{q}_i' = \boldsymbol{T}'\boldsymbol{p}_i' \tag{4-29}$$

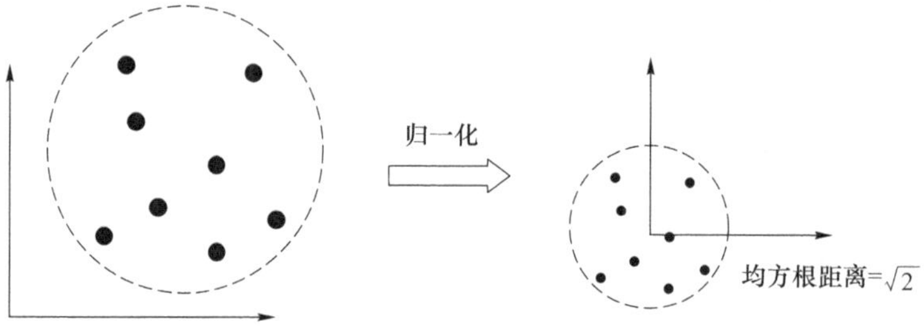

图 4-7　归一化示意图

使用归一化后的新坐标构造矩阵 $\boldsymbol{A}$，然后采用 4.3.1 节中的八点法计算出新的矩阵 $\boldsymbol{F}_q$。然而矩阵 $\boldsymbol{F}_q$ 是相对于坐标归一化后的图像的基础矩阵，为了能在原先的图像中使用，我们需要对 $\boldsymbol{F}_q$ 进行一次去归一化，得到最终的基础矩阵：

$$\boldsymbol{F} = \boldsymbol{T}^{\mathrm{T}}\boldsymbol{F}_q\boldsymbol{T}' \tag{4-30}$$

除了八点法，基础矩阵估计还有其他方法，例如，可以最小化投影点与极线之间的均方距离来估计基础矩阵：$\min\limits_{\boldsymbol{F}} \sum\limits_{i=1}^{n} [d^2(\boldsymbol{p}_i, \boldsymbol{F}^{\mathrm{T}}\boldsymbol{p}_i') + d^2(\boldsymbol{p}_i', \boldsymbol{F}\boldsymbol{p}_i)]$。然后，采用非线性最小二乘方法高斯-牛顿法或列文伯格-马夸尔特法进行求解，此时，可以使用八点法或归一化八点法的计算结果作为迭代的初始解，提高迭代效率，提升基础矩阵估计的准确性。

4.4 单应矩阵

4.4.1 单应矩阵的概念

单应矩阵用于描述空间平面在两个摄像机下的投影几何。

对于 4.3 节中的基础矩阵估计，如果采用的所有匹配点都在同一个平面上，将会产生退化现象，这种情况是无法求得基础矩阵的。我们用单应矩阵来描述这种三维空间中同一平面上的点在两视图上的投影点之间的关系。

如图 4-8 所示，假设第一个摄像机的内参数矩阵为 $\boldsymbol{K}$，第二个摄像机的内参数矩阵为 $\boldsymbol{K}'$，第二个摄像机相对于第一个摄像机的位置为 $(\boldsymbol{R}, \boldsymbol{t})$。三维空间中一点 P 在平面 Π^* 上，其在两个摄像机上的投影点分别为 p, p'，$\boldsymbol{n}$ 为平面 Π^* 在第一个摄像机坐标系下的单位法向量，d 为坐标原点到平面 Π^* 的距离。

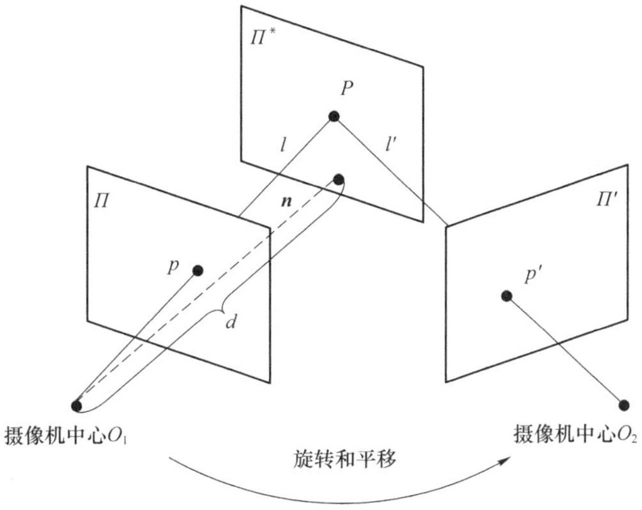

图 4-8 单应矩阵推导示意图

假设三维点 P 对应的欧氏坐标为 $\tilde{\boldsymbol{P}}$，即 $\boldsymbol{P}=(\tilde{\boldsymbol{P}}^{\mathrm{T}},1)^{\mathrm{T}}$，$\overrightarrow{O_1P}$向量在平面$\Pi$ 的法向量方向上的投影长度恒为 d，于是可以写出平面 Π^* 的方程：

$$\boldsymbol{n}^{\mathrm{T}}\tilde{\boldsymbol{P}}=d \tag{4-31}$$

已知两个摄像机的内参数矩阵，以第一个摄像机坐标系为世界坐标系，可以得到两个摄像机的透视投影矩阵

$$\boldsymbol{M}=\boldsymbol{K}(\boldsymbol{I}\quad \boldsymbol{0}) \tag{4-32}$$

$$\boldsymbol{M}'=\boldsymbol{K}'(\boldsymbol{R}\quad \boldsymbol{t}) \tag{4-33}$$

于是三维点 P 与两投影点之间的关系为

$$\boldsymbol{p}=\boldsymbol{M}\begin{pmatrix}\tilde{\boldsymbol{P}}\\1\end{pmatrix}=\boldsymbol{K}\tilde{\boldsymbol{P}} \tag{4-34}$$

$$\boldsymbol{p}'=\boldsymbol{M}'\begin{pmatrix}\tilde{\boldsymbol{P}}\\1\end{pmatrix}=\boldsymbol{K}'(\boldsymbol{R}\quad \boldsymbol{t})\begin{pmatrix}\tilde{\boldsymbol{P}}\\1\end{pmatrix}=\boldsymbol{K}'(\boldsymbol{R}\tilde{\boldsymbol{P}}+\boldsymbol{t}) \tag{4-35}$$

对于平面 Π^* 的方程 $\boldsymbol{n}^{\mathrm{T}}\tilde{\boldsymbol{P}}=d$，两边同时除以 d 得到$\frac{\boldsymbol{n}^{\mathrm{T}}\tilde{\boldsymbol{P}}}{d}=1$，令 $\boldsymbol{n}_d^{\mathrm{T}}=\frac{\boldsymbol{n}^{\mathrm{T}}}{d}$，将等式左边与等式 $\boldsymbol{p}'=\boldsymbol{K}'(\boldsymbol{R}\tilde{\boldsymbol{P}}+\boldsymbol{t})$中的 $\boldsymbol{t}$ 相乘可得到

$$\boldsymbol{p}'=\boldsymbol{K}'(\boldsymbol{R}\tilde{\boldsymbol{P}}+\boldsymbol{t}\boldsymbol{n}_d^{\mathrm{T}}\tilde{\boldsymbol{P}}) \tag{4-36}$$

提出 $\tilde{\boldsymbol{P}}$ 可得到

$$\boldsymbol{p}'=\boldsymbol{K}'(\boldsymbol{R}+\boldsymbol{t}\boldsymbol{n}_d^{\mathrm{T}})\tilde{\boldsymbol{P}}=\boldsymbol{K}'(\boldsymbol{R}+\boldsymbol{t}\boldsymbol{n}_d^{\mathrm{T}})\boldsymbol{K}^{-1}\boldsymbol{p} \tag{4-37}$$

单应矩阵 $\boldsymbol{H}=\boldsymbol{K}'(\boldsymbol{R}+\boldsymbol{t}\boldsymbol{n}_d^{\mathrm{T}})\boldsymbol{K}^{-1}$，于是便得到了两投影点 p 和 p'之间的关系：

$$\boldsymbol{p}'=\boldsymbol{H}\boldsymbol{p} \tag{4-38}$$

若已知三维点在同一平面上，我们就可以通过单应矩阵建立投影点之间的坐标关系。

4.4.2 单应矩阵估计

根据单应矩阵可以建立两投影点的坐标关系，同样地，已知多组匹配点的坐标信息也可以估算出单应矩阵。将关系式 $\boldsymbol{p}'=\boldsymbol{H}\boldsymbol{p}$ 写成如下形式：

$$\begin{pmatrix} x' \\ y' \\ w' \end{pmatrix}=\begin{pmatrix} h_1 & h_2 & h_3 \\ h_4 & h_5 & h_6 \\ h_7 & h_8 & h_9 \end{pmatrix}\begin{pmatrix} x \\ y \\ w \end{pmatrix} \tag{4-39}$$

对于每个点我们可以列出下面两个方程：

$$u'=\frac{x'}{w'}=\frac{h_1x+h_2y+h_3w}{h_7x+h_8y+h_9w} \tag{4-40}$$

$$v'=\frac{y'}{w'}=\frac{h_4x+h_5y+h_6w}{h_7x+h_8y+h_9w} \tag{4-41}$$

为不失一般性，我们令 $w=1$，继续简化上面两个方程可得到

$$u'(h_7u+h_8v+h_9)=h_1u+h_2v+h_3 \tag{4-42}$$

$$v'(h_7u+h_8v+h_9)=h_4u+h_5v+h_6 \tag{4-43}$$

将其写成矩阵相乘的形式：

$$\begin{pmatrix} -u_1 & -v_1 & -1 & 0 & 0 & 0 & u_1u_1' & v_1u_1' & u_1' \\ 0 & 0 & 0 & -u_1 & -v_1 & -1 & u_1v_1' & v_1v_1' & v_1' \\ -u_2 & -v_2 & -1 & 0 & 0 & 0 & u_2u_2' & v_2u_2' & u_2' \\ 0 & 0 & 0 & -u_2 & -v_2 & -1 & u_2v_2' & v_2v_2' & v_2' \\ & \vdots & & & \vdots & & & \vdots & \end{pmatrix}\begin{pmatrix} h_1 \\ h_2 \\ h_3 \\ h_4 \\ h_5 \\ h_6 \\ h_7 \\ h_8 \\ h_9 \end{pmatrix}=\mathbf{0} \tag{4-44}$$

将上式记为 $\boldsymbol{A}\boldsymbol{h}=\mathbf{0}$，因为单应矩阵有 8 个自由度，所以至少需要 4 组对应点的坐标信息，在实际估计中我们会选多于 4 组的对应点来增强估算的鲁棒性。设定单应矩阵仍然有 $\|\boldsymbol{H}\|=1$的约束，即进行如下优化：

$$\begin{aligned} &\min_{\boldsymbol{h}}\|\boldsymbol{A}\boldsymbol{h}\| \\ &\text{s.t.}\ \ \|\boldsymbol{h}\|=1 \end{aligned} \tag{4-45}$$

此时，可以采用奇异值分解法进行求解，$\boldsymbol{A}$ 矩阵最小奇异值的右奇异向量就是所要求解的 $\boldsymbol{h}$。最后，将 $\boldsymbol{h}$ 中的元素重新排列后即可得到单应矩阵。

最后，我们总结一下基础矩阵和单应矩阵的区别。首先，在场景结构方面，基础矩阵表示两视图间的对极约束与场景结构无关，其仅依赖相机内、外参数及相机间的旋转和平移，而单应矩阵要求场景中的点位于同一个平面或者是两个相机之间只有旋转而无平移。其次，在约束关系方面，基础矩阵建立点和极线的对应关系，而单应矩阵建立点和点的对应。

习　题

1. 在两个摄像机只有平移关系的情况下推导出一种三角化方法。

2. 证明本质矩阵的一个奇异值为 0,另外两个奇异值相等。提示:$\boldsymbol{E}$ 的奇异值是 $\boldsymbol{E}\boldsymbol{E}^{\mathrm{T}}$ 的特征值。

3. 证明本质矩阵和基础矩阵的秩都为 2。

4. 对于三维空间中的某一点,假设两个摄像机的主轴相交于该点,且像素平面坐标原点与主点重合,证明此时基础矩阵中元素 $\boldsymbol{F}_{33}$ 为零。

5. 假设一个摄像机拍摄一个物体及其在平面镜中的反射,得到两张图像,证明这两张图像等价于该物体的两个视图,并且基础矩阵是斜对称的。

6. 写出归一化变换矩阵 $\boldsymbol{T}$ 的参数表达形式,并推导基础矩阵的去归一化公式〔式(4-30)〕。

第5章

局部图像特征

三角化与基础矩阵求解均需要知道同一三维点在不同摄像机像素平面上的投影点的二维像素坐标，也就是需要知道多张视图间的点对应信息，这可以通过图像特征提取与匹配来实现。本章从特征匹配问题入手，介绍几种经典的局部图像特征及其提取算法。

5.1 局部特征

在本节，我们首先介绍图像匹配问题，并阐述处理这种问题的思路和方法，以此引出解决这种问题的关键——局部图像特征。

5.1.1 图像特征匹配问题

图像特征匹配(image feature matching)旨在从像素层面对齐场景图像与参考图像中相同或相似的内容或结构。一般而言，场景图像与参考图像可能取自相同或相似的拍摄场景，也可能是具有相同形状或语义信息的图像对。图像特征匹配技术可以应用于多种计算机视觉任务，包括物体辨识、机器人地图感知与导航、图像拼接、影像追踪等。

在计算机视觉中，图像特征匹配技术的解决思路如下。

- 图像预处理：包括数字图像处理的基本操作，比如对图像的色彩或者光照进行某种变换。
- 特征检测：手动或者自动检测图像中显著或独特的对象(如闭合边界区域、边缘、轮廓、交线、角点等)；然后，利用实数向量来表示对象的局部信息。
- 特征匹配：建立场景图像和参考图像特征之间的相关性。可以定义某种相似性度量，来建立特征之间的相关性。

简单来说，图像特征匹配首先从图像中提取具有物理意义的显著结构特征，包括特征点、特征线或边缘以及具有显著性的形态区域；然后，对所提取的特征结构进行匹配。尽管特征的提取需要额外的计算消耗，但是，利用特征来精简地表达整张图像，减少了许多不必要的计算开销，同时，也能够减少噪声、畸变及其他因素对匹配性能的影响。

接下来，我们以图5-1中的图像拼接任务为例来说明图像特征匹配流程。从图中我们可以看出，这两张图像拍摄的是同一场景，但拍摄的视点存在差异。我们的目标是通过特征点匹配找到它们的重叠区域，然后把它们拼接起来，形成一个包括更多场景内容的图片。

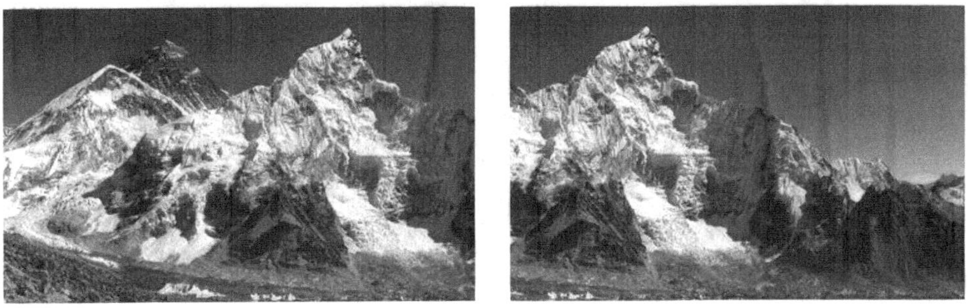

(a) (b)

图 5-1 图像特征匹配两张原始图像示例

首先，独立地在两张图像中进行局部特征点提取，如图 5-2 所示；然后，选择合适的图像描述方法表达检测到特征点的局部特性，形成特征点的描述向量。

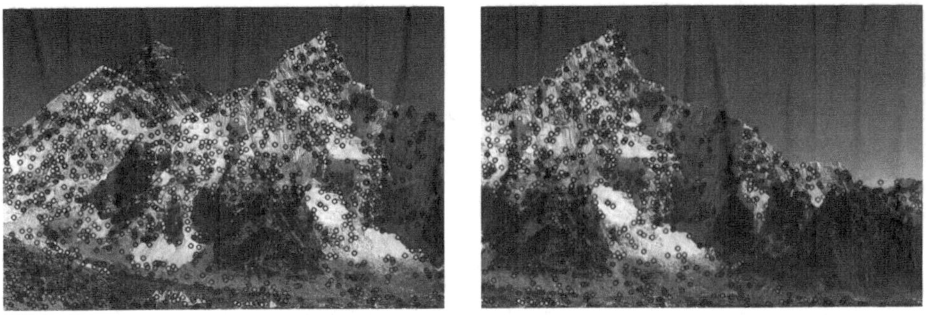

(a) (b)

图 5-2 局部特征示意图

接下来，对两张图像中的特征点进行相似性度量，建立图像特征点间的对应关系，实现图像的特征匹配，匹配结果如图 5-3 所示。

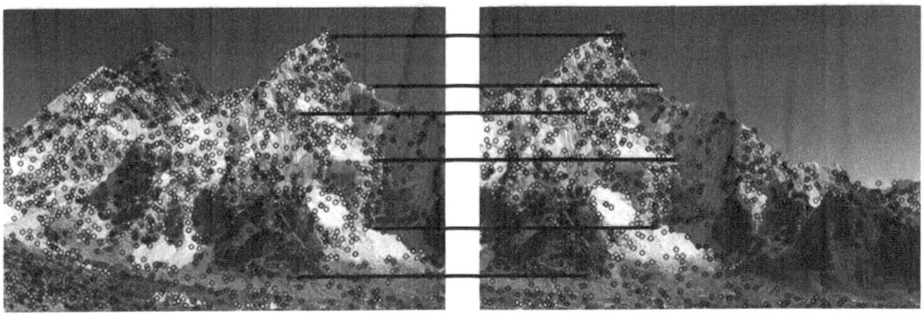

(a) (b)

图 5-3 特征匹配示意图

最后，我们可以基于特征点对应关系，通过几何变换对两张图像进行拼接，形成最终的拼接图像，如图 5-4 所示。

图 5-4 拼接结果

5.1.2 局部特征概念

在图像特征匹配过程中，局部特征提取和匹配是该技术的关键。图像中总是存在即使物体受到部分遮挡或者其他干扰也依然稳定的一些点，这些点通常具备良好的可区分性，我们称其为特征点。对这些特征点进行描述就得到了特征描述子，它可以很好地表示物体的局部信息。合适的特征描述子会大大地减少特征匹配期间的计算量。

显然，不是所有点都能作为特征点，也不是所有点的局部信息都能对视觉任务有帮助。我们仍然对 5.1.1 节中的图像拼接示例进行分析。

首先，特征点检测是在两张图像上独立地进行的。然而，由于两张图像拍摄角度的差异，所以，检测出来的特征点在数量上或者在对应的局部图像内容上并不一致。因此，要正确匹配两张图像，必须设计一个特征点重复率高的检测器。

其次，在匹配特征点时，并不能简单地通过坐标来找到对应的特征点。因为特征点在图像上的坐标会随着拍摄角度的变化而发生变化，此外，也可能出现一个点可匹配多个点的问题。因此，要求特征点的对应描述子必须可靠且具有明确的可区分性。

再次，图像特征匹配任务要求特征点对应的区域描述子具有几何不变性。几何变换既包含基本的平移、缩放和旋转操作，也包含仿射和投影变换。图像目标发生几何变换，是因为拍摄的角度变化导致的。在几何变换前后，局部特征提取算法提取的内容要保持尽可能一致，即特征点要具备可重复性。

最后，要求特征点对应的区域描述子对光照变化具有不敏感性。光照改变了图像的色彩，但是没改变图像内容，因此，可采用像素值的线性模型对光照效果进行建模，即

$$f'(x,y)=af(x,y)+b \tag{5-1}$$

其中，$f(x,y)$表示图像(x,y)处的像素值，a 表示缩放因子，b 是偏移量。相同的图像目标在光照变换前后，提取的局部特征应尽可能地保持一致。此外，区域描述子对噪声、模糊、量化、压缩等图像的处理过程也应具有不变性。

综上，局部图像特征一般需要满足如下要求。

- 可区分性：检测到的点有显著的或独一无二的特点。
- 可重复性：区域提取内容具有几何不变性。
- 光照不敏感：特征对光照变化具有不敏感性。

正是因为局部特征具有上述良好的性质，所以，它不仅用于图像匹配任务，还广泛地应

用于三维重建、运动跟踪、目标检测等领域。

5.2 角点检测

5.2.1 角点特性分析

提取局部特征的第一步是特征点定位，它是局部特征提取的基础。从可重复性与可区分性的角度出发，角点是一种很好的特征点的选择。原因在于，角点是两条边缘的交点，在角点处发生两条边缘方向的变换，角点附近区域的梯度在两个或更多方向上通常变化剧烈，使其更容易被检测到。

关于角点目前还没有精准的数学定义，通常将以下几种点称为角点：一是两条以上边缘的交点，二是图像上多个方向亮度变化足够大的点，三是边缘曲线上的曲率极大值点。如图 5-5 所示，图中几种边缘的交点都可以看作角点，以及物体的边角、锥状顶点也都是角点。角点是一种局部特征点，在简化图像信息数据的同时，还在一定程度上保留了图像较为重要的结构特征信息，从而方便图像数据的处理。

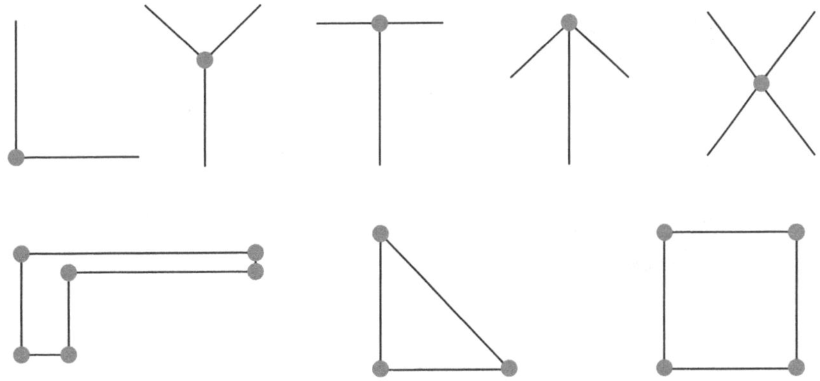

图 5-5　角点示意图

图 5-6 选取了图像中的不同区域，对比它们运动时内部像素灰度的变化情况。当小窗口覆盖区域是平坦区域时，无论沿哪个方向移动窗口，窗口内的内容都不会发生变化；如果覆盖区域是边缘区域，沿着边缘方向移动窗口时，窗口里的内容也保持不变。而对于角点，以直角为例，无论窗口沿哪个方向移动，窗口里的内容都会产生显著的变化。因此，可以用这种方法简单地区分角点和其他点。

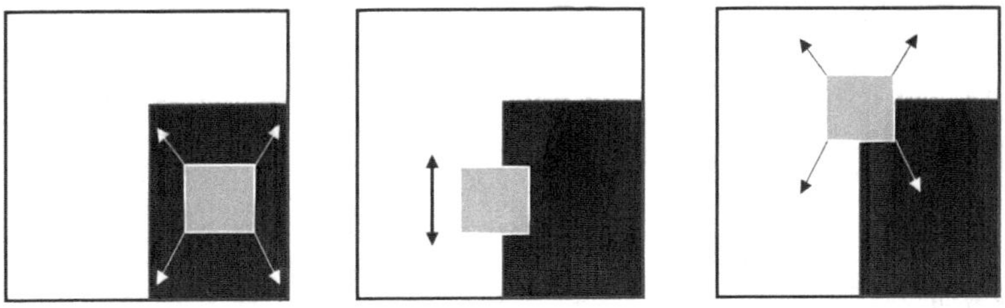

图 5-6　图像不同区域对比示意图

5.2.2 Harris 角点检测器

根据上述关于角点的描述，角点的提取过程有两个设计要点：

- 可以通过一个小窗口检测到角点，保证角点具有局部性；
- 当小窗口覆盖角点时，沿任何方向移动这个窗口，都会引起窗口内的内容发生变化。

针对这两个要点的角点检测算法有很多，例如 Kitchen-Rosenfeld 角点检测算法、Harris 角点检测算法、KLT 角点检测算法等。在本小节中，我们主要介绍经典的 Harris 角点检测算法。

具体地，用 $f(x,y)$ 表达目标图像在 (x,y) 位置处的灰度值，用 $w(x,y)$ 表示检测窗口在 (x,y) 位置的权重。以图 5-7 为例，图 5-7(a)所示的图像为一张灰度图，实线框代表检测窗口，其覆盖灰度图的一个区域。如果将检测窗口 $w(x,y)$ 偏移 $[u,v]$，例如，将实线框移动到虚线框所在的位置，检测窗口内的图像内容发生了改变，改变量记为 $E(u,v)$。可以采用移动前后窗口内像素灰度值差的平方的加权求和来表达 $E(u,v)$：

$$E(u,v)=\sum_{x,y}w(x,y)\left[f(x+u,y+v)-f(x,y)\right]^2 \tag{5-2}$$

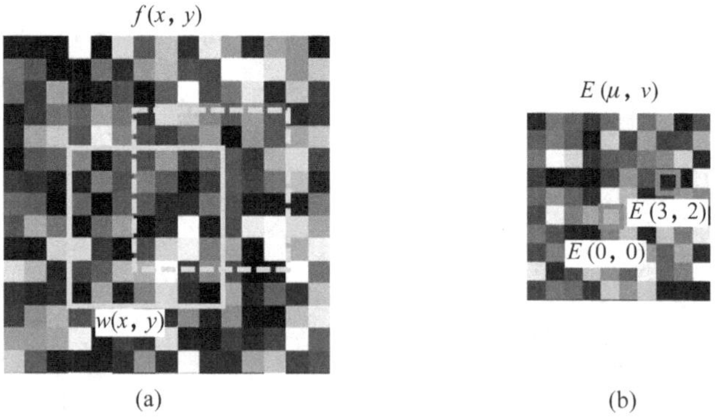

图 5-7 图像及检测窗口的可视化表示

目前，常用的检测窗口有两种，如图 5-8 所示，一种是将窗口内每个图像像素的权值赋为 1，位于窗口之外的图像像素的权值设为 0，即认为窗口覆盖区域内，每个图像像素都具有相同的重要性；另外一种是采用高斯函数来构建权值模板，为靠近中心区域的像素位置分配更高的权重，即认为中心区域附近的像素更重要。在实际使用中更倾向于选择后者。

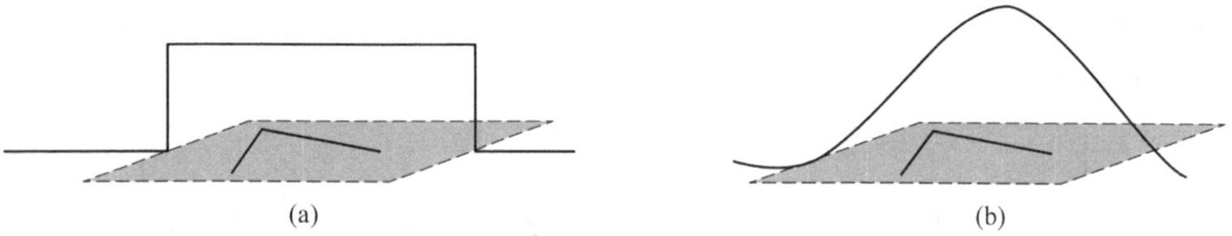

图 5-8 检测窗口两种权重示意图

通过列举出所有可能的偏移量，并计算出对应的 $E(u,v)$，将这样的所有窗口位移情况下的灰度变化量可视化，可获得图 5-7(b)所示的响应图。显然，图 $E(u,v)$ 中心点的值为

0，即 $E(0,0)=0$，表示检测窗口没有偏移时，图像像素强度不发生改变。对于图 5-7(a)中虚线窗口所在的位置，是将实线的初始窗口往右移动三格，再往上移动两格得到的，对应图 5-7(b)中位置坐标(3,2)，该位置的响应值就是图 5-7(a)中虚线窗口位置的图像灰度与实线窗口位置的图像灰度的差的平方的加权求和值 $E(3,2)$。

但事实上，比起多个像素之间的强度变化，$E(u,v)$在微小偏移下的值，即加权后的梯度更能反映出当前区域的结构特性。为了观测这个值，首先对 $E(u,v)$在原点附近进行泰勒二次展开，可得到

$$E(u,v)\approx E(0,0)+(u\quad v)\begin{pmatrix}E_u(0,0)\\E_v(0,0)\end{pmatrix}+\frac{1}{2}(u\quad v)\begin{pmatrix}E_{uu}(0,0) & E_{uv}(0,0)\\E_{uv}(0,0) & E_{vv}(0,0)\end{pmatrix}\begin{pmatrix}u\\v\end{pmatrix} \tag{5-3}$$

其中：

$$E_u(u,v)=\sum_{x,y}2w(x,y)\Delta f(u,v)f_x(x+u,y+v) \tag{5-4}$$

$$E_v(u,v)=\sum_{x,y}2w(x,y)\Delta f(u,v)f_y(x+u,y+v) \tag{5-5}$$

$$E_{uu}(u,v)=\sum_{x,y}2w(x,y)f_x^2(x+u,y+v)+\sum_{x,y}2w(x,y)\Delta f(u,v)f_{xx}(x+u,y+v) \tag{5-6}$$

$$E_{vv}(u,v)=\sum_{x,y}2w(x,y)f_y^2(x+u,y+v)+\sum_{x,y}2w(x,y)\Delta f(u,v)f_{yy}(x+u,y+v) \tag{5-7}$$

$$E_{uv}(u,v)=2w(x,y)\left[\sum_{x,y}f_x(x+u,y+v)f_y(x+u,y+v)+\sum_{x,y}\Delta f(u,v)f_{xy}(x+u,y+v)\right] \tag{5-8}$$

$$\Delta f(u,v)=f(x+u,y+v)-f(x,y) \tag{5-9}$$

将(0,0)代入式(5-9)中，可得 $\Delta f(0,0)=0$，继续代入式(5-4)至式(5-8)中，可得到

$$E_u(0,0)=0 \tag{5-10}$$

$$E_v(0,0)=0 \tag{5-11}$$

$$E_{uu}(0,0)=\sum_{x,y}2w(x,y)f_x^2(x,y) \tag{5-12}$$

$$E_{vv}(0,0)=\sum_{x,y}2w(x,y)f_y^2(x,y) \tag{5-13}$$

$$E_{uv}(0,0)=\sum_{x,y}2w(x,y)f_x(x,y)f_y(x,y) \tag{5-14}$$

将上述结果代入式(5-3)中，并考虑 $E(0,0)=0$，式(5-3)可改写为

$$E(u,v)\approx(u\quad v)\widetilde{\boldsymbol{M}}\begin{pmatrix}u\\v\end{pmatrix} \tag{5-15}$$

其中：

$$\widetilde{\boldsymbol{M}}=\sum_{x,y}w(x,y)\boldsymbol{M}(x,y) \tag{5-16}$$

$$\boldsymbol{M}(x,y)=\begin{pmatrix}f_x^2(x,y) & f_x(x,y)f_y(x,y)\\f_x(x,y)f_y(x,y) & f_y^2(x,y)\end{pmatrix} \tag{5-17}$$

由式(5-16)和式(5-17)可知，$\tilde{\boldsymbol{M}}$ 是一个根据图像梯度计算的 2×2 的矩阵，其中坐标 (x,y) 在检测窗口中变化，$w(x,y)$ 是检测窗口在 (x,y) 位置的权重，$\boldsymbol{M}(x,y)$ 是一个由图像 $f(x,y)$ 在坐标 (x,y) 处的一阶偏导数构成的 2×2 的矩阵。如果采用的窗口模板是简单地将窗口各个位置的权重置 1，那么 $\tilde{\boldsymbol{M}}$ 还可进一步简化为 $\sum_{x,y}\nabla f(x,y)\nabla f(x,y)^{\mathrm{T}}$ 的形式，其中 $\nabla f(x,y)=(f_x(x,y)\quad f_y(x,y))^{\mathrm{T}}$。$w(x,y)$ 是事先给定的，与图像无关。而从式(5-16)可以看出，当前点是否为角点由 $\boldsymbol{M}(x,y)$ 来决定。

为了理解如何使用灰度变化公式(5-15)来发现角点，首先考虑一种特殊情况，$\tilde{\boldsymbol{M}}$ 为对角矩阵，非对角线元素的值为 0：

$$\tilde{\boldsymbol{M}}=\begin{pmatrix}\sum_{x,y}w(x,y)f_x^2(x,y) & \sum_{x,y}w(x,y)f_x(x,y)f_y(x,y)\\ \sum_{x,y}w(x,y)f_x(x,y)f_y(x,y) & \sum_{x,y}w(x,y)f_y^2(x,y)\end{pmatrix}=\begin{pmatrix}\lambda_1 & 0\\ 0 & \lambda_2\end{pmatrix} \tag{5-18}$$

这意味着当前点处的显性图像梯度方向与 x 轴或 y 轴对齐。此时，如果 λ_1 和 λ_2 的值都很大，那么该点很有可能就是角点，这种角点也称为轴对齐的角点。

进一步，考虑更一般的情况，$\tilde{\boldsymbol{M}}$ 矩阵是非对角阵。因为 $\tilde{\boldsymbol{M}}$ 矩阵是一个对称矩阵，所以可以构造一个单位正交矩阵 $\boldsymbol{R}$ 来对 $\tilde{\boldsymbol{M}}$ 矩阵进行正交分解，如下：

$$\tilde{\boldsymbol{M}}=\boldsymbol{R}^{-1}\begin{pmatrix}\lambda_1 & 0\\ 0 & \lambda_2\end{pmatrix}\boldsymbol{R} \tag{5-19}$$

其中，λ_1 和 λ_2 是 $\tilde{\boldsymbol{M}}$ 的特征值。因此，考虑式(5-15)，$E(u,v)$ 可以可视化为椭圆，如图 5-9 所示，这个椭圆的轴长由特征值 λ_1 和 λ_2 确定，而轴方向由正交矩阵 $\boldsymbol{R}$ 确定。当 $\boldsymbol{R}$ 不是单位矩阵时，椭圆的轴向与坐标轴的方向不一致。

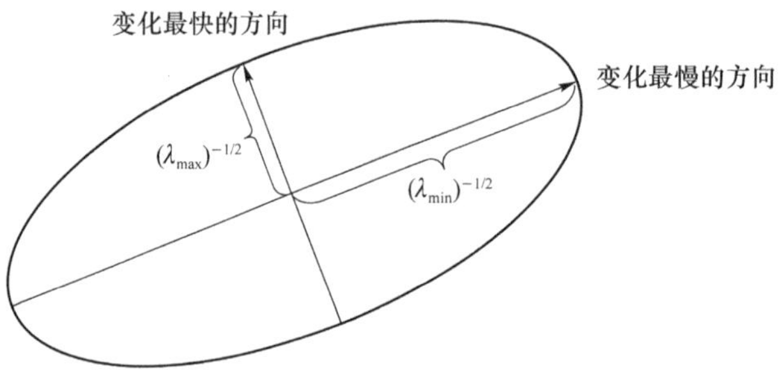

图 5-9 使用椭圆来表示 $\tilde{\boldsymbol{M}}$ 矩阵

在前面 5.2.1 节讲解平面、边缘和角点的不同之处时曾介绍过，它们在各个方向上的梯度变化大小是有规律的，根据规律可以将它们区分开来。将这条知识应用到式(5-15)至式(5-19)中，就可以得到对比特征值 λ_1 和 λ_2 来区分 3 种图像结构的规律。

图 5-10 清晰地显示了如何通过特征值来区分平面、边缘和角点，其中横坐标为 λ_1，纵坐

标为 λ_2。当 λ_1 和 λ_2 的值都很小，使得 $E(u,v)$ 在各个方向上几乎不变时，说明当前区域是一个平坦区域；如果 λ_1 和 λ_2 的值相差很大，则说明当前所在区域包含边缘；只有 λ_1 和 λ_2 的值都很大且近似相等，使得 $E(u,v)$ 在各个方向上都有明显变化时，才说明当前区域检测到了角点。

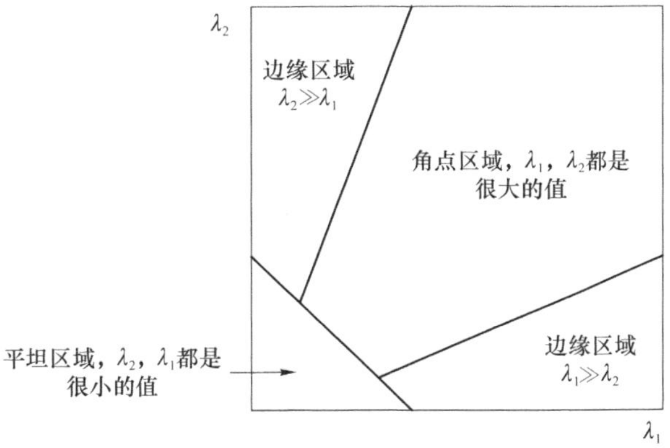

图 5-10 根据 λ_1 和 λ_2 的值来区分平面、边缘与角点

上述方法在判定当前点是否为角点时，不仅需要计算特征值 λ_1 和 λ_2，还需要为它们各设置一个门限，这在应用中不太方便。接下来，给大家介绍一种不需要计算 $\tilde{\boldsymbol{M}}$ 矩阵的特征值也可反映 $\tilde{\boldsymbol{M}}$ 性质的方法。该方法基于行列式与矩阵的迹来计算一个响应量 θ，当 θ 大于某一预定义的门限时，即判定当前点为角点。这里响应量 θ 的具体定义如下：

$$\theta=\det(\tilde{\boldsymbol{M}})-\alpha\operatorname{trace}(\tilde{\boldsymbol{M}})^2 \tag{5-20}$$

其中，参数 α 是一个预先设定的小正数，一般取值在 0.04～0.06 之间，trace(·)表示矩阵的求迹运算。

接下来，我们讨论响应量 θ 与矩阵 $\tilde{\boldsymbol{M}}$ 特征值之间的关系，以便于大家更好地理解基于行列式与矩阵迹的方法与基于特征值的方法之间的关系。根据式(5-19)，以及行列式与迹运算的定义，式(5-20)可以写为

$$\theta=\lambda_1\lambda_2-\alpha(\lambda_1+\lambda_2)^2 \tag{5-21}$$

进一步，响应量 θ 可写为

$$\theta=(\lambda_1+\lambda_2)^2\left(\frac{\dfrac{\lambda_1}{\lambda_2}}{\left(\dfrac{\lambda_1}{\lambda_2}+1\right)^2}-\alpha\right) \tag{5-22}$$

从式(5-22)可以看出，当 $\lambda_2\gg\lambda_1$ 时，$\lambda_1/\lambda_2\to0$，结果 $\theta<0$。类似地，当 $\lambda_2\ll\lambda_1$ 时，$\lambda_2/\lambda_1\to0$，结果 $\theta<0$。这两种情况都说明 λ_1 和 λ_2 的值相差很大，检测到的是图像边缘。反之，当 $\theta>0$ 时，说明 λ_1 和 λ_2 的值都很大且近似相等，检测到的是图像角点。另外，根据式(5-20)进行角点判断，可以避免计算 $\tilde{\boldsymbol{M}}$ 矩阵的特征值。

以上便是 Harris 角点检测器的基本原理，其检测算法流程如算法 5-1 所示。

算法 5-1　Harris 角点检测算法

//输入：待检测图像。
//输出：图像中的角点。

- 设置检测窗口尺寸和角点响应阈值 α；
- 计算图像 $f(x,y)$的一阶偏导数 $f_x(x,y)$和 $f_y(x,y)$；
- 计算导数的平方项 $f_x^2(x,y)$，$f_y^2(x,y)$与 $f_x(x,y)f_y(x,y)$；
- 根据高斯函数生成检测窗口权重 $w(x,y)$；
- 利用卷积核 $w(x,y)$分别对 $f_x^2(x,y)$，$f_y^2(x,y)$与 $f_x(x,y)f_y(x,y)$进行卷积，得到 $\widetilde{\boldsymbol{M}}$ 矩阵；
- 根据式(5-20)计算角点响应量 θ；
- 对响应量 θ 进行非最大化抑制后，可以检测到图像上的角点。

5.2.3 Harris 角点检测效果

图 5-11 所示是在两个不同角度下对同一场景拍摄的两张照片。它们的 Harris 角点检测结果如图 5-12 所示。在计算角点特征时，首先根据 5.2.2 节中的公式计算出角点响应量 θ，然后，通过设置阈值来过滤角点响应值较小的点。

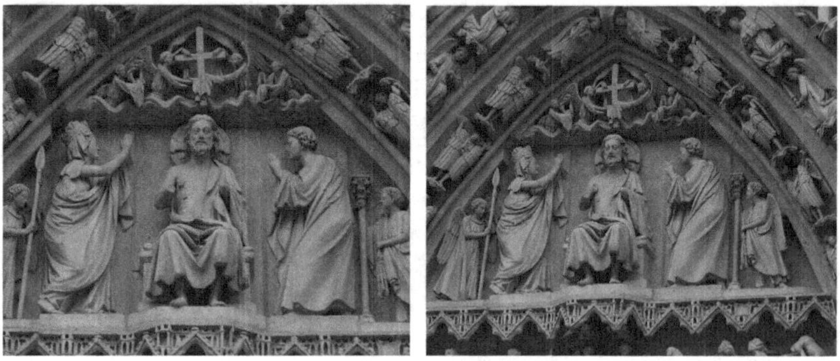

(a)　(b)

图 5-11　Harris 角点测试用例

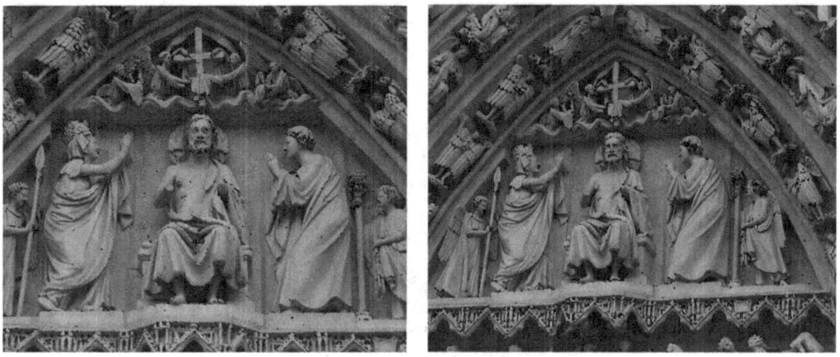

(a)　(b)

图 5-12　Harris 角点检测结果

从检测结果可以看出，Harris 角点检测器可以检测出大部分角点，尤其是图中雕塑具有复杂结构的头部这些区域的角点。虽然两张图片不同，但对于同一区域基本可以检测出相同的角点。由此可见 Harris 检测器获得的角点具有局部性，受到局部区域灰度变化的影响；角点数量足够多，能完整地覆盖整个目标对象；角点定位精确，在不同拍摄角度时，角点检测具有可重复性。

Harris 角点检测在不同拍摄角度下的可重复性，其实主要取决于角点响应量 θ 的两个重要性质：平移不变性和旋转不变性。

- 平移不变性：平移变换不改变图像像素的相对位置和像素值，对式(5-2)的计算没有影响，也就不影响 $E(u,v)$ 的值。角点响应量 θ 由矩阵 $\widetilde{\boldsymbol{M}}$ 确定，矩阵 $\widetilde{\boldsymbol{M}}$ 由 $E(u,v)$ 推导得出，如式(5-15)至式(5-17)，因此 θ 对平移变换具有不变性。
- 旋转不变性：无论角点区域如何发生旋转，不影响高斯平滑卷积核 $w(x,y)$ 的卷积结果，由矩阵 $\widetilde{\boldsymbol{M}}$ 确定的椭圆形状也不会发生改变，只是轴向发生改变，而特征值始终保持不变。再根据式(5-21)可知角点响应量 θ 不随图像旋转而发生改变。

但是，Harris 检测器对尺度缩放并不具有不变性。图 5-13(a)所示是一段曲线，可用 Harris 检测器检测到该区域包含一个角点，但当我们将图 5-13(a)放大到一定尺度变成图 5-13(b)后，由于图 5-13(b)尺寸很大，导致曲线上每个局部的弧度变化很小，从而曲线上的所有点都被认为是边缘，而不是角点。

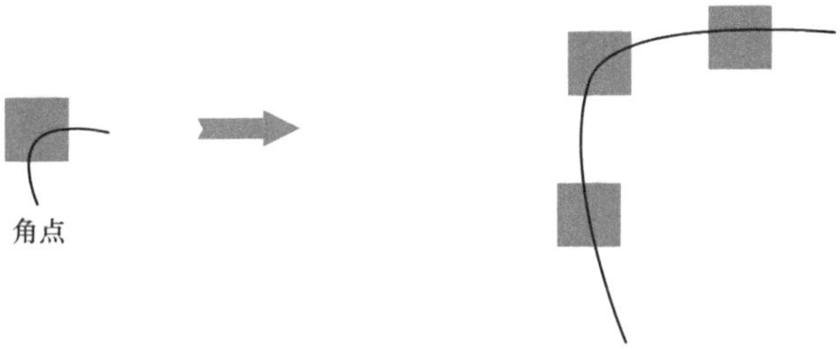

(a)　　(b)

图 5-13　尺度缩放示意图

5.3 尺度不变理论基础

5.3.1 尺度不变思路

由 5.2 节可知，Harris 检测器用一个固定大小的窗口来检测特征点，于是对于两张尺度不同的相似图像，相同的窗口大小和位置所覆盖到的内容不同，检测到的特征点也不同。对于这种尺度变化的情况，如果 Harris 检测器能根据图像尺度适当缩放窗口，使窗口内的图像内容一致的话，便可以检测出相同的特征点。

如图 5-14 所示，左右两条曲线形状相同但尺度不同，右侧曲线上的圆形窗口会捕获整个角，而相同的窗口在左侧曲线上只能获得一段弧线。只有在左侧曲线上选择一个更大的圆形窗口才能获得相同的图像信息。那么如何独立地为每张图像找到正确缩放的窗口，使在不同尺度下的同一点获得相同的图像内容？为了解决这个问题，首先以图 5-14 为例进行说明。

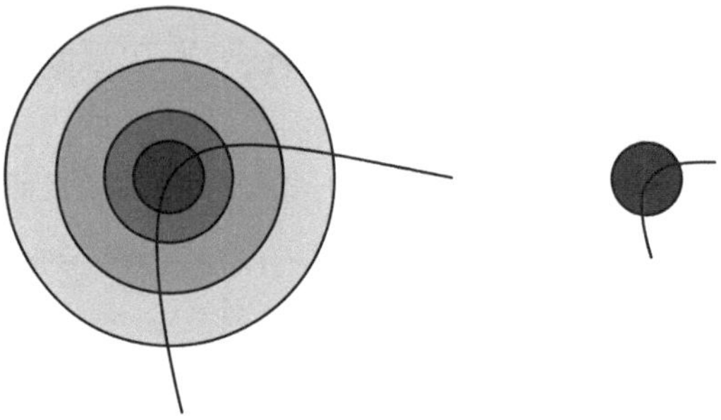

图 5-14　不同尺度检测想法示意图

图 5-15(a)与图 5-15(b)为不同尺度下的同一张图像，将它们分别记为 F_1 与 F_2。二者的关系可用尺度变换函数 $T_s(\cdot)$表示为

$$F_2=T_s(F_1,\gamma) \text{ 或 } F_1=T_s(F_2,1/\gamma) \tag{5-23}$$

其中，$\gamma>0$ 表示图像 F_2 相比于图像 F_1 的缩放倍数。在 F_1 上确定一个关键点 P，以关键点 P 为圆心，以 r_1 为半径选择一圆形区域 R_1。同样地，在 F_2 上选取同一个关键点，以 P 为圆心，以 r_2 为半径选择一圆形区域 R_2。关键点 P 在 F_1 和 F_2 中处于不同的位置。我们的目的是当给定 R_1 时确定 R_2，使区域 R_2 包含的图像内容与区域 R_1 一致。

(a)　(b)

图 5-15　不同尺度检测示例

显然，如果两个圆形区域半径满足 $r_2=\gamma r_1$，则区域尺寸与图像尺度是协变的，那么 R_1 和 R_2 两个区域包含的图像内容必然一致，此时称 R_1 和 R_2 是对应区域。然而，在确定对应区域时，图像间的尺度关系是未知的，选择区域 R_2 时只能根据图像 F_2，无法获得尺度比例 γ、半径 r_1 和图像 F_1 的信息。因此，确定 R_1 和 R_2 只能根据它们所包含的内容，也就是说 R_1 和 R_2 是相互独立确定的。解决这样的问题一种简单的想法就是，在选择区域上构造一种函数 $C(\cdot)$ 来将图像内容映射为一个响应量，该响应量随着区域尺寸的变化而发生变化，通过对响应量变化曲线进行分析来确定区域尺寸。对于区域 R_1 和 R_2，响应量 c_1 和 c_2 分别表示为

$$c_1=C(F_1,P,r_1),\quad c_2=C(F_2,P,r_2) \tag{5-24}$$

如果已知 c_1，比较 c_1 与 c_2，当 $c_2=c_1$ 时则说明 R_2 和 R_1 是对应区域。

为了知道如何构造函数 $C(\cdot)$，我们先来讨论函数 $C(\cdot)$ 所需满足的特性。根据上面的方案描述，对于在不同尺度上的相同图像内容，函数 $C(\cdot)$ 的输出不受影响。由此可得函数 $C(\cdot)$ 必须满足尺度不变性，即给定 F_1，P 和 r_1，对任意的 $\gamma>0$，有 $C(T_s(F_1,\gamma),P,\gamma r_1)=C(F_1,P,r_1)$。这表明如果对图像 F_1 的尺度改变 γ 倍得到 F_2，那么 c_2 随 r_2 的变化曲线就是对 c_1 随 r_1 的变化曲线沿横坐标方向进行压缩(或拉伸)的结果，压缩比为 γ，如图 5-16 所示，图中展示了 $\gamma=1/2$ 时所期望的两种内容响应曲线情况。所以，内容响应量随着区域尺寸的变化曲线应该与图像尺度是协变的。

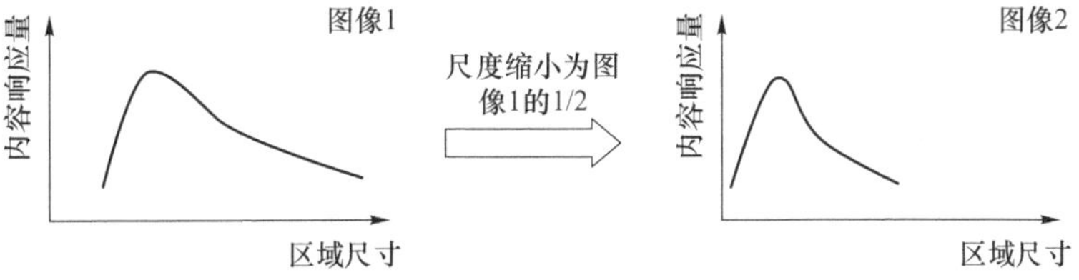

图 5-16　不同尺度下响应曲线示例

然后，如果以 c_1 作为参考值来确定 r_2，那么 c_1 的选择需满足这样的条件：首先，对于方程 $C(F_2,P,r_2)=c_1$，未知数 r_2 有唯一解；其次，c_1 应该有可区分性，使得它在曲线 $c_1\sim r_1$ 上能独立确定。综合这两个因素，c_1 的最佳选择 c_1^* 就是曲线 $c_1\sim r_1$ 的极值点，即

$$c_1^*=\max_{r_1} C(F_1,P,r_1) \tag{5-25}$$

因此，这也要求函数 $C(\cdot)$ 随区域尺寸的变化应当仅有一个明显的峰值，若峰值不明显或有多个相似峰值，所对应的函数 $C(\cdot)$ 则并不符合要求。如图 5-17 所示，图 5-17(c)中的响应曲线只有一个极大值点，是比较符合要求的一种情形。

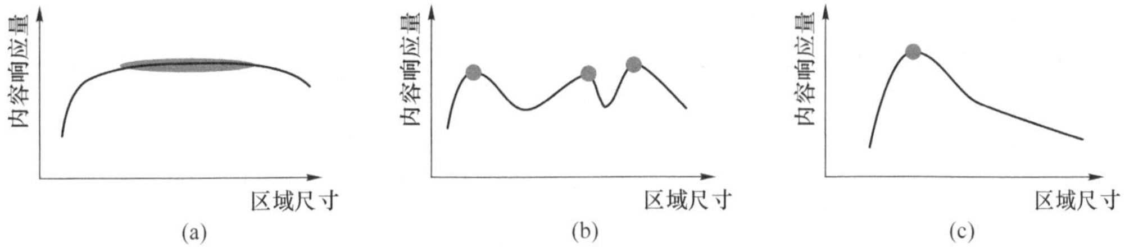

图 5-17　不同响应函数示例

5.3.2 LoG 算子

在 5.3.1 节中，我们讨论了寻找尺度不变关键点的思路，提出了通过构造内容响应函数来确定尺度的方案，并阐述了响应函数需满足的要求。为了进一步说明如何选取响应函数，先来考虑一个基本的视觉任务：Blob 检测。Blob 也就是斑点，是一种近似圆形的区域，斑点内部的像素值近似相同，但与周围像素有着很大的颜色和灰度差别。斑点普遍存在于图像中，例如一棵树是一个斑点，一块草地是一个斑点，一栋房子也可以是一个斑点。因此，斑点检测是许多图像处理、识别等任务的重要预处理过程，其中的一些方法也可以用于尺度不变

特征检测中。

因为在斑点区域的边界像素值会发生显著变化，所以这种边界也是一种边缘。我们知道边缘可以利用高斯一阶偏导核来检测，图 5-18(a)就是采用该方法进行一维信号边缘检测的一个示例。可以看出，边缘区域信号与高斯一阶偏导核卷积后的结果形成一个波峰，边缘就是峰值点位置。我们可以在此基础上继续进行求导，波峰将变成一个类似“涟漪”的形状，此时边缘点就是极大值和极小值之间的过零点，该结果可以直接由图像与高斯二阶偏导核(即高斯拉普拉斯卷积核，简写为 LoG 卷积核)卷积得到，如图 5-18(b)所示。

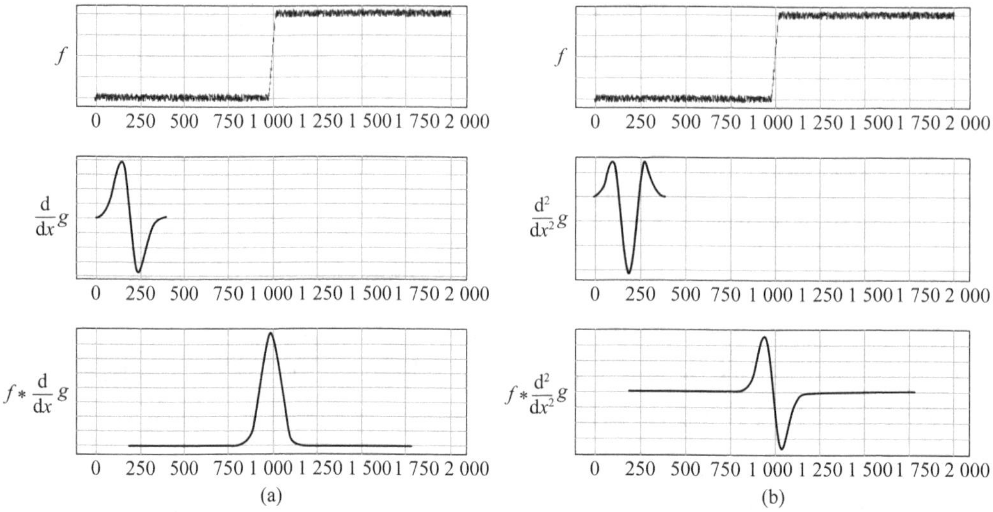

图 5-18 两种边缘检测方法

一维理想斑点可以用图 5-19 第一行所示的方波信号来表达，它有两个边缘，只要确定了边缘所处的位置和它们之间的距离就可以确定斑点的位置和尺寸。所以我们可以用高斯拉普拉斯卷积核来检测斑点，该卷积核的设置涉及两个参数：标准差和窗口大小。通常将半窗宽设置为三倍的标准差，一般只给定标准差 σ 即可。图 5-19 第三、四行展示了对第一、二行中每个斑点信号应用尺度 $\sigma=1$ 的 LoG 卷积核进行卷积得到的结果。可以看出，当斑点的尺寸较大时，卷积后的信号有两个近似对称的“涟漪”；随着斑点尺寸的减小，这两个“涟漪”越来越靠近并逐渐融合；最终当斑点尺寸与 LoG 函数形状趋近一致时，在斑点的中心位置两个“涟漪”叠加之后会产生一个极值点。也就是说，如果 LoG 卷积后的信号幅度在斑点的中心位置达到最大值，则该 LoG 卷积核与斑点的尺寸“匹配”，我们可以根据该 LoG 卷积核的 σ 估计出斑点的尺寸。于是根据上面的观察，可以获得确定斑点空间尺寸的一种思路：采用各种尺度的 LoG 卷积核对斑点进行卷积，找到一个尺度 σ 使卷积后的响应信号幅度在斑点的中心处达到最大值。

然而，直接应用这种思路仍然存在问题。如图 5-20 所示，对图中尺寸为 16 的一维斑点采用不同 σ 的 LoG 卷积核进行卷积时，随着 σ 的增大，输出信号的幅值出现了衰减，在 $\sigma=8$ 处信号几乎变成了一条直线，没有出现预期的极值点。

为了探索输出信号幅值发生衰减的原因，重写 LoG 卷积核函数为

$$\nabla^2 g=g(x_1,x_2,\sigma)\frac{x_1^2+x_2^2-2\sigma^2}{\sigma^4} \tag{5-26}$$

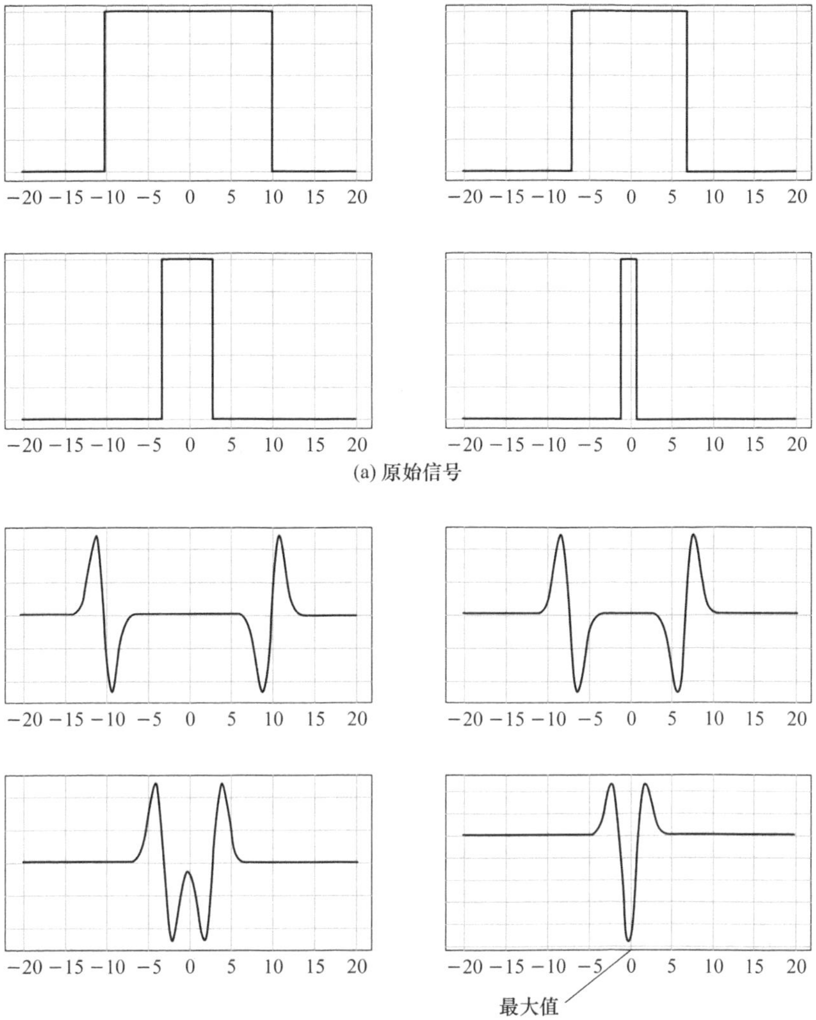

(a) 原始信号

(b) 使用方差为1的拉普拉斯核卷积的结果

图 5-19 LoG 卷积核检测一维斑点示意图

其中，$g(x_1, x_2, \sigma)$是二元高斯函数，可表示为

$$g(x_1, x_2, \sigma) = \frac{1}{2\pi\sigma^2} \mathrm{e}^{-\frac{x_1^2 + x_2^2}{2\sigma^2}} \tag{5-27}$$

利用式(5-26)对图像信号 $f_1(x_1, x_2)$进行卷积，可得信号 $f_2(x_1, x_2)$为

$$f_2(x_1, x_2) = \int_{-\infty}^{\infty}\int_{-\infty}^{\infty} g(\tau_1, \tau_2, \sigma) \frac{\tau_1^2 + \tau_2^2 - 2\sigma^2}{\sigma^4} f_1(x_1 - \tau_1, x_2 - \tau_2) \mathrm{d}\tau_1 \mathrm{d}\tau_2 \tag{5-28}$$

假设 $f_{1,\sigma}(x_1, x_2) = f_1(\sigma x_1, \sigma x_2)$，式(5-28)可化简为

$$f_2(\sigma x_1, \sigma x_2) = \frac{1}{\sigma^2}(g(x_1, x_2, 1)(x_1^2 + x_2^2 - 2)) * f_{1,\sigma}(x_1, x_2) \tag{5-29}$$

式(5-29)表明，随着卷积核尺度 σ 的增大，信号 $f_2(x_1, x_2)$的幅值会衰减，衰减因子为$1/\sigma^2$。

所以为了解决不同 σ 的 LoG 卷积核所带来的信号衰减的问题，我们将式(5-26)的 LoG 卷积核函数乘以 σ^2，以消去式(5-29)中的衰减因子，该操作称为尺度规范化，于是 LoG 卷积

核函数变为

$$\nabla^2_{\mathrm{norm}} g = \sigma^2 \nabla^2 g = g(x_1, x_2, \sigma)\frac{x_1^2 + x_2^2 - 2\sigma^2}{\sigma^2} \tag{5-30}$$

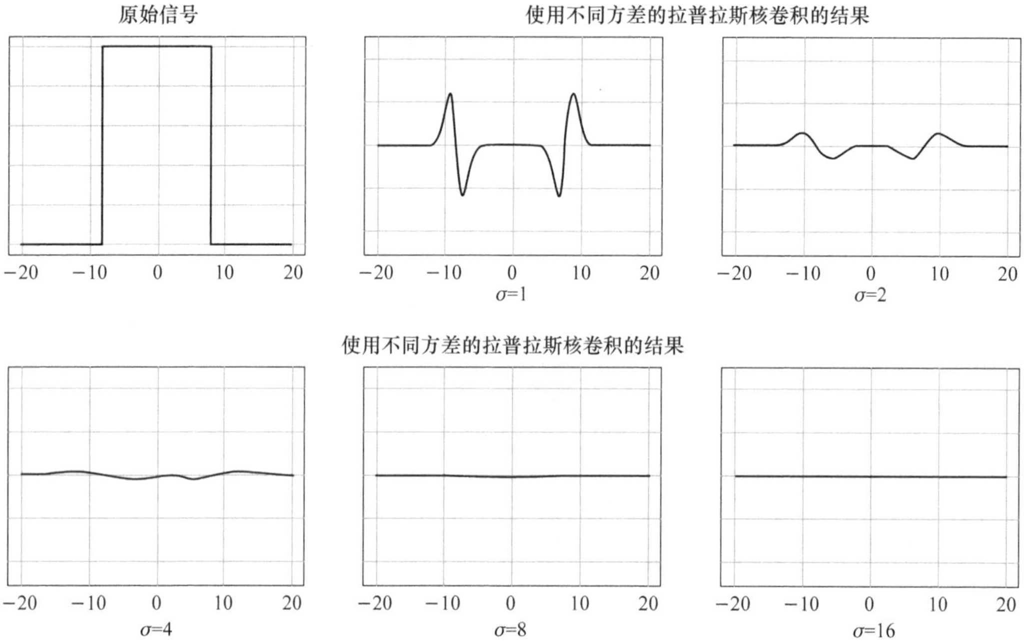

图 5-20　LoG 卷积核存在的问题

对 LoG 卷积核进行尺度规范化后，采用不同的 σ 对图 5-20 中的一维斑点进行测试，结果如图 5-21 所示，响应信号的幅值不再衰减，并且在 $\sigma=8$ 时出现一个明显的极大值。

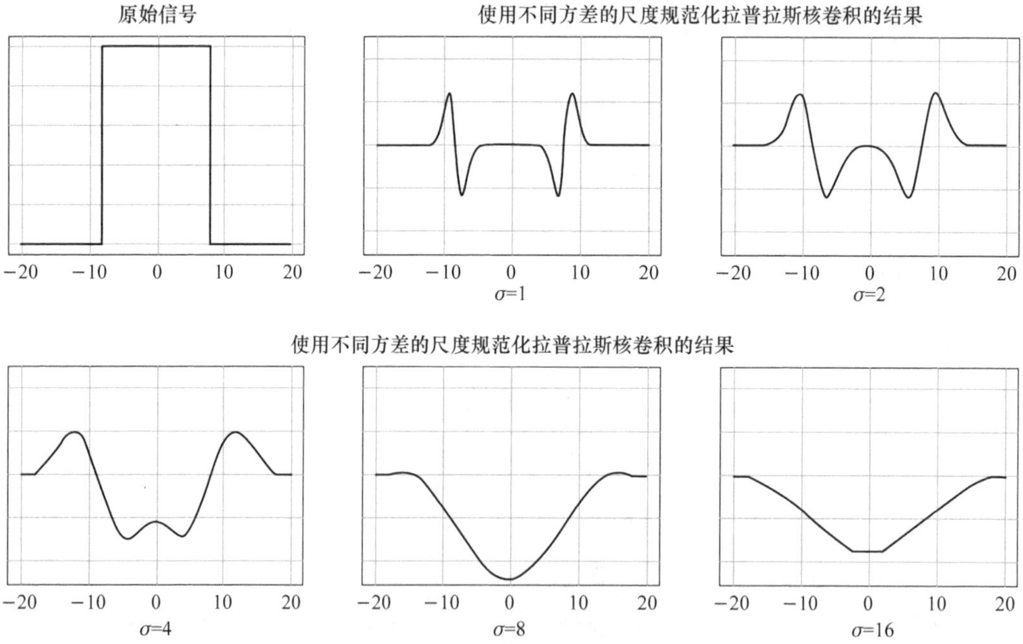

图 5-21　尺度规范化 LoG 卷积核测试结果

对于图像中的斑点，和上述一维斑点检测思路一样，使用尺度规范化后的二维 LoG 卷积核来进行检测。图 5-22 展示了二维 LoG 卷积核的可视化图像。

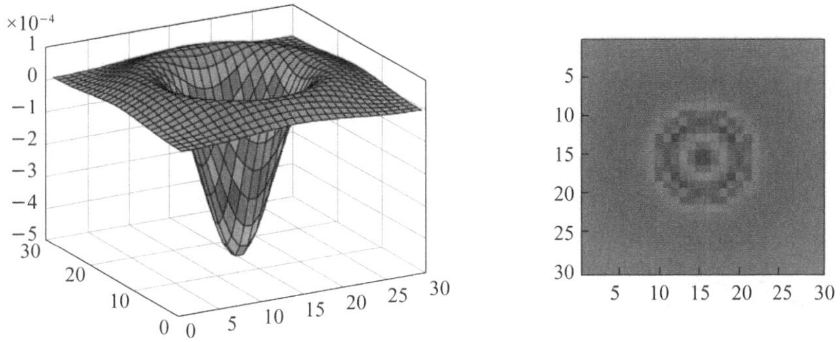

(a) (b)

图 5-22 二维 LoG 卷积核可视化

我们以图 5-23(a)为例，这是一个理想的二维斑点图像，记为 $f_1(x_1,x_2)$。以图像中心为原点，斑点的半径为 r，斑点内的像素值为 0，斑点外的像素值为 255，即

$$f_1(x_1,x_2)=\begin{cases}0, x_1^2+x_2^2\leqslant r^2\\255, x_1^2+x_2^2>r^2\end{cases} \tag{5-31}$$

使用尺度规范化后的 LoG 卷积核对该斑点图像进行卷积，由式(5-30)可知当 $x_1^2+x_2^2\leqslant 2\sigma^2$ 时，LoG 函数 $\nabla^2_{\text{norm}}g\leqslant 0$，否则 $\nabla^2_{\text{norm}}g>0$。所以只有当 σ 满足 $2\sigma^2=r^2$ 时，如图 5-23(b)所示，在原点处进行卷积得到的响应值为一个极大值，此时卷积核的尺度称为特征尺度，记为 σ^*，表示为

$$\sigma^*=\frac{r}{\sqrt{2}} \tag{5-32}$$

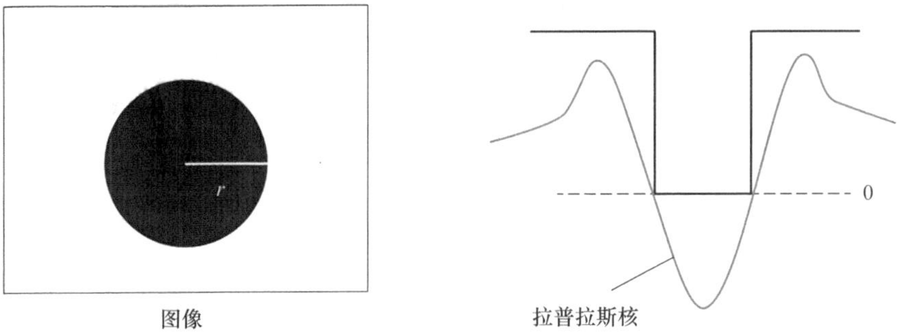

(a) (b)

图 5-23 响应极大值情况示意图

利用 LoG 卷积核检测斑点需要在不同的尺度空间上搜索特征尺度，因此我们也称其为尺度空间的斑点检测器，搜索过程主要有两个步骤。

- 利用尺度规范化后的 LoG 卷积核函数产生卷积模板，在不同尺度上对图像进行卷积。
- 在尺度空间中找到 LoG 响应的极大值，其所对应的空间尺度为特征尺度。

对图 5-24 中的葵花图进行测试，根据图像 LoG 卷积的结果检测出葵花中心处斑点的位置，然后在该位置应用不同尺度的 LoG 卷积核搜索特征尺度，从而确定斑点的半径。在特征尺度下并且当 LoG 卷积核的中心与斑点的中心重合时，经过 LoG 卷积后的响应值最大。利用 LoG 卷积核的这一特性，即使此后图像的尺寸发生变化，我们也能独立地确定斑点的位置与半径，使检测区域所包含的内容保持一致，实现尺度不变的斑点区域检测。

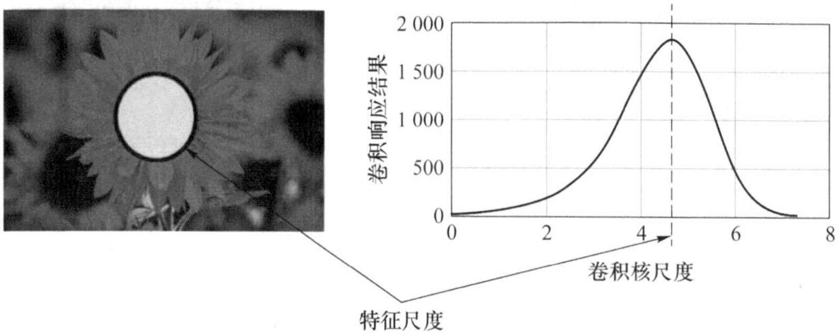

图 5-24　二维斑点检测示意图

5.3.3　Harris-Laplace 检测器

根据前文介绍的斑点检测的例子，我们可以利用 LoG 卷积核来发现具有尺度不变性的区域，而不仅是检测斑点。只要某个尺度的 LoG 卷积核可以在图像的某个点处产生极大值，那么以这个点为圆心，半径为$\sqrt{2}\sigma$的区域就是一个尺度不变区域，无论图像尺度如何变化，LoG 卷积核都可以检测出同样的点和同样的区域，并且这样的尺度不变区域所包含的内容不会随着图像的尺度变化而发生变化。

现在回到检测尺度不变区域的问题上，由于 LoG 卷积核响应的特性，我们可以直接将它作为 5.3.1 节中所需的内容响应函数。LoG 卷积核符合我们对于内容响应函数的要求，首先 LoG 响应具有尺度不变性，利用尺度规范化后的 LoG 卷积核对图像 $f_1(x_1,x_2)$进行卷积可得到 $f_2(x_1,x_2)$：

$$f_2(x_1,x_2)=\int_{-\infty}^{\infty}\int_{-\infty}^{\infty}g(\tau_1,\tau_2,\sigma)\frac{\tau_1^2+\tau_2^2-2\sigma^2}{\sigma^2}f_1(x_1-\tau_1,x_2-\tau_2)\mathrm{d}\tau_1\mathrm{d}\tau_2 \quad (5\text{-}33)$$

假设对信号 $f_1(x_1,x_2)$进行尺度拉伸可得 $f_{1,1/\gamma}(x_1,x_2)=f_1(x_1/\gamma,x_2/\gamma)$，利用同样的 LoG 卷积核对信号 $f_{1,1/\gamma}(x_1,x_2)$进行卷积，可得信号 $\tilde{f}_2(x_1,x_2)$，表示为

$$\tilde{f}_2(x_1,x_2)=\int_{-\infty}^{\infty}\int_{-\infty}^{\infty}g(\tau_1,\tau_2,\gamma\sigma)\frac{\tau_1^2+\tau_2^2-2\gamma^2\sigma^2}{\gamma^2\sigma^2}f_{1,1/\gamma}(x_1-\tau_1,x_2-\tau_2)\mathrm{d}\tau_1\mathrm{d}\tau_2 \quad (5\text{-}34)$$

对比式(5-33)与式(5-34)，可以得到

$$\tilde{f}_2(x_1,x_2)=f_2\left(\frac{x_1}{\gamma},\frac{x_2}{\gamma}\right) \quad (5\text{-}35)$$

所以 LoG 卷积响应量的变化与图像尺度的变化是协变的。其次，当 LoG 的尺度与信号

$f_1(x_1, x_2)$的尺度匹配时，LoG 的响应会且仅会产生一个明显的极值。

基于此，将前一章介绍的 Harris 检测器与 LoG 卷积核结合便能得到具有尺度不变性的特征点检测器——Harris-Laplace 检测器。该检测器首先用 Harris 检测器来检测出图像多尺度下的候选角点，然后对每个候选角点采用迭代计算的方式判断其是否能在 LoG 算子下取得局部尺度极值，进而确定是否为所选特征点，此时筛选的角点便具有了尺度不变性。

5.4 SIFT 特征

5.4.1 DoG 尺度空间

根据 5.3 节讲述的内容，我们知道可以使用 LoG 卷积核函数来确定尺度不变区域并配合特征点检测器得到具有尺度不变性的特征点。但是 LoG 卷积核计算成本高，在 SIFT 特征提取算法中更多应用另一种与之接近的卷积核——差分高斯卷积核（Difference of Gaussians，DoG）。DoG 核函数通过选取两个不同尺度的高斯核函数进行差分计算得到，其定义为

$$\mathrm{DoG}(\sigma)=G(x, y, k\sigma)-G(x, y, \sigma) \tag{5-36}$$

其中 k 为相邻尺度高斯核间的比例因子，可用 DoG 卷积核直接与原图像进行卷积运算，这等同于用尺度相差 k 倍的高斯核分别对原始图像进行卷积之后再求差。

Lindeberg 于 1994 年证明了 DoG 核函数近似等于 LoG 核函数，它们的近似关系可以由热扩散方程得到。图 5-25 展示了一维 LoG 与 DoG 核函数的曲线图，两者具有非常相似的函数曲线，由此也可知它们都具有尺度不变性。

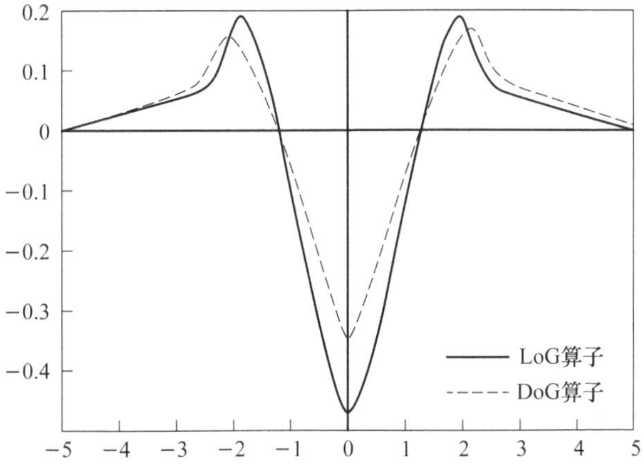

图 5-25 LoG 算子与 DoG 算子对比示意图

在 SIFT 算法中，首先，需要在尺度空间中建立高斯差分金字塔。尺度空间用来对图像进行多尺度表示，将图像经过高斯平滑，随着高斯卷积核尺度的增大，平滑效果变强，图像中

的细节不断被压缩，得到多个平滑结果进而处理和分析不同尺度的图像结构。在尺度空间中，通过增大尺度参数，可以增大图像的模糊程度，从而实现模拟人在距离目标由近到远时目标在视网膜上的形成过程，因此在尺度空间中更容易获取图像的本质特征。其次，在尺度空间中进行特征提取可满足视觉不变性：当我们用眼睛观察物体时，一方面当物体所处背景的光照条件变化时，视网膜感知图像的亮度水平和对比度是不同的，因此要求提取的图像特征不受图像的灰度水平和对比度变化的影响，即满足灰度不变性和对比度不变性。最后，当观察者和物体之间的相对位置变化时，视网膜所感知的图像的位置、大小、角度和形状是不同的，因此要求在尺度空间中提取的图像特征和图像的位置、大小、角度以及仿射变换无关，即满足几何不变性。

尺度空间一般用高斯金字塔的形式表示，如图 5-26 所示。

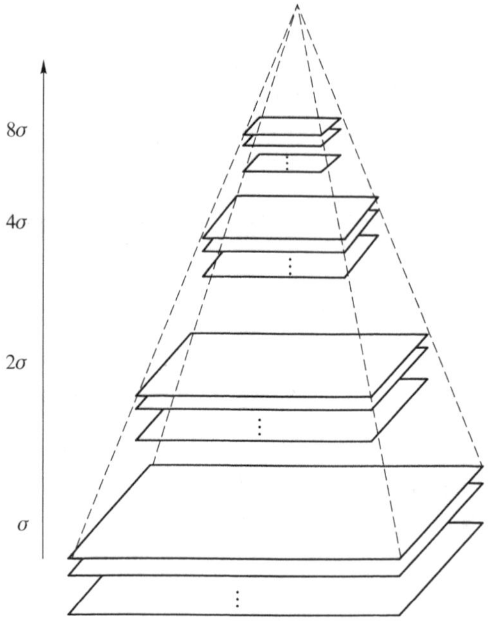

图 5-26　高斯金字塔示意图

高斯金字塔是由多个具有不同采样因子和尺度因子的高斯核函数与图像卷积得到的，具体可表示为

$$L(x,y,\sigma,p)=p*G(x,y,\sigma)*I(x,y) \tag{5-37}$$

其中 $I(x,y)$ 表示原始图像，p 表示采样因子，$G(x,y,\sigma)$ 是高斯核函数。

建立尺度空间时，高斯金字塔分为多个组(octave)，每个组内部都包含多个图，每一张图都称为一层(interval)。组内每一层都是由高斯卷积核与图像卷积得到的，但任意两个相邻的层所使用的高斯卷积核的标准差相差一个固定的尺度因子 k。假设高斯金字塔中共有 O 个组，每组有 S 层，每一组中的尺度因子 k 应为 $2^{\frac{1}{S}}$，第 O_{i+1} 组的第 1 张图像由第 O_i 组的第 S 张图像进行二倍下采样得到。

将高斯金字塔中相同大小相邻尺度的图像相减得到对应尺度的 DoG 卷积结果，从而构建出高斯差分金字塔，如图 5-27 所示。

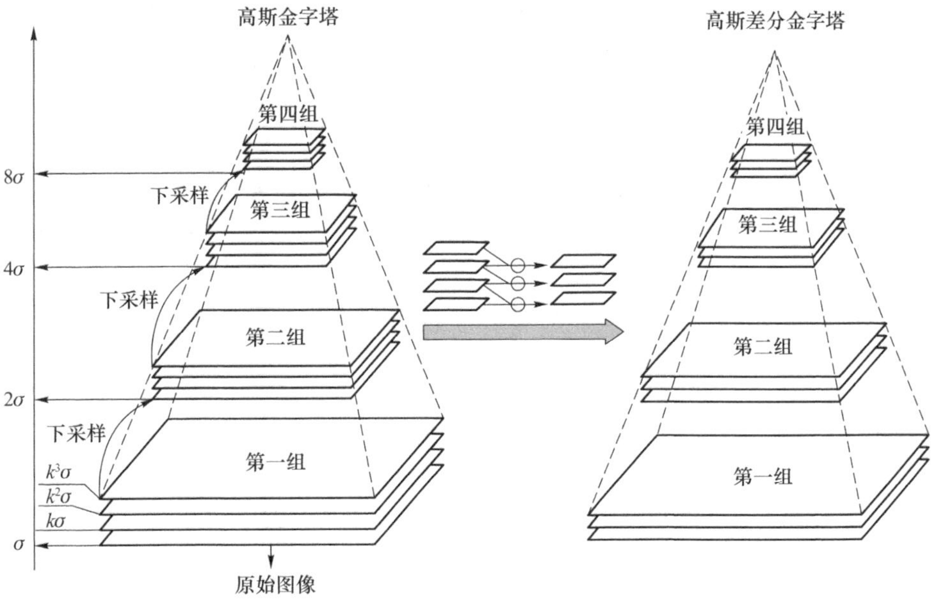

图 5-27 高斯差分金字塔构建示意图

5.4.2 SIFT 特征点检测

为了得到尺度不变的特征点，我们需要在 5.4.1 节中构建的高斯差分金字塔中检测极值。将 DoG 尺度空间中中间层的每个像素点跟同一层的相邻 8 个像素点以及它上一层和下一层的 9 个相邻像素点（总共 26 个相邻像素点）进行比较。如图 5-28 所示，如果标号为叉号的像素比相邻 26 个像素的 DoG 值都大或都小，则该点将作为一个局部极值点，记下它的位置和对应尺度。然而这样检测到的极值点是离散空间的极值点，从连续空间的角度看，并非真正的极值点，如图 5-29 所示。并且由于 DoG 值对噪声和边缘较为敏感，所以需要对检测到的极值点进一步进行筛选和查找。Lowe 的论文通过拟合三维二次函数来精确获得关键点的位置和其所在的尺度，具体细节可参阅相关文献。

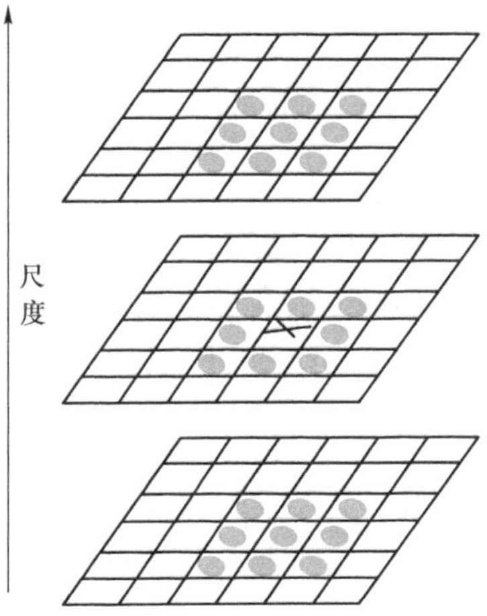

图 5-28 DoG 空间局部极值检测示意图

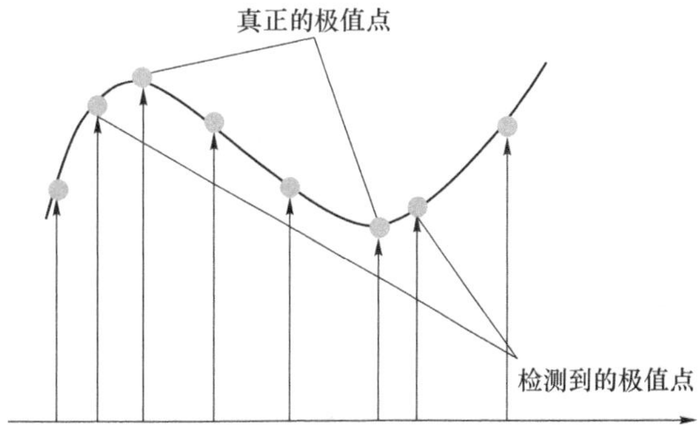

图 5-29 离散空间极值点与连续空间极值点

将上述步骤获得的尺度空间的局部极值点作为关键点，进一步利用图像的局部特性，为每个关键点赋予一个稳定的方向，称为主方向。在实际计算中，我们利用关键点邻域像素的梯度方向分布来确定关键点的主方向。具体地，根据关键点(x^*,y^*)的尺度σ^*，找到与之对应的高斯尺度空间图像$L^*(x,y)$。在图像$L^*(x,y)$上，以关键点(x^*,y^*)为中心，取一个正方形窗口(例如16×16)。然后，对于窗口内的每个像素点，我们计算梯度方向。接着，建立这些局部梯度方向的统计直方图，如图5-30所示，直方图的范围是0°～360°，每10°为一个方向，总共36个方向。在计算直方图时，对采样点的梯度模值进行高斯加权，即越靠近中间关键点像素的梯度方向对直方图的贡献越大，高斯加权圆形窗的尺度一般设置为特征点尺度的1.5倍，最后得到梯度方向归一化直方图。关键点的主方向θ_m^*被确定为梯度方向直方图的峰值方向，因为这样可保证主方向的稳定性。当存在另一个大于最高峰值80%的其他局部峰值时，则将这个方向认为是该特征点的辅方向。一个特征点可能会具有多个方向，包括一个主方向和多个辅方向，为了精度定位峰值位置，一般还会采用抛物线来插值拟合梯度方向直方图的多个峰值。后续生成的局部特征表达都是相对于主方向的，因此即使目标在另一个图像中被旋转，局部特征表达也可以保持不变，这样提取的关键点便获得了旋转不变性。

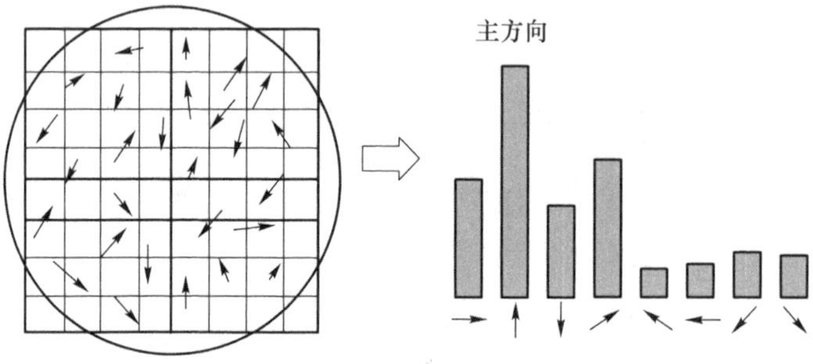

图5-30　图像梯度与统计直方图(为了简化，只画出了8个方向)

至此，图像的关键点(x^*,y^*)既具有了尺度σ^*，也具有了方向θ_m^*，可以表示为$(x^*,y^*,\sigma^*,\theta_m^*)$，关键点也具备了平移、缩放和旋转不变性。

5.4.3　SIFT特征描述子

确定了关键点后，下一步就是为每个关键点建立特征描述子，用一个向量将关键点的局部特征信息表示出来，使其在外在条件的变化下(例如光照、视角、尺度等变化)保持稳定。通常，利用关键点本身的信息及关键点周围对其有贡献的像素点信息构建特征描述子。SIFT特征描述子是关键点邻域高斯模糊图像梯度统计结果的一种表示。其构建思路是，对关键点周围图像区域进行分块，计算块内梯度方向直方图，将获得的多个直方图表示为一个具有独特性的向量。该向量是关键点邻域图像信息的一种具有唯一性的抽象表示，因此也称为特征向量。

SIFT特征描述子的生成流程主要有3步：

- 确定计算描述子所需的图像区域；
- 建立各个子区域的梯度统计直方图；

• 特征向量生成与后处理。

首先进行关键点领域图像的提取，对于关键点(x^*，y^*，σ^*，θ_m^*)，根据尺度参数 σ^*，在与之对应的高斯卷积后的图像 $L^*(x,y)$上取关键点的邻域图像 Z^*。由于需要将邻域图像 Z^* 划分成 $d\times d$ 个子区域，每个子区域的面积都为 $3\sigma^*\times3\sigma^*$，所以 Z^* 的边长至少应设置为 $3\sigma^* d$。在实际计算时，需采用双线性插值，所需关键点的邻域范围边长因此设置为 $3\sigma^*(d+1)$。考虑后续需要进行旋转操作(将坐标轴旋转到关键点的主方向)，实际计算所需的邻域图像的边长应设置为 $3\sigma^*(d+1)\times\sqrt{2}$。

然后对各个子区域分别建立梯度统计直方图。计算直方图前先以关键点为中心，将邻域图像 Z^* 的横坐标轴的方向逆时针旋转为关键点的主方向，如图 5-31 所示。以此计算的特征皆相对于主方向，保证了旋转不变性。接着，在新坐标系下，以关键点为中心，取边长为 $3\sigma^* d$ 的方形区域，将该区域划分成 $d\times d$ 个子区域，统计每个子区域的梯度直方图。直方图横轴有 B 个格(对应 B 个方向)，纵轴为该子区域内所有梯度幅值的加权和。此时，像素点(x,y)的梯度可能对多个临近子区域的直方图都有贡献，可基于像素点与子区域中心点的距离对梯度进行加权。在 SIFT 实现中，一般取 $d=4$ 和 $B=8$，即将关键点邻域划分为 4×4个子区域，每个子区域统计 8 个方向的加权梯度幅值。如图 5-32 所示，在每个子区域内绘制每个梯度方向的累加值，箭头方向对应子区域内的梯度方向，箭头长度对应累加梯度的大小，我们将这样的统计结果称为种子点，一个子区域生成一个种子点，共生成 16 个种子点。

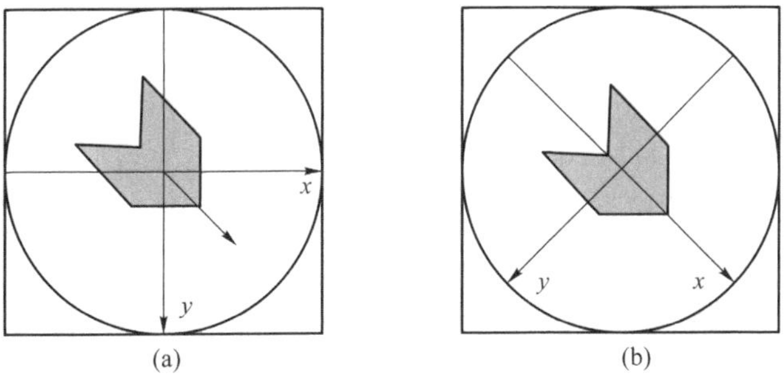

图 5-31 坐标轴旋转

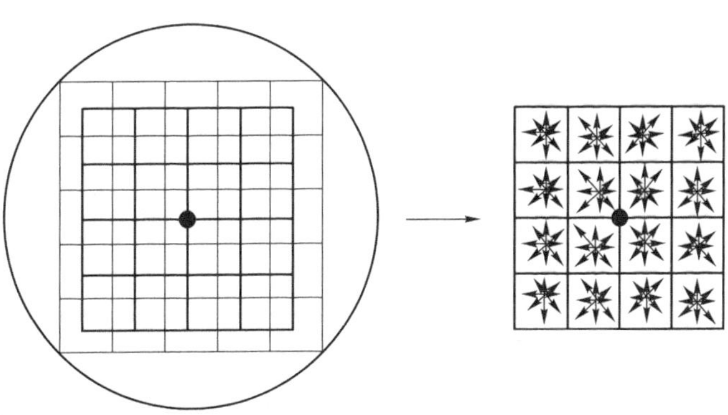

图 5-32 子区域直方图统计示意图

最后基于得到的 16 个种子点生成特征向量。每个种子点有 8 个方向，构成一个 8 维向量，将所有种子点对应的 8 维向量进行拼接，组成一个 128 维的向量，以此作为特征向量，记为 $\boldsymbol{h}$。为了应对图像中光照的变化，我们还需对特征向量进行进一步处理。在光照线性变化的情况下，图像亮度变化相当于对每个像素点加上一个常数，此时特征向量保持不变；而当图像对比度变化时，相当于每个像素点乘以一个常数，此时图像梯度的幅值也会按相同比例缩放，进而特征向量便会发生改变。于是为了减少这种情况的影响，需要将特征向量 $\boldsymbol{h}$ 进行向量归一化，归一化后的特征向量记为 $\boldsymbol{h}_n$。另外，由于相机饱和度或者沿着三维曲面的不同方向物体亮度变化存在差异，非线性的光照变化也可能发生，它会导致某些方向的梯度值发生较大变化，但对梯度方向的影响很小。因此，为减少大梯度的影响，可以通过设置一个阈值 h_{max} 来截断单位特征向量 $\boldsymbol{h}_n$ 中较大的分量，h_{max} 一般设置为 0.2。将特征向量 $\boldsymbol{h}_n$ 经阈值截断操作后得到的特征向量记为 $\boldsymbol{h}_c$。阈值截断操作意味着对于特征匹配梯度幅值的重要性会下降，梯度方向的分布会得到更大的重视。随后，为提高特征的鉴别性，重新对向量 $\boldsymbol{h}_c$ 进行归一化操作，得到最终的特征向量 $\tilde{\boldsymbol{h}}$，以此作为 SIFT 特征描述子。

5.5 SURF 特征

5.5.1 基于 Hessian 矩阵的特征点

本小节将介绍一种更为新颖的具有尺度和旋转不变性的特征，称为 SURF 特征（加速的鲁棒特征）。SURF 特征是对 SIFT 特征的改进，其基本结构和步骤都与 SIFT 类似，只是在具体实现过程上有所区别。SURF 算法比 SIFT 的速度快很多，且稳定性好。

与 SIFT 特征不同，SURF 特征是基于 Hessian 矩阵来完成特征点的提取的。Hessian 矩阵常应用于斑点检测中，它的行列式值表示了像素点周围变化的大小。基于 Hessian 矩阵的特征点检测器具有良好的精度，能够在矩阵行列式的极值位置检测出类 blob 结构。在 SURF 算法中，图像中的每个像素点都能够求出一个 Hessian 矩阵，而为保证 SURF 特征点满足尺度不变性，在构造 Hessian 矩阵之前，需要对其进行二阶高斯滤波。给定图像 I 中的点 $\boldsymbol{x}=(x,y)$，将尺度 σ 下的 Hessian 矩阵 $\boldsymbol{H}(\boldsymbol{x},\sigma)$ 定义如下：

$$\boldsymbol{H}(\boldsymbol{x},\sigma)=\begin{pmatrix} L_{xx}(\boldsymbol{x},\sigma) & L_{xy}(\boldsymbol{x},\sigma) \\ L_{xy}(\boldsymbol{x},\sigma) & L_{yy}(\boldsymbol{x},\sigma) \end{pmatrix} \tag{5-38}$$

其中 $L_{xx}(\boldsymbol{x},\sigma)$ 是高斯二阶导数 $\frac{\partial^2}{\partial x^2}g(\sigma)$ 在 $\boldsymbol{x}$ 处与图像 I 的卷积，式中的 $L_{xy}(\boldsymbol{x},\sigma)$ 和 $L_{yy}(\boldsymbol{x},\sigma)$ 表示的意义类似。

该算法用 BoxFilter（图 5-33 的右半部分）替代高斯二阶滤波，实现了对 Hessian 矩阵的近似估计，并且将计算过程转化成了不同区域像素和的加减运算。因此，近似估计计算所需的代价是极其微小的，且与滤波器的尺寸大小无关。

图 5-33 中的 9×9 的 BoxFliter 是 $\sigma=1.2$ 的高斯滤波器的近似值。这里用 D_{xx}，D_{xy}，D_{yy} 分别表示在 x 方向、xy 方向、y 方向上的二阶高斯偏导近似值，最终公式如下：

$$\det(\boldsymbol{H}_{\text{approx}}) = D_{xx}D_{yy} - (wD_{xy})^2 \tag{5-39}$$

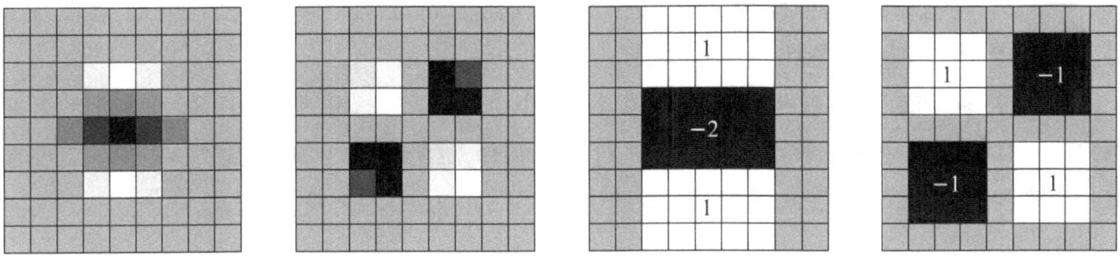

(a) y方向的高斯二阶偏导数L_{yy}　(b) xy方向的二阶偏导数L_{xy}　(c) y方向的二阶高斯偏导近似值D_{yy}　(d) xy方向的二阶高斯偏导近似值D_{xy}

图 5-33　BoxFliter

为缩小二阶高斯偏导准确值和近似值间的误差，算法引入了滤波器响应的相对权重 w，这是维持高斯核和近似高斯核之间能量守恒所需要的。

$$w = \frac{\|L_{xy}(1.2)\|_F \|D_{yy}(9)\|_F}{\|L_{yy}(1.2)\|_F \|D_{xy}(9)\|_F} = 0.912\cdots \cong 0.9 \tag{5-40}$$

其中 $\|x\|_F$ 是 Frobenius 范数。理论上，权重 w 将随尺度变化。但在实际操作中，由于权重对实验结果没有显著影响，往往保持权重因子不变。

5.5.2 尺度空间定位

特征点需要在不同尺度上寻找，因此需要将图像在不同尺度上进行比较。尺度空间一般是用图像金字塔来实现的，在原始图像上重复利用高斯平滑和下采样来得到高层图像。例如，在 SIFT 算法中，同一层中的图片尺寸相同，但是尺度不同，而不同层中的图片尺寸大小也不相同，因为下层图片是由上层图片下采样得到的。同时，在进行高斯模糊时，SIFT 的高斯模板尺寸始终保持不变，只是将图像的尺度大小在不同层之间进行了变化。

在 SURF 算法中，由于使用了 BoxFilter 和积分图像的计算策略，不必迭代地对上层输出图像进行相同的过滤，而是可以直接在原始图像上应用任何大小的 BoxFilter（如图 5-34 所示）。SURF 算法通过改变滤波器的尺寸大小来解析尺度空间，而不是迭代地缩小图像尺寸，因此，在一定程度上提高了算法的计算效率。

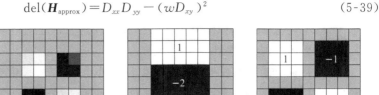

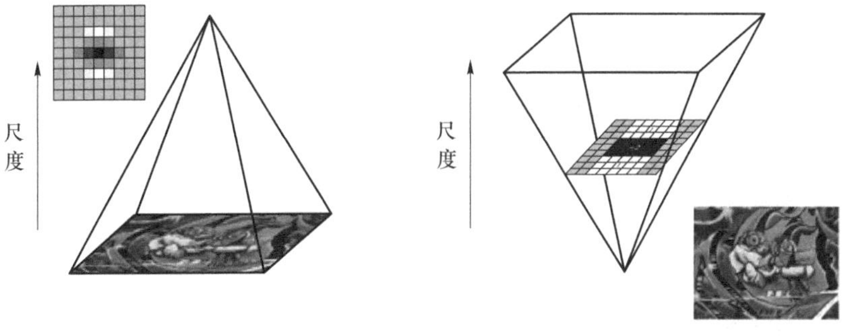

(a)　(b)

图 5-34　迭代缩小图像尺寸和以固定代价向上缩小滤波器尺寸

如图 5-34 所示,前文介绍的 9×9 滤波器的输出被认为是初始尺度层,我们将其尺度称为 $s=1.2$。考虑积分图像策略的离散性和滤波器的特定结构,算法使用尺寸逐渐变大的滤波器对图像进行滤波,得到后续尺度层。

SURF 特征点的定位过程与 SIFT 基本相同,即在三维尺度空间中 $3\times3\times3$ 的邻域内进行非极大值抑制。通俗来说,算法将经过 Hessian 矩阵处理后的像素点与其二维平面和尺度空间领域内的 26 个点进行对比,筛选出稳定的极值点作为特征点。

5.5.3 特征点的描述与匹配

描述子旨在描述特征点周围强度内容的分布,并同样使用积分图像的计算策略来提速,最终生成 64 维的特征向量。这既减少了计算和匹配特征所需的时间,同时也提高了算法的鲁棒性。

对特征点的描述和匹配分为 3 个步骤:

- 根据特征点周围的强度内容信息,计算出对应的小波响应,据此确定特征点的主方向;
- 构造与所选方向对齐的正方形区域,并据此提取 SURF 描述子;
- 将两张图像进行比较,匹配对应特征点。

本书首先介绍特征点方向的确定。为了保证图像的旋转不变性,算法需给特征点设定一个可重复的方向。算法关注以特征点为中心,半径为 $6s$ 的圆形区域,计算该区域在 x 和 y 方向的 Haar 小波响应,其中 s 为检测特征点时所位于的尺度,采样步长和小波大小同样与尺度相关,分别设置为 s 和 $4s$。

算法在计算出小波响应后,以特征点为中心,用高斯($\sigma=2s$)对这些响应进行加权。如图 5-35 所示,响应以空间中的点来表示,其横坐标为水平响应强度,纵坐标为垂直响应强度。算法将滑动窗口中所有水平和垂直响应相加,能够得到一个局部的方向矢量。滑动窗口遍历整个圆形区域,将所有窗口中最长矢量的方向定义为该特征点的方向。值得关注的是,选择何种大小的滑动窗口是一个需要慎重的问题。尺寸过大或过小都会导致特征点方向的估计错误。

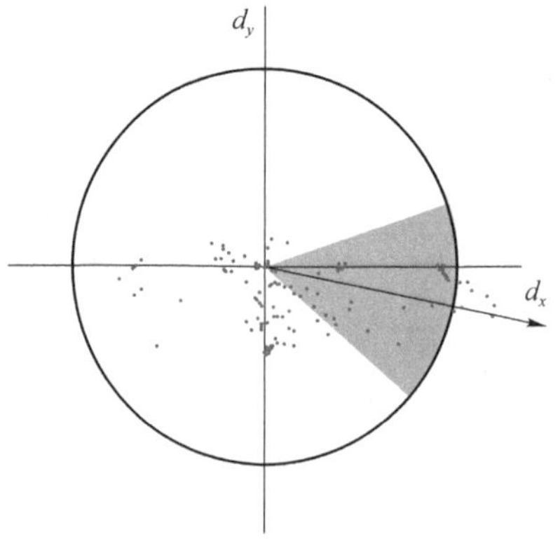

图 5-35 特征点方向的确定(灰色区域为大小为 $\pi/3$ 的滑动窗口,根据窗口内小波响应计算特征点的主方向)

接下来，将介绍特征点的描述子。在给定特征点方向后，算法构建一个以特征点为中心的方形区域，并将区域大小设置为 $20s$。图 5-36 展示了在实际场景中对方形区域的构建。

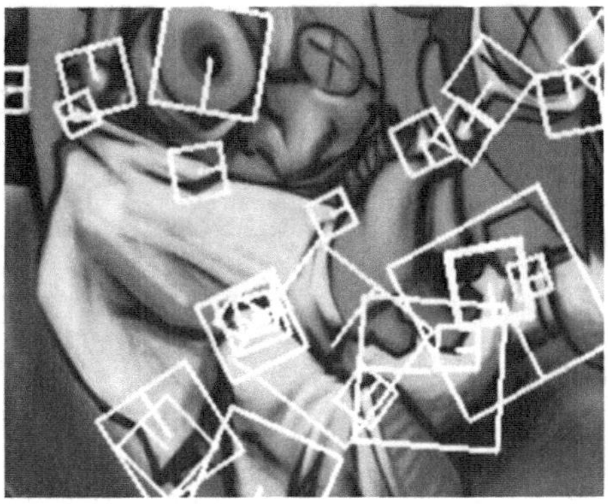

图 5-36 在实际场景中，根据特征点所构建的所有方形区域

如图 5-37 所示，为了保留必要的空间信息，每个方形区域都被平均规律地分割为 4×4 个子区域。对于每个子区域，算法以固定间隔选择出 5×5 个样本点，并在每个点上计算 Haar 小波响应。为了方便读者理解，将水平方向上的 Haar 小波响应表示为 d_x，称 d_y 为垂直方向上的 Haar 小波响应。为了增强算法在几何变形问题上的性能，以及缩小其定位误差，算法使用以特征点为中心的高斯($\sigma=3.3s$)事先对响应 d_x 和 d_y 进行加权。

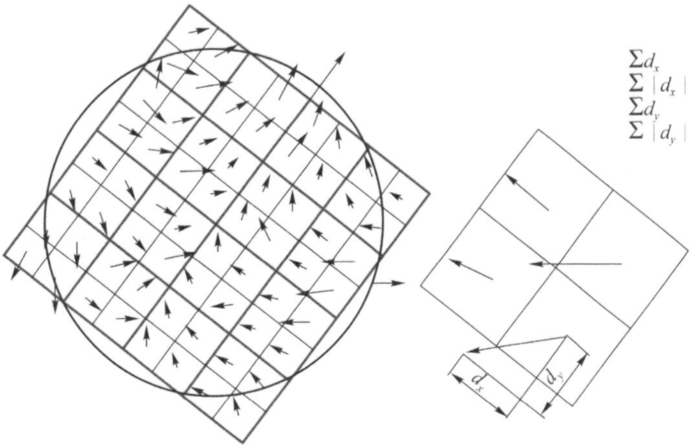

图 5-37 方形区域被平均地分割为 4×4 个子区域，在每个方格上计算对应的小波响应

随后，算法将每个子区域上的小波响应 d_x 和 d_y 相加，将其作为特征向量中的第一组元素。为了引入有关强度变化极性的信息，算法还关注了响应的绝对值之 $|d_x|$ 和 $|d_y|$。因此，每个子区域都存在一个四维描述子向量 $\boldsymbol{v}$，用于描述其基本强度结构 $\boldsymbol{v}=(\sum d_x, \sum d_y, \sum |d_x|, \sum |d_y|)$。连接所有子区域的向量，得到一个长度为 64 的描述子向量。

图 5-38 显示了 3 种截然不同的图像强度模式在子区域内的描述子属性。左图表示子区域为同质时的情况，此时所有属性数值都相对较低；在中间图像中，子区域在 x 方向存在规

律的变化，此时 $\sum |d_x|$ 的值很大，但其他值仍然很小。在右图中，强度沿 x 方向逐渐增加，$\sum |d_x|$ 和 $\sum d_x$ 的值都很大。

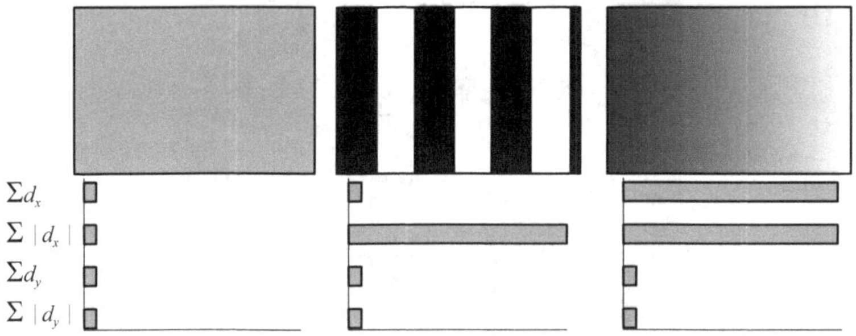

图 5-38　子区域的内容强度与描述子条目的对应关系

SURF 的概念在某种程度上与 SIFT 有相似之处，它们都关注梯度信息的空间分布。不过在实际应用中，SURF 的性能在各种情景下都显著领先于 SIFT。这要归功于 SURF 整合了子斑块中的梯度信息，而 SIFT 受单个梯度方向的影响很大。因此，SURF 对噪声不太敏感，也更为鲁棒，如图 5-39 所示。

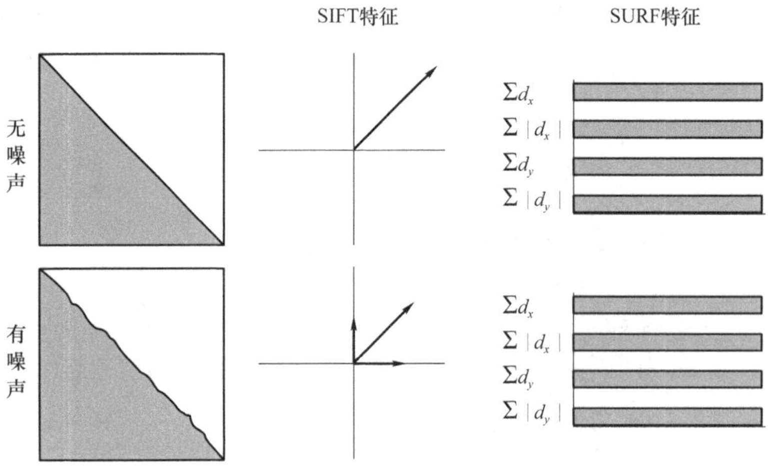

图 5-39　SURF 描述子较之 SIFT 描述子保持着更强的鲁棒性

与 SIFT 特征点匹配类似，SURF 也通过计算特征点之间描述子向量的欧氏距离来衡量匹配度，距离越小则代表匹配度越好。然而，SURF 还引入了 Hessian 矩阵迹来辅助匹配。若两特征点具有相同正负号的矩阵迹，意味着它们具有相同方向的对比度变化。反之，则说明两特征点具有相反方向的对比度变化，直接不予匹配。

5.6　ORB 特征

通过学习 SIFT 特征的提取，我们知道 SIFT 特征具有尺度不变、旋转不变和光变不敏感等优点，但是 SIFT 特征进行特征点检测时需要建立尺度空间，基于局部图像的梯度直方图来计算描述子，算法的计算和数据存储复杂度较高，不适用于处理实时性较强的图像。为了优化特征提取的运行速度，下面介绍 ORB 特征，ORB（Oriented FAST and Rotated BRIEF）是一种快速稳定的特征点检测和提取方法，ORB 的速度比 SIFT 快两个数量级。相较于 SIFT 和 SURF，ORB 在 CPU 下就可以获得实时性能，并具有尺度不变性和旋转不变性，而且提高了 BRIEF 描述子的抗噪能力。ORB 特征由关键点 Oriented FAST 和描述子 BRIEF（Binary Robust Independent Elementary Features）两部分组成。

因此，提取 ORB 特征分为两个步骤。

- FAST 角点提取：找出图像中的角点。FAST 角点本身不具有方向，由于特征点匹配需要，ORB 对 FAST 角点进行了改进，主要解决尺度不变性和旋转不变性问题，改进后的 FAST 被称为 Oriented FAST。
- BRIEF 描述子：对已检测到的特征点的周围图像区域进行描述。

5.6.1 Oriented FAST

FAST 角点的基本思想是，如果一个像素与它邻域的像素差别较大（过亮或过暗），那它更可能是角点。相比于其他角点检测算法，FAST 只需比较像素亮度的大小，十分快捷。它的检测流程如下。

FAST 角点检测

1. 在图像中选取像素 p，其像素值为I_p。
2. 确定一个阈值 T（比如 I_p 的 20%）。
3. 在以 p 为圆心、半径为 3 的圆上取 16 个像素点（如图 5-39 右图所示）。
4. 如果 16 个像素点中，连续有 N 个像素点的亮度大于 I_p+T 或小于 I_p-T，则认为像素点 p 是角点（N 通常取 12，得到 FAST-12 特征提取器，其他常用的 N 的取值有 9 和 11，得到的特征提取器分别被称为 FAST-9、FAST-11）；反之，则认为像素点 p 不是角点。
5. 循环以上 4 步，直至图像所有的像素遍历完毕。

在检测特征点时需要对图像中所有的像素点进行检测，然而，图像中的绝大多数点都不是特征点。此时，对每个像素点都进行上述的检测过程，显然会浪费许多时间，因此，FAST 采用了一种进行非特征点判别的方法。在图 5-40 中，对于每个点都检测第 1,5,9,13 号（即上、下、左、右）像素点，如果这 4 个像素点中至少有 3 个满足都比 I_p+T 大或者都比 I_p-T 小，则进一步对该点进行 16 个邻域像素点检测，否则，判定该点是非特征点。此外，原始的 FAST 可能检测出的角点彼此相邻，所以使用非极大值抑制算法（non-maximal suppression）去除一部分的相邻角点，在一定区域内仅保留响应最大的角点，避免角点集中的问题。

FAST 角点检测思想简单，运算量较小，适用于实时检测方面的应用。但是，它对于边缘点和噪声点的区分能力不强，且无法提供尺度和方向信息，即不具备尺度不变性和旋转不变性。针对尺度不变性，Oriented FAST 使用高斯金字塔来实现。高斯金字塔在下采样的基础上增加了高斯滤波，使得图像更加平滑。将图像金字塔每层的一张图像使用不同参数做高斯模糊，使得金字塔的每层含有多张高斯模糊图像，将金字塔每层多张图像合称为一组，金字塔每层只有一组图像，组数和金字塔层数相等，每组含有多张图像，使用下列公式计算：

$$n=\log_2\{\min(M,N)\}-t,\quad t\in[0,\log_2\{\min(M,N)\}] \tag{5-41}$$

其中，M,N 为原图像的大小，t 为金字塔塔顶图像的最小维度的对数值。

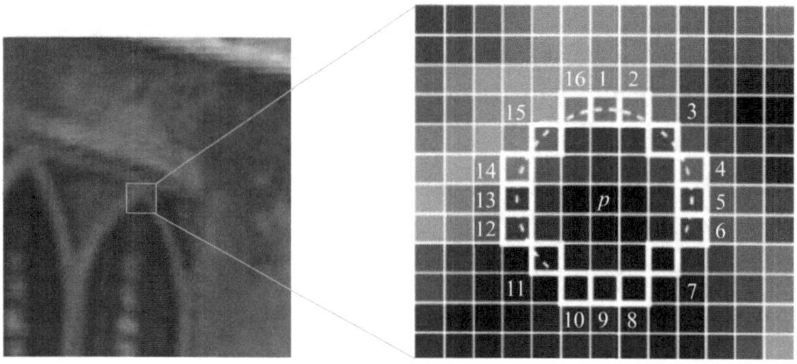

图 5-40　FAST 角点检测示意图

另外，在下采样时，高斯金字塔上一组图像的初始图像（底层图像）是由前一组图像的倒数第三张图像隔点采样得到的，其中下采样是将图像中所有偶数行和列去除。

针对旋转不变性，利用灰度质心法（intensity centroid）为检测到的特征点增加特征方向信息，解决了 FAST 算子不具有方向性的问题。质心是指以图像块灰度值作为权重的中心。其具体操作步骤如下。

灰度质心法

在一个小的图像块 B 中，定义图像块的矩为

$$m_{pq}=\sum_{x,y\in B}x^p y^q I(x,y),\quad p,q=\{0,1\} \tag{5-42}$$

通过矩可以找到图像块的质心：

$$C=\left(\frac{m_{10}}{m_{00}},\frac{m_{01}}{m_{00}}\right) \tag{5-43}$$

连接图像块的几何中心 O 和质心 C，得到一个方向向量 $\overrightarrow{OC}$，于是特征的方向可以定义为

$$\theta=\arctan\left(\frac{m_{01}}{m_{10}}\right) \tag{5-44}$$

通过上述方法，FAST 角点具备了尺度不变性和旋转不变性。利用图像金字塔实现尺度不变性，由于金字塔层数有限，因此只能在一定范围内保证尺度不变性。针对旋转不变性，利用灰度质心法计算出特征的方向，然后计算旋转后的 BRIEF 描述子。上述步骤提升了在不同图像之间表述的鲁棒性。

5.6.2　BRIEF 特征描述子

BRIEF 对已检测到的特征点进行描述，是一种二进制编码描述子。它摒弃了采用区域灰度直方图描述特征点的传统思路，采用二进制、位异或运算，加快了特征描述子建立的速度，同时也减少了特征匹配的时间。BRIEF 特征描述子的构建流程如下。

BRIEF 特征描述子

① 为减少噪声干扰，先对图像进行高斯滤波(方差为2，高斯窗口为9×9)。

② 以特征点为中心，取 $S\times S$ 的邻域窗口。在窗口内随机选取 N 对(两个)点，分别进行式(5-45)的二进制赋值计算，形成特征256位的二进制编码向量，即BRIEF特征描述子。

$$\tau(p;x,y):=\begin{cases}1, p(x)<p(y)\\0, p(x)\geqslant p(y)\end{cases}\tag{5-45}$$

式中，x，y 表示1对随机点，$p(x)$，$p(y)$ 分别表示它们的图像灰度值。

经过上述的计算过程，一张图中的每一个特征点都会得到一个 N 位的二进制编码向量，即BRIEF特征描述子。一般情况下，我们设置 $N=256$。基于 N 位的二进制编码向量，我们可以将BRIEF特征描述子表达成如下形式：

$$f_N(p):=\sum_{1\leqslant i\leqslant n}2^{i-1}\tau(p;x_i,y_i)\tag{5-46}$$

不同于SIFT与SURF特征利用欧氏距离来衡量特征间的匹配度，BRIEF采用汉明距离进行特征匹配。汉明距离常应用于数据传输差错控制编码中，度量两个(相同长度)字符串对应位置的不同字符的数量。汉明距离可以通过对两个字符串进行异或运算，统计结果为1的个数来获得。在BRIEF特征描述子匹配中，汉明距离大于128，通常认为不匹配。

5.6.3 ORB 特征

ORB是一种快速稳定的特征点检测和提取方法，ORB特征由关键点Oriented FAST和描述子BRIEF两部分组成。

首先，FAST特征点不具有尺度不变性，ORB通过构建高斯金字塔，在每一层金字塔图像上检测角点，来解决尺度不变性的问题。其次，ORB采用FAST算子检测特征点，对于旋转不变性，提出了利用灰度质心法进行解决的方法，为检测到的特征点增加了特征方向信息，构成了Oriented FAST，解决了FAST算子不具有方向性的缺陷。最后，ORB特征检测在FAST特征点检测的基础上增加了BRIEF特征描述算法，弥补了FAST只是一种特点检测算法，不涉及特征点描述的缺陷。

ORB特征检测具有尺度不变性和旋转不变性，对于噪声及其透视变换也具有不变性，并且其运行时间远远少于SIFT和SURF，可应用于实时性特征检测，良好的性能使得利用ORB进行特征描述的应用场景十分广泛。

习 题

1. 一个 2×2 的矩阵 $\boldsymbol{H}$，特征值为 μ_1 和 μ_2，证明以下结论：(a) $\mathrm{trace}(\boldsymbol{H})=\mu_1\mu_2$；(b) $\det(\boldsymbol{H})=\mu_1+\mu_2$。

2. 程序设计：实现一个Harris角点检测器，在实际图像上测试分析角点检测效果。

3. 对一张给定图像进行旋转、缩放和平移操作，生成一组图像。然后，利用习题2实现的Harris角点检测器在获得的图像上进行测试。根据测试结果，说明旋转、缩放和平移操作对 Harris 角点检测的影响。

4. 从各个角度和距离拍摄某个建筑物的一组照片，利用习题 3 的程序在第一张图像与其余各张图像之间进行角点匹配，并展示匹配效果。

5. 高斯函数的拉普拉斯算子看起来就像是两个不同尺度的高斯函数的差分。在两种不同尺度的情况下，比较这两个核函数，哪种情况能给出更好的近似效果？

6. 程序设计：实现一个 Harris-Laplace 检测器，并在一张给定图像上测试关键点检测效果。

7. 程序设计：实现一个 Harris-DoG 检测器，并在一张给定图像上测试关键点检测效果。

8. 程序设计：实现一个 SIFT 特征检测器，并在一张给定图像上测试关键点检测效果。

9. 对一张给定图像进行旋转、缩放和平移操作，生成一组图像。然后，利用习题 6、习题 7 和习题 8 的关键点检测器在获得的图像上进行测试。对这 3 种检测器，画出关键点检测可重复性与尺度的关系曲线，说明旋转、缩放和平移操作对关键点检测可重复性的影响。

第6章

双目立体视觉

在前面的章节中，我们讨论了摄像机几何、三角化与极几何，也介绍了图像的局部特征及其提取方法。从本章开始，我们将关注真实场景中的三维重建技术。我们首先来讨论双目立体视觉技术，它是移动机器人感知环境的一种有效途径，在机器人导航、制图、侦察和摄影测量等领域中应用广泛。

双目立体视觉系统与平行视图

6.1 基于平行视图的双目立体视觉

6.1.1 平行视图的基础矩阵与极几何

双目立体视觉系统通常采用两个平行放置的摄像机〔如图 6-1(a)所示〕来采集三维场景的图像，构建平行视图；然后，基于视差原理来计算三维场景的深度信息。人眼系统就是一种双目立体视觉系统。我们的大脑通过两只眼睛捕获周边环境的图像，然后，利用图像间的视差重建周边环境的三维结构。

平行视图系统是一种特殊的双目视觉系统，它的特点在于左、右两个视图的图像平面平行〔如图 6-1(b)所示〕，且两个摄像机光心的连线(基线)平行于图像平面。同时，左、右两个视图的极点均位于无穷远处，所有的极线均与图像坐标系的横轴平行。接下来，本小节将会具体分析这些特殊性质对于三维重建任务的帮助，以此为基础阐述双目立体视觉技术的基本思想。

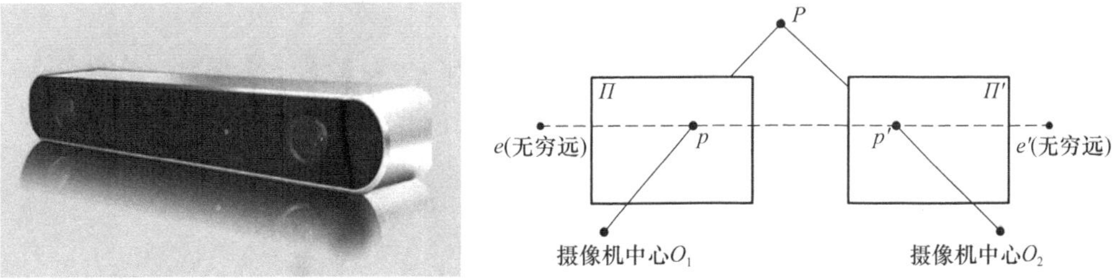

(a) (b)

图 6-1 双目摄像机与平行视图极几何关系

1. 平行视图的基础矩阵

在 4.2.2 节中，我们推导了基础矩阵的表达形式 $\boldsymbol{F}=\boldsymbol{K}'^{-\mathrm{T}}[\boldsymbol{t}_{\times}]\boldsymbol{R}\boldsymbol{K}^{-1}$。为了给出平行视图系统的基础矩阵，我们需要推导一种新的基础矩阵表达形式。

首先，我们介绍一个关于叉乘的性质。对于任何向量 $\boldsymbol{a}$，如果矩阵 $\boldsymbol{B}$ 可逆，则在相差一个尺度的情况下有如下等式：

$$[\boldsymbol{a}_{\times}]\boldsymbol{B}=\boldsymbol{B}^{-\mathrm{T}}[(\boldsymbol{B}^{-1}\boldsymbol{a})_{\times}] \tag{6-1}$$

接下来，令 $\boldsymbol{a}=\boldsymbol{t}$，$\boldsymbol{B}=\boldsymbol{K}'^{-1}$，上式可写为

$$[\boldsymbol{t}_{\times}]\boldsymbol{K}'^{-1}=\boldsymbol{K}'^{\mathrm{T}}[(\boldsymbol{K}'\boldsymbol{t})_{\times}] \tag{6-2}$$

然后，等式两边同时乘以 $\boldsymbol{K}'$ 可得

$$[\boldsymbol{t}_{\times}]=\boldsymbol{K}'^{\mathrm{T}}[(\boldsymbol{K}'\boldsymbol{t})_{\times}]\boldsymbol{K}' \tag{6-3}$$

更进一步，将式(6-3)代入基础矩阵 $\boldsymbol{F}$ 的表达式并进行化简：

$$\boldsymbol{F}=\boldsymbol{K}'^{-\mathrm{T}}[\boldsymbol{t}_{\times}]\boldsymbol{R}\boldsymbol{K}^{-1}=\boldsymbol{K}'^{-\mathrm{T}}\boldsymbol{K}'^{\mathrm{T}}[(\boldsymbol{K}'\boldsymbol{t})_{\times}]\boldsymbol{K}'\boldsymbol{R}\boldsymbol{K}^{-1}=[(\boldsymbol{K}'\boldsymbol{t})_{\times}]\boldsymbol{K}'\boldsymbol{R}\boldsymbol{K}^{-1} \tag{6-4}$$

仍然以 (O_1) 坐标系为世界坐标系，极点 e' 可以看成三维空间中的点 O_1 在 O_2 摄像机平面上的投影，显然 O_1 的齐次坐标为 $(0\ 0\ 0\ 1)^{\mathrm{T}}$，所以极点 e' 的计算公式为

$$\boldsymbol{e}'=\boldsymbol{K}'(\boldsymbol{R}\quad \boldsymbol{t})\begin{pmatrix}0\\0\\0\\1\end{pmatrix}=\boldsymbol{K}'\boldsymbol{t} \tag{6-5}$$

用 $\boldsymbol{e}'$ 替换上面基础矩阵表达式中的 $\boldsymbol{K}'\boldsymbol{t}$ 可得到

$$\boldsymbol{F}=[\boldsymbol{e}'_{\times}]\boldsymbol{K}'\boldsymbol{R}\boldsymbol{K}^{-1} \tag{6-6}$$

于是，我们便得到了基础矩阵 $\boldsymbol{F}$ 的另一种表达形式。它反映了摄像机的内参数矩阵、两摄像机间的旋转以及极点的坐标与基础矩阵之间的关系。

在平行视图的情况下两摄像机之间不存在旋转关系，只有图像坐标系横轴方向上的平移，所以旋转矩阵 $\boldsymbol{R}$ 和平移向量 $\boldsymbol{t}$ 可以写成下面的形式：

$$\boldsymbol{R}=\boldsymbol{I},\quad \boldsymbol{t}=\begin{pmatrix}t_x\\0\\0\end{pmatrix} \tag{6-7}$$

在平行视图系统中一般都会选择两个一样的摄像机，所以可以认为两摄像机的内参数相同，即 $\boldsymbol{K}=\boldsymbol{K}'$。

极点位于无穷远点，$\boldsymbol{e}'$ 可以写成

$$\boldsymbol{e}'=\begin{pmatrix}1\\0\\0\end{pmatrix} \tag{6-8}$$

将式(6-7)和式(6-8)代入基础矩阵新的表达式(6-6)中，可以得到平行视图的基础矩阵：

$$\boldsymbol{F}=[\boldsymbol{e}'_{\times}]\boldsymbol{K}'\boldsymbol{R}\boldsymbol{K}^{-1}=[\boldsymbol{e}'_{\times}]=\begin{pmatrix}0&0&0\\0&0&-1\\0&1&0\end{pmatrix} \tag{6-9}$$

2. 平行视图的极几何性质

由基础矩阵的性质可知，当已知 p' 坐标和基础矩阵 $\boldsymbol{F}$ 时，我们便能求出对应点 p 所在的极线，计算公式为 $\boldsymbol{l}=\boldsymbol{F}^{\mathrm{T}}\boldsymbol{p}'$。假设 p' 点的齐次坐标为 $(p'_u,p'_v,1)^{\mathrm{T}}$，在平行视图的情况下，

p'的极线 l 为

$$\boldsymbol{l}=\boldsymbol{F}^{\mathrm{T}}\boldsymbol{p}'=\begin{pmatrix}0 & 0 & 0\\0 & 0 & 1\\0 & -1 & 0\end{pmatrix}\begin{pmatrix}p'_u\\p'_v\\1\end{pmatrix}=\begin{pmatrix}0\\1\\-p'_v\end{pmatrix}\tag{6-10}$$

可以得到结论:极线是水平的,平行于图像坐标系的 u 轴。两对应点 p 和 p'坐标间存在对极约束 $\boldsymbol{p}'^{\mathrm{T}}\boldsymbol{F}\boldsymbol{p}=0$,将平行视图的基础矩阵代入可得

$$\boldsymbol{p}'^{\mathrm{T}}\boldsymbol{F}\boldsymbol{p}=0\Rightarrow(p_u\quad p_v\quad 1)\begin{pmatrix}0 & 0 & 0\\0 & 0 & -1\\0 & 1 & 0\end{pmatrix}\begin{pmatrix}p'_u\\p'_v\\1\end{pmatrix}=0\Rightarrow p_v=p'_v\tag{6-11}$$

式(6-11)表明,视图间的对应点 p 和 p'具有相同的 v 坐标。换句话说,在平行视图系统中,对应点 p 和 p'在同一条直线上,这条直线也被称为扫描线。这意味着,如果我们已知 p 点坐标,只需沿着 p 点所在的扫描线寻找其对应点 p'即可,而无须计算极线。这极大地简化了对应点的搜索过程,同时,也提升了整个场景的三角化效率。

6.1.2 平行视图的三角测量与视差

视差是指在两个不同位置观察同一个物体时,该物体在不同视野中的位置变化与差异。在平行视图系统中,同一个三维点在左、右视图的投影点的纵坐标是相同的,差异仅体现在横坐标上。而投影点的横坐标之间的差异就称为视差。接下来,我们分析视差与场景深度之间的关系。

由于平行视图中对应点的纵坐标相同,所以,这里直接采用俯视图进行分析。在俯视的情况下,每个摄像机的成像平面均变成了一条线段,如图 6-2 所示。

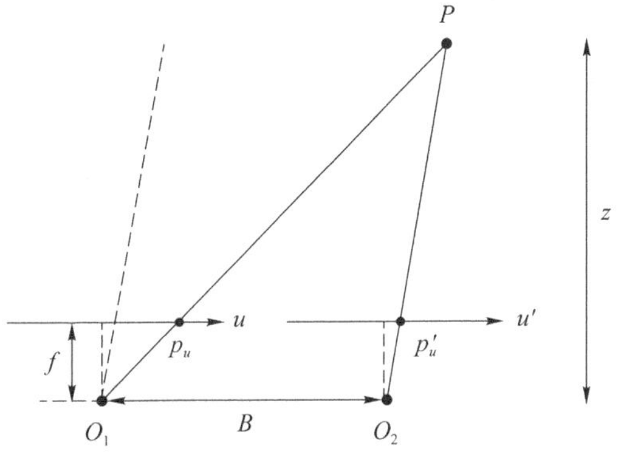

图 6-2 平行视图系统俯视示意图

令 p_u,p'_u 分别表示三维点 P 在两视图上的投影点的横坐标,O_1,O_2 分别是两摄像机的中心,它们之间的距离为 B,f 为摄像机的焦距。假设物体的深度为 z,根据相似三角形定理可得,两投影点的横坐标之差与摄像机焦距的比值等于两摄像机中心距离与物体深度的比值,即

$$\frac{p_u-p'_u}{f}=\frac{B}{z}\tag{6-12}$$

于是得到物体深度的计算公式:

$$z=\frac{B\cdot f}{p_u-p'_u}\tag{6-13}$$

从式(6-13)可以看出,只要知道摄像机的焦距、基线长度和对应点横坐标的像素差(视差),便能求出对应三维点的深度。还可以看出,在给定 B 和 f 的情况下,视差 $p_u - p'_u$ 与深度 z 成反比。

其实,视差与场景深度的这一关系在很多应用场合都有使用。例如,天文学家根据视差测量天体与地球的距离,包括月球、太阳和在太阳系之外的恒星。3D 电影也利用了视差与深度的这一关系。3D 电影放映时,同一时刻屏幕上会叠加显示左、右两张图像。如果我们裸眼看屏幕,则会看到有重影的图像,如图 6-3(a)所示。此时,如果带上 3D 偏光眼镜,如图 6-3(b)所示,它能够分离混叠在一起的左、右视图,让我们的左、右眼分别看到不同的图像。然后,大脑就能基于两张图像之间的视差自动脑补出场景的深度信息,进而产生 3D 的感觉,如图 6-3(c)所示。屏幕上,视差越大的物体,我们的感受是离我们越近;反之,则越远。所以,利用视差原理及 3D 偏光眼镜,我们可以从平面图像中感受到场景的深度信息。

(a)

(b)

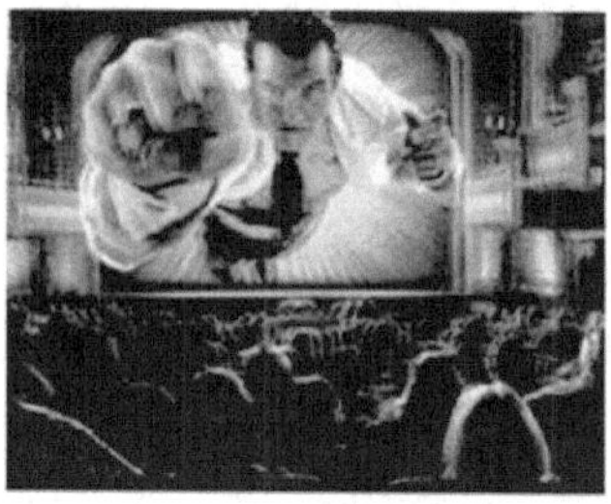
(c)

图 6-3 视差应用场景:3D 电影

6.2 图像校正

平行视图校正

平行视图的极几何性质让对应点搜索和三角化都变得简单。但是,在现实中构建的双目系统很难真正地得到理想的平行视图。所以,我们需要对双目系统捕获的两张图像进行校正,将它们分别进行矩阵变换重新投影到同一个平面,并保证光轴互相平行,进而得到等价的平行视图,如图 6-4 所示。

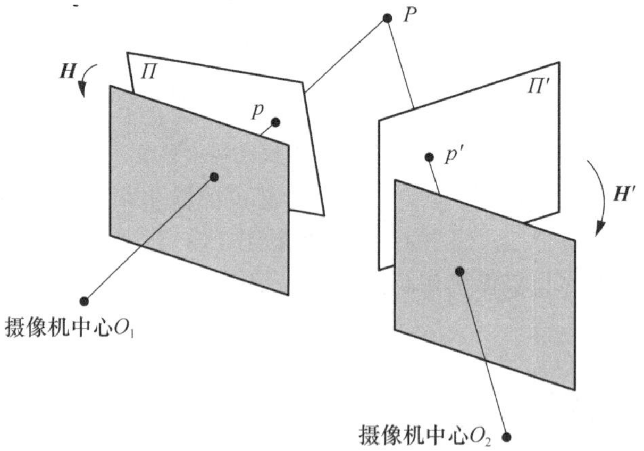

图 6-4 平行视图校正

一般情况下，我们并不知道两张图像对应的摄像机内参数以及它们之间的变换矩阵。为此，我们需要先估计基础矩阵。假设在两张图像中找到了足够多的匹配点 $p_i, p_i'(i \geqslant 8)$。此时，通过归一化八点法可以估计基础矩阵 $\boldsymbol{F}$。然后，根据基础矩阵的性质计算出每组匹配点 p_i, p_i' 对应的极线 l_i, l_i'：

$$\begin{cases} \boldsymbol{l}_i = \boldsymbol{F}^{\mathrm{T}} \boldsymbol{p}_i' \\ \boldsymbol{l}_i' = \boldsymbol{F} \boldsymbol{p}_i \end{cases} \tag{6-14}$$

同一视图中所有极线都会经过该视图中的极点，所以，根据极线的交点就可以计算出极点 e, e'。在实际情况中由于测量噪声的存在，算出的极线可能不会相交在同一个点上，因此，采用最小化极点与极线之间的最小二乘误差来拟合出极点。因极点在极线上，可以得到下面两式：

$$\begin{pmatrix} \boldsymbol{l}_1^{\mathrm{T}} \\ \vdots \\ \boldsymbol{l}_n^{\mathrm{T}} \end{pmatrix} \boldsymbol{e} = 0, \quad \begin{pmatrix} \boldsymbol{l}_1'^{\mathrm{T}} \\ \vdots \\ \boldsymbol{l}_n'^{\mathrm{T}} \end{pmatrix} \boldsymbol{e}' = 0 \tag{6-15}$$

对于这两个超定的齐次线性方程组，采用奇异值分解的方法得到其最小二乘解，从而估计出极点 e 和 e'。

由平行视图的性质可知，当两张图像为平行视图时，两个极点在水平方向上是无穷远点，反之同样成立。因此，可以通过寻找一组单应性矩阵 $\boldsymbol{H}, \boldsymbol{H}'$ 来将极点 e, e' 分别映射到无穷远处，实现平行视图的校正。

我们先对极点 e' 进行处理，即寻找 $\boldsymbol{H}'$ 将 e' 映射到无穷远点 $(f,0,0)$。首先，将第二张图像的中心移动到 $(0,0,1)$，即以图像中心作为图像坐标系的原点，该变换可以通过乘以一个平移矩阵 $\boldsymbol{T}$ 来实现：

$$\boldsymbol{T} = \begin{pmatrix} 1 & 0 & -\dfrac{\text{width}}{2} \\ 0 & 1 & -\dfrac{\text{height}}{2} \\ 0 & 0 & 1 \end{pmatrix} \tag{6-16}$$

通过平移，可以得到新 e' 的齐次坐标，记为 $(e_1', e_2', 1)$。然后，再应用旋转操作将极点变换到水平轴上的某个点 $(f,0,1)$，这里旋转矩阵 $\boldsymbol{R}$ 设置为

$$\boldsymbol{R} = \begin{pmatrix} \alpha \dfrac{e_1'}{\sqrt{e_1'^2 + e_2'^2}} & \alpha \dfrac{e_2'}{\sqrt{e_1'^2 + e_2'^2}} & 0 \\ -\alpha \dfrac{e_2'}{\sqrt{e_1'^2 + e_2'^2}} & \alpha \dfrac{e_1'}{\sqrt{e_1'^2 + e_2'^2}} & 0 \\ 0 & 0 & 1 \end{pmatrix} \tag{6-17}$$

其中，当 $e_1' > 0$ 时 $\alpha = 1$；反之 $\alpha = -1$。

最后，我们构建一个矩阵 $\boldsymbol{G}$ 将 $(f,0,1)$ 映射到无穷远点 $(f,0,0)$：

$$\boldsymbol{G} = \begin{pmatrix} 1 & 0 & 0 \\ 0 & 1 & 0 \\ -\dfrac{1}{f} & 0 & 1 \end{pmatrix} \tag{6-18}$$

由于在变换过程中，我们进行了图像平移的操作，所以，最后需要将坐标系转化为原来的图像坐标系，即再经过一个 $\boldsymbol{T}^{-1}$ 的变换。因此，综合整个映射操作，单应性矩阵 $\boldsymbol{H}'$ 可定义为

$$\boldsymbol{H}'=\boldsymbol{T}^{-1}\boldsymbol{GRT} \tag{6-19}$$

最终，通过矩阵 $\boldsymbol{H}'$ 就可以直接将极点 e' 映射到无穷远点。将 $\boldsymbol{H}'$ 作用于第二张图像，我们就完成了该图像的校正。

接下来，我们继续为第一张图像寻找其对应的单应性矩阵 $\boldsymbol{H}$。一旦求出了 $\boldsymbol{H}'$，我们可以直接通过最小化校正后的图像匹配点之间的距离来估计出矩阵 $\boldsymbol{H}$：

$$\boldsymbol{H}=\arg\min_{\boldsymbol{H}}\sum_i d(\boldsymbol{H}\boldsymbol{p}_i,\boldsymbol{H}'\boldsymbol{p}'_i) \tag{6-20}$$

其中距离定义为

$$d(\boldsymbol{H}\boldsymbol{p}_i,\boldsymbol{H}'\boldsymbol{p}'_i)=\|\boldsymbol{H}\boldsymbol{p}_i-\boldsymbol{H}'\boldsymbol{p}'_i\|^2 \tag{6-21}$$

这里我们省略了 $\boldsymbol{H}$ 的推导过程，只给出了一些结论性的结果。可以证明 $\boldsymbol{H}$ 矩阵具有如下形式：

$$\boldsymbol{H}=\boldsymbol{H}_A\boldsymbol{H}'\boldsymbol{M} \tag{6-22}$$

其中

$$\boldsymbol{F}=[\boldsymbol{e}]_\times\boldsymbol{M},\quad \boldsymbol{H}_A=\begin{pmatrix}a_1 & a_2 & a_3\\ 0 & 1 & 0\\ 0 & 0 & 1\end{pmatrix}$$

元素 a_1,a_2,a_3 组成某个向量 $\boldsymbol{a}$，后面将对该向量进行计算。

首先，我们需要求出 $\boldsymbol{M}$，对于任意的 3×3 反对称矩阵 $\mathbf{A}$，在不考虑尺度的情况下有 $\mathbf{A}=\mathbf{A}^3$ 成立。因为矩阵 $[\boldsymbol{e}]_\times$ 是反对称的并且基础矩阵 $\boldsymbol{F}$ 的尺度是未知的，所以有

$$\boldsymbol{F}=[\boldsymbol{e}]_\times\boldsymbol{M}=[\boldsymbol{e}]_\times[\boldsymbol{e}]_\times[\boldsymbol{e}]_\times\boldsymbol{M}=[\boldsymbol{e}]_\times[\boldsymbol{e}]_\times\boldsymbol{F} \tag{6-23}$$

我们可以发现 $\boldsymbol{M}=[\boldsymbol{e}]_\times\boldsymbol{F}$，注意如果 $\boldsymbol{M}$ 的列由 $\boldsymbol{e}$ 的任意倍数得到，那么，在不考虑尺度的情况下 $\boldsymbol{F}=[\boldsymbol{e}]_\times\boldsymbol{M}$ 仍然成立，因此矩阵 $\boldsymbol{M}$ 一般定义为

$$\boldsymbol{M}=[\boldsymbol{e}]_\times\boldsymbol{F}+\boldsymbol{e}\boldsymbol{v}^{\mathrm{T}} \tag{6-24}$$

其中，向量 $\boldsymbol{v}$ 一般设置为 $\boldsymbol{v}^{\mathrm{T}}=[1\quad 1\quad 1]$。

为了求解矩阵 $\boldsymbol{H}$，我们需要计算向量 $\boldsymbol{a}$。因为已经知道了 $\boldsymbol{H}'$ 和 $\boldsymbol{M}$ 的值，将它们代入上面需要最小化的公式，可得到

$$\arg\min_{\boldsymbol{H}_A}\sum_i \|\boldsymbol{H}_A\boldsymbol{H}'\boldsymbol{M}\boldsymbol{p}_i-\boldsymbol{H}'\boldsymbol{p}'_i\|^2 \tag{6-25}$$

令 $\hat{\boldsymbol{p}}_i=\boldsymbol{H}'\boldsymbol{M}\boldsymbol{p}_i$，$\hat{\boldsymbol{p}}'_i=\boldsymbol{H}'\boldsymbol{p}'_i$，假设 $\hat{\boldsymbol{p}}_i$ 的齐次坐标为 $(\hat{x}_i,\hat{y}_i,1)$，$\hat{\boldsymbol{p}}'_i$ 的齐次坐标为 $(\hat{x}'_i,\hat{y}'_i,1)$，上述最小化问题可以写为

$$\arg\min_{\boldsymbol{a}}\sum_i (a_1\hat{x}_i+a_2\hat{y}_i+a_3-\hat{x}'_i)^2+(\hat{y}_i-\hat{y}'_i)^2 \tag{6-26}$$

由于 $\hat{y}_i-\hat{y}'_i$ 是一个与上式最小化无关的常数值，所以最小化问题可以进一步简化为

$$\arg\min_{\boldsymbol{a}}\sum_i (a_1\hat{x}_i+a_2\hat{y}_i+a_3-\hat{x}'_i)^2 \tag{6-27}$$

最终，这个问题便转化成了一个线性最小二乘问题 $\boldsymbol{W}\boldsymbol{a}=\boldsymbol{b}$，其中：

$$W=\begin{pmatrix}\hat{x}_1 & \hat{y}_1 & 1\\ \vdots & \vdots & \vdots\\ \hat{x}_n & \hat{y}_n & 1\end{pmatrix},\quad b=\begin{pmatrix}\hat{x}'_1\\ \vdots\\ \hat{x}'_n\end{pmatrix}$$

计算出 $\boldsymbol{a}$ 之后，可以计算出 $\boldsymbol{H}_A$，最后得到 $\boldsymbol{H}$。分别用矩阵 $\boldsymbol{H}$ 和 $\boldsymbol{H}'$ 对左、右两张图像进行重采样，即可将原视图转化为平行视图。

6.3 对应点搜索

平行视图的对应点搜索

6.3.1 相关匹配算法

由 6.1.2 节可知如果要计算深度，就需要知道视差、基线长度和焦距。基线长度和焦距由摄像机本身决定，这两个参数往往是已知的，难点在于视差的计算。在实际应用中，我们并不知道左右视图中哪两个点是对应点，所以需要解决对应点匹配的问题（也称为双目融合问题），即给定 3D 点，在左右图像中找到相应观测值。

正如我们之前所讨论的，对于倾斜的图像平面，利用极几何的约束关系可以将搜索范围限制在对应的极线上。当我们进行图像校正后，可得到两平行视图。此时，极线是水平的，所以，沿着水平的扫描线寻找对应点即可，这大大地降低了搜索的难度。于是，对应点搜索问题就变成了在同一纵坐标下寻找匹配点的问题。这里介绍一种相关匹配算法，其通过比较像素点的灰度分布来寻找最佳匹配点，该方法是解决双目融合问题最为有效的方法之一。

如图 6-5 所示，已知一组双目平行视图，对于左图中的一点 p，其坐标为 (p_u, p_v)，我们的目标是寻找其在右图中的对应点 p'。根据平行视图的极几何性质，我们无须对右图所有像素进行搜索，而只需在右图纵坐标为 p_v 的一条水平线上查找即可。首先，以 p 点为中心选择一个 3×3 大小的窗口，提取窗口中的像素值组成一个 3×3 大小的矩阵 $\boldsymbol{W}$，将矩阵 $\boldsymbol{W}$ 重新排列得到一个表示 p 点特征的列向量 $\boldsymbol{w}$：

$$\boldsymbol{W}=\begin{pmatrix}w_{11} & w_{12} & w_{13}\\ w_{21} & w_{22} & w_{23}\\ w_{31} & w_{32} & w_{33}\end{pmatrix}\Rightarrow \boldsymbol{w}=(w_{11}\quad w_{12}\quad w_{13}\quad w_{21}\quad w_{22}\quad w_{23}\quad w_{31}\quad w_{32}\quad w_{33})^{\mathrm{T}}$$

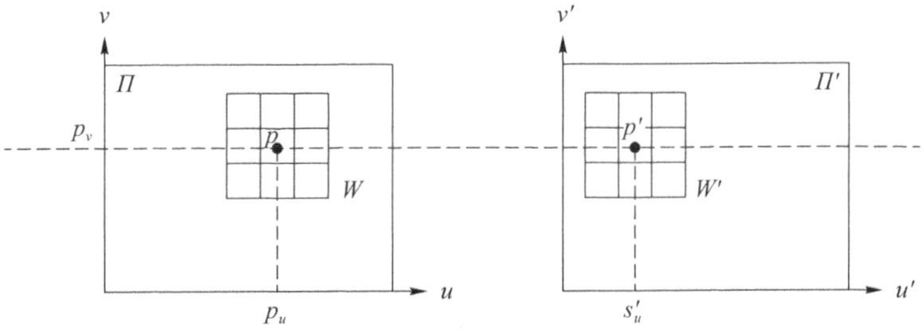

图 6-5 相关匹配示意图

在右图中，对于纵坐标为 p_v 的所有点同样进行上面的操作。假设其中一点为 (s'_u, p_v)，以它为中心提取 3×3 窗口中的像素值构建矩阵，然后对矩阵中的元素重新进行排列得到其对应的列向量 $\boldsymbol{w}'$，我们只需比较列向量 $\boldsymbol{w}$ 与 $\boldsymbol{w}'$ 之间的相似程度，从而在右图中找到 p 点的最佳匹配点。这里我们将相关匹配度定义为

$$C = \boldsymbol{w}^{\mathrm{T}} \boldsymbol{w}' \tag{6-28}$$

计算所有 (s'_u, p_v) 处点对应的 $\boldsymbol{w}'$，找出使匹配度 C 最大的列向量 $\boldsymbol{w}'$，其所在位置的点即我们所要寻找的匹配点。这一过程写成数学表达式如下：

$$p'_u = \arg\max_{s'_u} \boldsymbol{w}^{\mathrm{T}} \boldsymbol{w}' \tag{6-29}$$

简单来说，相关匹配算法有如下 4 个步骤。

- 在 $\boldsymbol{p} = (p_u, p_v)$ 处选择一个 3×3 大小的窗口 W，将其展开成 9×1 的向量 $\boldsymbol{w}$。
- 在右图中沿扫描线在每个位置 s'_u 处建立 3×3 窗口 W'，展开成 9×1 的向量 $\boldsymbol{w}'$。
- 计算每个 s'_u 位置处 $\boldsymbol{w}^{\mathrm{T}} \boldsymbol{w}'$ 的值。
- 确定对应点的位置 $p'_u = \arg\max_{s'_u} \boldsymbol{w}^{\mathrm{T}} \boldsymbol{w}'$。

然而，在实际应用中，光照的影响(如图 6-6 所示)可能会导致对应点匹配失败。这通常是由两张图像对应的摄像机曝光条件不同造成的。两张图像的亮度差异越大，相关匹配度就会越低。所以，为了消除光照的影响，我们需要对基础的相关匹配算法进行改进。一种简单而高效的做法是在计算相关性之前对图像窗口内的灰度值进行归一化操作，以抑制光照变化带来的影响，这就是归一化相关匹配算法。

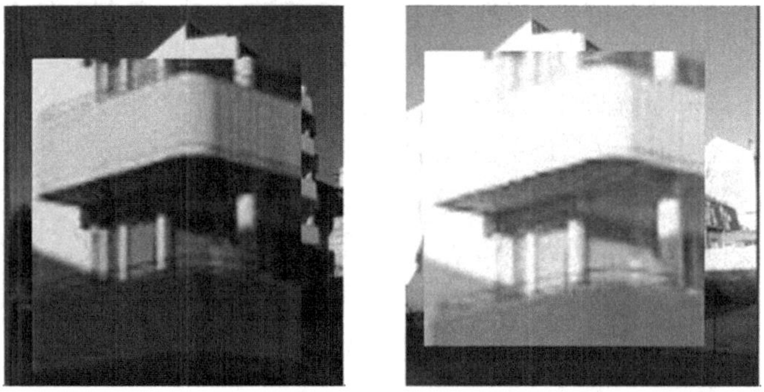

(a) (b)

图 6-6 不同曝光条件示意图

在归一化相关匹配算法的过程中对应点的匹配度计算采用如下公式：

$$C = \frac{(\boldsymbol{w} - \bar{\boldsymbol{w}})^{\mathrm{T}} (\boldsymbol{w}' - \bar{\boldsymbol{w}}')}{\|\boldsymbol{w} - \bar{\boldsymbol{w}}\| \|\boldsymbol{w}' - \bar{\boldsymbol{w}}'\|} \tag{6-30}$$

其中，$\bar{\boldsymbol{w}}$ 为 W 内的像素均值，$\bar{\boldsymbol{w}}'$ 为 W' 内的像素均值。可以证明最大化匹配度等同于最小化向量 $\frac{\boldsymbol{w} - \bar{\boldsymbol{w}}}{\|\boldsymbol{w} - \bar{\boldsymbol{w}}\|}$ 和向量 $\frac{\boldsymbol{w}' - \bar{\boldsymbol{w}}'}{\|\boldsymbol{w}' - \bar{\boldsymbol{w}}'\|}$ 之差的模值，也等效于最小化归一化后窗口对应像素值之间的均方误差。

归一化相关匹配算法可以在一定程度上减小不同曝光条件对匹配结果的影响。通常我们认为曝光强度的变换会让图像的灰度值整体按照某个幅度变大或减小。所以，归一化相关匹配算法中的去均值操作，可以将曝光强度变化引起的像素值整体性波动滤除，而仅保留

物体自身的结构信息，因此，有助于提升匹配的准确性。

在前面的例子中，我们的窗口尺寸设定为 3×3。在实际应用中，可以根据实际情况设置不同的窗口大小。需要注意的是，窗口的尺寸对于最终的结果是有直接影响的，如图 6-7 所示。

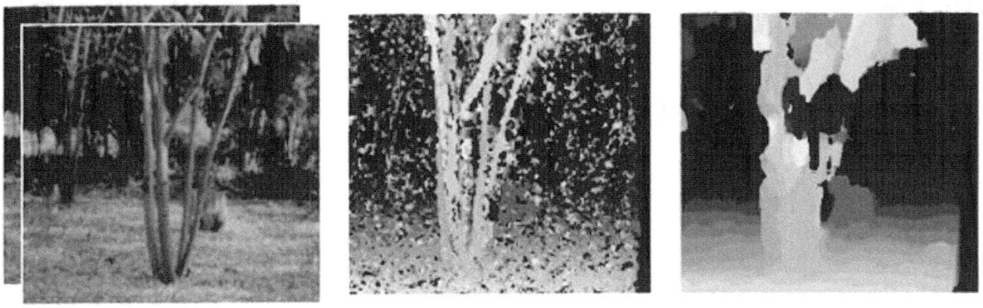

(a) 原图　　(b) 窗口大小=3　　(c) 窗口大小=20

图 6-7　不同窗口大小的影响结果

当窗口较小时，容易产生误匹配，视差图结果细节丰富但含有较多噪声。当窗口较大时，视差图结果更平滑，噪声更少，但只有物体大致轮廓信息被保留，物体的一些细节信息丢失。

6.3.2　相关匹配算法存在的问题

相关匹配算法简单有效，但在很多情况下会匹配失败，比如透视缩短和遮挡的情况。透视缩短是指当我们从侧面拍摄物体时，相比于从正面拍摄，图像中物体的成像比例被压缩，会产生较大的信息损失。遮挡在实际应用中也会经常遇到，此时，只能在特定角度才能观察到物体。在这两种情况下，左、右视图对应点的邻域信息差异显著，很容易引起匹配失败，如图 6-8 所示。

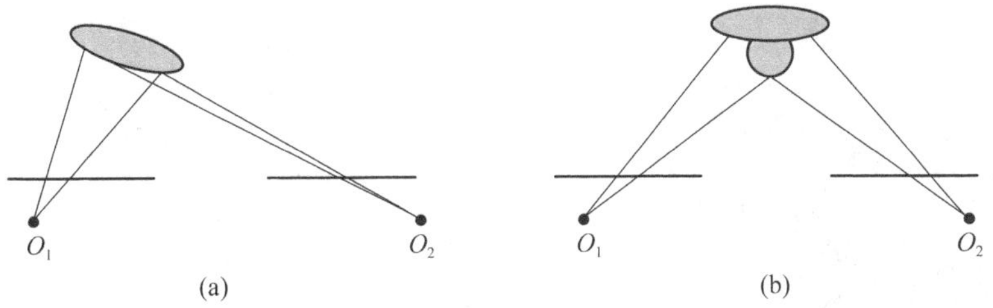

图 6-8　透视缩短与遮挡示意图

为了减少透视缩短和遮挡的影响，我们希望有更小的$\frac{B}{z}$（基线深度比值）。但是，当 $\frac{B}{z}$ 过小时，测量值的小误差会导致深度估算的大误差。

在基线窄、深度大的情况下，相关匹配过程会更少地受到透视缩短或者遮挡问题的影响。因此，我们设计系统时可以尽量选择小的基线深度比值。但过小的基线深度比值会让重建算法过于依赖对应点的精度。这是因为深度估计是通过 p 和 p' 点三角化来获得的。

显然，当基线过窄时，两条直线接近平行，此时，较小的视差计算错误会导致较大的深度估计错误。如图 6-9(a)所示，双目立体视觉系统基线较宽，所以，即使存在较小的视差计算错误（比如用 u'_e 代替 u'），对深度的影响也不大，即估计深度与真实深度差别不大。但对于基线过窄的系统，如图 6-9(b)所示，较小的视差计算错误（比如用 u'_e 代替 u'），就会带来较大的深度估计误差。

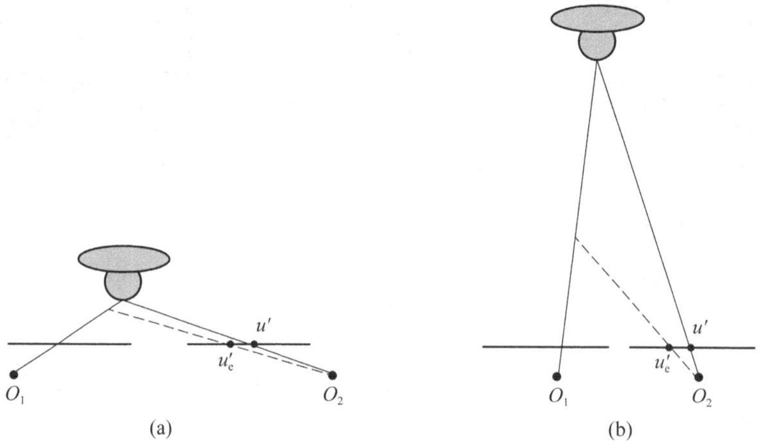

图 6-9 不同基线深度比示意图（实线交汇处为真实值，虚线与实线交汇处为估计值）

除了上述问题，同质区域也会给匹配带来困难。因为同质区域的灰度值分布均匀，区域之间相似度极高，导致在相关匹配过程中可得到一个较为平坦的匹配响应值。在这种情况中响应的最大值本质上是随机的，因此，很难找到正确的对应点，如图 6-10 所示。碗的特征和背景桌面的特征非常相似，灰度值分布均匀且包含较少的纹理，很难在碗上寻找出正确的匹配点。

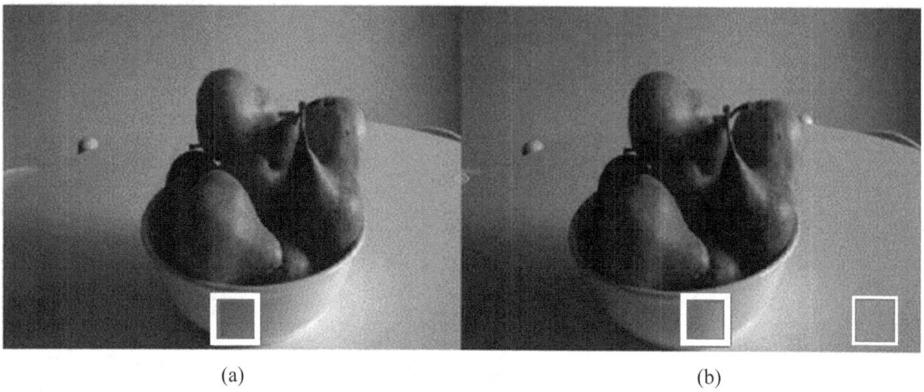

图 6-10 同质区域示例图

重复模式也是影响图像匹配精度的重要因素。此时，图像中有太多对应区块和目标区块相似，得到的匹配响应结果有多个峰值，难以确定最佳的匹配点。如图 6-11 所示，图中网格特征有较多重复，对于栏杆交叉点处的图像块，在其同一水平线上有多个与之几乎相同的图像块，很难准确分辨，容易出现误匹配。

图 6-11 重复模式示例图

对于这些对应点的匹配问题，我们可以引入更多的约束来解决。比如：唯一性约束，一张图像中的任何点，在另一张图像中最多只有一个匹配点；顺序约束/单调性约束，左、右视图中的对应点次序一致，这对于重复模式的情况很有帮助；平滑性约束，视差函数通常是平滑的（除了遮挡边界），有助于提高系统的鲁棒性。

习 题

1. 在平行视图基础矩阵的推导中证明所用到的叉乘的性质〔式(5-1)〕。

2. 在平行视图系统中推导物体深度的计算公式。

3. 在平行视图系统中，使用视差的定义，用关于基线和深度的函数描述重建的准确性。

4. 在进行归一化相关匹配算法的过程中，如果两个窗口的灰度值矩阵存在仿射变换关系 $\boldsymbol{I}'=\lambda\boldsymbol{I}+u$，其中 λ 和 μ 为常数且 $\lambda>0$，证明此时相关函数值为最大值 1。

5. 证明在具有零均值和单位 Frobenius 范数的图像中，相关性计算和平方差的和是等价的。

6. 相关函数的迭代计算。假设匹配窗口的长、宽分别为 $2m+1$ 和 $2n+1$，窗口平均灰度值为 $\bar{I}$ 和 $\bar{I}'$：

① 证明 $(\boldsymbol{w}-\bar{\boldsymbol{w}})\cdot(\boldsymbol{w}'-\bar{\boldsymbol{w}}')=\boldsymbol{w}\cdot\boldsymbol{w}'-(2m+1)(2n+1)\overline{II'}$；

② 证明平均灰度值 $\bar{I}$ 可以迭代计算，并估计每步计算的成本；

③ 将上述计算方法推广到相关函数计算涉及的所有元素，并估计计算一对图像相关性的总体成本。

7. 假设两个视图为前后平移的关系，6.2 节中的图像校正方法可以应用在这种情况下吗？

8. 针对相关匹配算法可能存在的几种问题，提出一些改进思路。

第7章 运动恢复结构

7.1 问题描述

本章主要研究多视图三维重建的方法，并且重点关注“从运动的摄像机中恢复三维结构”的问题，即运动恢复结构问题(Structure from Motion，SfM)。目的就是通过三维场景中不同位置摄像机获取的多张图像，从特征提取到匹配再到估计匹配点的三维坐标，恢复场景的三维结构以及每张图像对应的摄像机参数。

图 7-1 展示了运动恢复结构技术在建筑场景重建的应用。通过多张二维图像进行建筑的三维重构，同时也计算出了每张二维图像对应的摄像机的位姿以及摄像机的内参数信息。

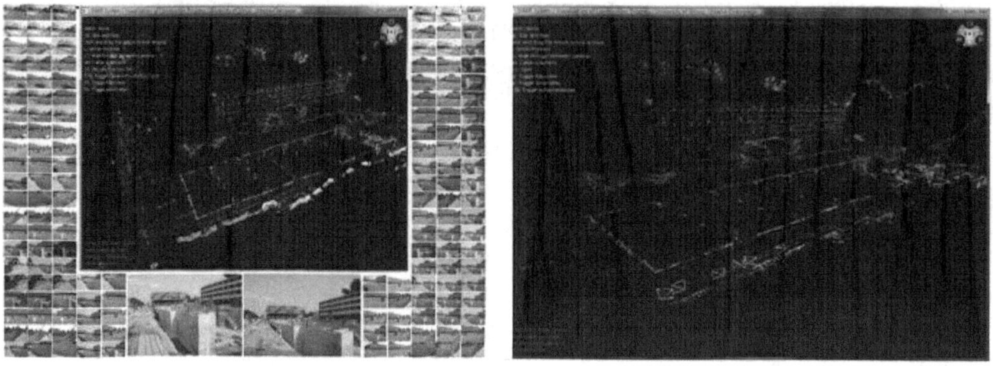

(a) (b)

图 7-1 运动恢复结构示例

如果用数学语言来描述运动恢复结构的一般问题，则可以写为

已知：n 个三维点 X_j 在 m 张图像中对应点的像素坐标向量为 $\boldsymbol{x}_{ij}$($i=1,\cdots,m;j=1,\cdots,n$)且 $\boldsymbol{x}_{ij}=\boldsymbol{M}_i\boldsymbol{X}_j$($i=1,\cdots,m;j=1,\cdots,n$)，其中 $\boldsymbol{M}_i$ 为第 i 张图片对应的摄像机投影矩阵。

求解：m 个摄像机投影矩阵 $\boldsymbol{M}_i$($i=1,\cdots,m$)和 n 个三维点 X_j($j=1,\cdots,n$)的坐标。

我们通常将各个摄像机之间的相对位姿变化称为“运动”，将三维点的坐标称为“结构”。

因此，求解摄像机投影矩阵以及三维点坐标的问题也称为“运动恢复结构问题”。

根据摄像机的具体情况，运动恢复结构问题可以分为 3 类：欧氏结构恢复（摄像机是内部标定的，即内参数已知，外参数未知）、仿射结构恢复（摄像机为仿射摄像机，内、外参数未知）、透视结构恢复（摄像机为透视摄像机，内、外参数均未知）。本章主要讨论这 3 种情况下的结构恢复问题，首先，我们给出 3 种情况下的运动恢复结构问题的数学描述；然后，从最简单的两视图情况出发阐述解决方法；最后，讨论多视图运动恢复结构的解决方案。

7.1.1 摄像机内参数已知情况

在摄像机内参数已知的情况下，运动恢复结构问题也称为欧氏结构恢复问题，是常见的一种情况。欧氏结构恢复问题假设 m 个摄像机的内参数已知而外参数未知，此时摄像机的投影关系为

$$\boldsymbol{x}_{ij}=\boldsymbol{M}_i\boldsymbol{X}_j=\boldsymbol{K}_i(\boldsymbol{R}_i \quad \boldsymbol{t}_i)\boldsymbol{X}_j \tag{7-1}$$

假设任意的旋转矩阵 $\boldsymbol{R}$ 和平移向量 $\boldsymbol{t}$，设定可逆矩阵 $\boldsymbol{H}$：

$$\boldsymbol{H}=\lambda\begin{pmatrix}\boldsymbol{R} & \boldsymbol{t}\\ \boldsymbol{0}^{\mathrm{T}} & 1\end{pmatrix} \tag{7-2}$$

将外参数矩阵经过 $\boldsymbol{H}$ 变换并且将三维点经过 $\boldsymbol{H}^{-1}$ 变换，可以将投影关系式改写为

$$\boldsymbol{x}_{ij}=\boldsymbol{K}_i(\boldsymbol{R}_i \quad \boldsymbol{t}_i)\boldsymbol{X}_j=\boldsymbol{K}_i\left((\boldsymbol{R}_i \quad \boldsymbol{t}_i)\lambda\begin{pmatrix}\boldsymbol{R} & \boldsymbol{t}\\ \boldsymbol{0}^{\mathrm{T}} & 1\end{pmatrix}\right)\left(\frac{1}{\lambda}\begin{pmatrix}\boldsymbol{R}^{\mathrm{T}} & -\boldsymbol{R}^{\mathrm{T}}\boldsymbol{t}\\ \boldsymbol{0}^{\mathrm{T}} & 1\end{pmatrix}\boldsymbol{X}_j\right)=\boldsymbol{K}_i(\boldsymbol{R}_i^* \quad \boldsymbol{t}_i^*)\boldsymbol{X}_j^* \tag{7-3}$$

其中 $\boldsymbol{R}_i^*=\boldsymbol{R}_i\boldsymbol{R}$，$\boldsymbol{t}_i^*=\boldsymbol{R}_i\boldsymbol{t}+\boldsymbol{t}_i$，投影矩阵和三维点坐标经过变换后仍然满足以上投影等式。由此可知欧氏结构恢复存在着相似性变换的歧义，重构的三维场景与真实场景之间存在着旋转、平移和尺度变换的关系，这种变换关系可由相似交换矩阵 $\boldsymbol{H}$ 描述，该重构也称为度量重构，即恢复的场景与真实场景之间仅存在着相似变换的重构。

式(7-3)中的矩阵 $\boldsymbol{H}$ 有 7 个未知数，摄像机外参数有 $6m$ 个未知数，需要重构的三维点坐标有 $3n$ 个未知数。由于 $\boldsymbol{H}$ 矩阵中的 7 个未知数并不需要求出，所以我们需要求解的未知数总共有 $6m+3n-7$ 个，一个三维点可以得到两个等式约束，于是 m 张图像 n 个点总共有 $2mn$ 个约束，在实际求解时就需要保证 $2mn\geqslant 6m+3n-7$。后面我们将具体介绍两视图及多视图欧氏结构恢复的方法。

7.1.2 仿射摄像机情况

我们知道当三维场景深度小于其与摄像机的距离时，可以近似地将三维场景中的点看成在同一个平面上，即点到摄像机中心的距离为一个定值，所以三维点和二维点的坐标之间只相差一个系数：

$$\begin{cases}x'=\dfrac{f'}{z_0}x\\ y'=\dfrac{f'}{z_0}y\end{cases} \tag{7-4}$$

这种摄像机也称为弱透视摄像机，仿射结构恢复中所用的就是这种摄像机，其投影矩阵为

$$\boldsymbol{M}=\begin{pmatrix} \boldsymbol{A} & \boldsymbol{b} \\ \boldsymbol{0}^{\mathrm{T}} & 1 \end{pmatrix} \tag{7-5}$$

这里投影矩阵总共有 **8** 个未知量，将投影矩阵每一行都用向量表示，则投影关系式为

$$\boldsymbol{x}=\boldsymbol{M}\boldsymbol{X}=\begin{pmatrix} \boldsymbol{m}_1^{\mathrm{T}} \\ \boldsymbol{m}_2^{\mathrm{T}} \\ \boldsymbol{m}_3^{\mathrm{T}} \end{pmatrix}\boldsymbol{X} \tag{7-6}$$

因为 $\boldsymbol{m}_3^{\mathrm{T}}\boldsymbol{X}=1$，所以欧氏坐标下的投影关系为

$$\tilde{\boldsymbol{x}}=(\boldsymbol{m}_1^{\mathrm{T}}\boldsymbol{X},\boldsymbol{m}_2^{\mathrm{T}}\boldsymbol{X})^{\mathrm{T}}=(\boldsymbol{A}\quad \boldsymbol{b})\boldsymbol{X}=(\boldsymbol{A}\quad \boldsymbol{b})\begin{pmatrix} x \\ y \\ z \\ 1 \end{pmatrix}=(\boldsymbol{A}\quad \boldsymbol{b})\begin{pmatrix} \tilde{\boldsymbol{X}} \\ 1 \end{pmatrix}=\boldsymbol{A}\tilde{\boldsymbol{X}}+\boldsymbol{b} \tag{7-7}$$

于是基于此仿射结构恢复问题的数学描述如下：

问题：已知 n 个三维点 $X_j(j=1,\cdots,n)$ 在 m 张图像中对应点的像素坐标 $\boldsymbol{x}_{ij}$，且 $\boldsymbol{x}_{ij}=\boldsymbol{A}_i\boldsymbol{X}_j+\boldsymbol{b}_i(i=1,\cdots,m;j=1,\cdots,n)$，其中，$\boldsymbol{A}_i$，$\boldsymbol{b}_i$ 组成了第 i 张图片对应仿射摄像机的投影矩阵。

求解：n 个三维点 $X_j(j=1,\cdots,n)$ 的坐标；m 个仿射摄像机的投影矩阵 $\boldsymbol{A}_i$ 与 $\boldsymbol{b}_i(i=1,\cdots,m)$。

后面我们将具体介绍解决两视图仿射结构恢复问题的因式分解方法。

7.1.3 一般情况

针对一般的情形，摄像机的内参数和外参数均未知，此时运动恢复结构问题也被称为透视结构恢复问题。这种情况主要针对一般的透视投影摄像机模型，并且摄像机的内、外参数均未知，即投影矩阵是任意的 3×4 矩阵，需要求解摄像机的内、外参数和恢复三维场景结构，此时一般透视摄像机的投影关系式为

$$\begin{aligned} \boldsymbol{x}_{ij} &= \boldsymbol{M}_i\boldsymbol{X}_j \\ \boldsymbol{M}_i &= \boldsymbol{K}_i(\boldsymbol{R}_i\quad \boldsymbol{t}_i) \end{aligned} \tag{7-8}$$

将三维点乘上一个任意的 4×4 可逆矩阵 $\boldsymbol{H}$，在投影矩阵的右边乘以该矩阵的逆矩阵 $\boldsymbol{H}^{-1}$，使得

$$\begin{aligned} \boldsymbol{X}^* &= \boldsymbol{H}\boldsymbol{X}_j \\ \boldsymbol{M}^* &= \boldsymbol{M}_i\boldsymbol{H}^{-1} \end{aligned} \tag{7-9}$$

很显然将投影矩阵和三维点进行变换后透视摄像机的投影等式仍然成立：

$$\boldsymbol{x}_{ij}=\boldsymbol{M}_i\boldsymbol{X}_j=(\boldsymbol{M}_i\boldsymbol{H}^{-1})(\boldsymbol{H}\boldsymbol{X}_j)=\boldsymbol{M}_i^*\boldsymbol{X}_j^* \tag{7-10}$$

我们在二维平面上观察到的投影点与变换前观察到的投影点是相同的。所以在这种情况下重构出的三维点 $\boldsymbol{X}_j^*$ 与真实解 $\boldsymbol{X}_j$ 之间还会相差一个 4×4 的可逆矩阵，估计出的摄像机投影矩阵 $\boldsymbol{M}_i^*$ 和真实摄像机的投影矩阵 $\boldsymbol{M}_i$ 之间也相差相同的矩阵变换，这就是透视结构恢复的歧义。可逆矩阵 $\boldsymbol{H}$ 有 16 个参数，在不考虑尺度的情况下有 15 个未知数，透视投

影矩阵有 11 个未知数，于是在透视结构恢复中当给定 m 个相机、n 个三维点时，有 $2mn$ 个等式约束，需要求解 $11m+3n-15$ 个未知量，所以进行求解的前提就是需要保证 $2mn \geqslant 11m+3n-15$。由于歧义的存在，在没有其他先验信息的情况下我们无法求出真实解，只能求出近似解，我们后面会分别介绍代数法和捆绑调整法两种方法来求解近似解，以及讨论透视重构度量升级的技术，利用与真实摄像机相关的几何约束，将透视结构升级为欧氏结构。

7.2 运动恢复结构的基本方法

7.2.1 两视图欧氏结构恢复

欧氏结构恢复

本小节我们从最基本的两视图情况出发，分析并解决欧氏结构恢复问题。

如图 7-2 所示，以第一个摄像机坐标系为世界坐标系，根据三维点在两张二维图像上的投影关系可写出下面两等式：

$$\begin{cases} \boldsymbol{x}_{1j}=\boldsymbol{M}_1\boldsymbol{X}_j=\boldsymbol{K}_1(\boldsymbol{I} \quad \boldsymbol{0})\boldsymbol{X}_j \\ \boldsymbol{x}_{2j}=\boldsymbol{M}_2\boldsymbol{X}_j=\boldsymbol{K}_2(\boldsymbol{R} \quad \boldsymbol{t})\boldsymbol{X}_j \end{cases} \tag{7-11}$$

这里 $\boldsymbol{R}$ 和 $\boldsymbol{t}$ 未知，是第二个摄像机相对于第一个摄像机的旋转与平移。根据 4.2.2 节的内容我们知道基础矩阵和本质矩阵的公式为

$$\boldsymbol{F}=\boldsymbol{K}'^{-\mathrm{T}}[\boldsymbol{t}_\times]\boldsymbol{R}\boldsymbol{K}^{-1}=\boldsymbol{K}'^{-\mathrm{T}}\boldsymbol{E}\boldsymbol{K}^{-1} \tag{7-12}$$

$$\boldsymbol{E}=\boldsymbol{t}\times\boldsymbol{R}=[\boldsymbol{t}_\times]\boldsymbol{R} \tag{7-13}$$

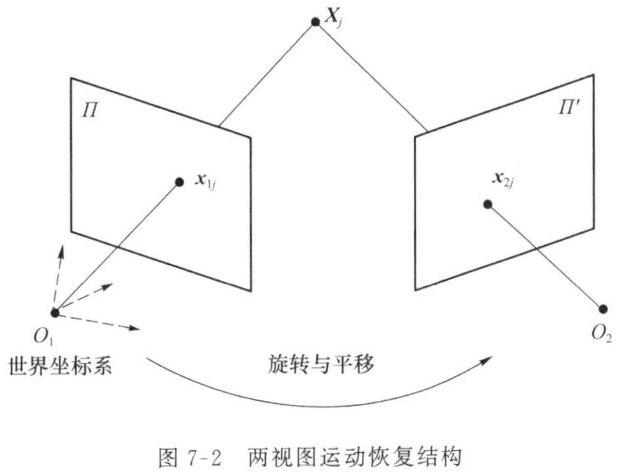

图 7-2　两视图运动恢复结构

两摄像机间的运动 $\boldsymbol{R},\boldsymbol{t}$ 决定了本质矩阵 $\boldsymbol{E}$，通过本质矩阵和摄像机内参数可以计算出基础矩阵 $\boldsymbol{F}$。所以，我们逆向考虑，从上面两式入手先根据基础矩阵求出本质矩阵，再将本质矩阵进行分解，可以得到 $\boldsymbol{R},\boldsymbol{t}$ 参数，主要求解步骤如下。

步骤 1：估计基础矩阵 $\boldsymbol{F}$。

步骤 2：根据基础矩阵求解本质矩阵 $\boldsymbol{E}=\boldsymbol{K}_2^{\mathrm{T}}\boldsymbol{F}\boldsymbol{K}_1$。

步骤 3：分解本质矩阵 $\boldsymbol{E}\rightarrow\boldsymbol{R},\boldsymbol{t}$。

步骤 4：三角化计算三维点坐标。

对于步骤 1 可以通过 4.3.2 节中的归一化八点法进行求解，然后，根据基础矩阵和本质矩阵的关系直接计算出本质矩阵，完成步骤 2，三角化计算三维点的内容在 4.1 节中已经进行了介绍，下面我们具体讨论步骤 3 本质矩阵的分解。

我们需要找到一个策略把本质矩阵 $\boldsymbol{E}$ 因式分解为两个组成部分，首先定义两个将在分解中使用的矩阵：

$$\boldsymbol{W}=\begin{pmatrix}0 & -1 & 0\\1 & 0 & 0\\0 & 0 & 1\end{pmatrix},\quad \boldsymbol{Z}=\begin{pmatrix}0 & 1 & 0\\-1 & 0 & 0\\0 & 0 & 0\end{pmatrix} \tag{7-14}$$

这里我们使用一个重要性质，在相差一个正负号的情况下矩阵 $\boldsymbol{Z}$ 和矩阵 $\boldsymbol{W}$ 有如下关系：

$$\boldsymbol{Z}=\mathrm{diag}(1,1,0)\boldsymbol{W}=\mathrm{diag}(1,1,0)\boldsymbol{W}^{\mathrm{T}} \tag{7-15}$$

本质矩阵计算公式中的 $[\boldsymbol{t}_{\times}]$ 是一个反对称矩阵，可以写成 $[\boldsymbol{t}_{\times}]=k\boldsymbol{UZU}^{\mathrm{T}}$ 的形式，其中 $\boldsymbol{U}$ 是单位正交矩阵。因为在求解过程中并不需要关注符号和尺度，所以可以直接忽略掉 $[\boldsymbol{t}_{\times}]$ 中的系数 k，再将 $\boldsymbol{Z}$ 代入可得到

$$[\boldsymbol{t}_{\times}]=\boldsymbol{UZU}^{\mathrm{T}}=\boldsymbol{U}\mathrm{diag}(1,1,0)\boldsymbol{WU}^{\mathrm{T}}=\boldsymbol{U}\mathrm{diag}(1,1,0)\boldsymbol{W}^{\mathrm{T}}\boldsymbol{U}^{\mathrm{T}} \tag{7-16}$$

这样便得到了关于 $[\boldsymbol{t}_{\times}]$ 的两种表达方式。

假设先采用 $[\boldsymbol{t}_{\times}]=\boldsymbol{U}\mathrm{diag}(1,1,0)\boldsymbol{WU}^{\mathrm{T}}$ 这种形式，将该式代入本质矩阵计算公式，可得到

$$\boldsymbol{E}=[\boldsymbol{t}_{\times}]\boldsymbol{R}=(\boldsymbol{U}\mathrm{diag}(1,1,0)\boldsymbol{WU}^{\mathrm{T}})\boldsymbol{R}=\boldsymbol{U}\mathrm{diag}(1,1,0)(\boldsymbol{WU}^{\mathrm{T}}\boldsymbol{R}) \tag{7-17}$$

如果对本质矩阵进行奇异值分解可得到如下结果：

$$\boldsymbol{E}=\boldsymbol{U}\mathrm{diag}(1,1,0)\boldsymbol{V}^{\mathrm{T}} \tag{7-18}$$

对照上面两个式子，可以得到

$$\boldsymbol{V}^{\mathrm{T}}=\boldsymbol{WU}^{\mathrm{T}}\boldsymbol{R} \tag{7-19}$$

其中，$\boldsymbol{U}$ 和 $\boldsymbol{V}^{\mathrm{T}}$ 是通过奇异值分解得到的，$\boldsymbol{W}$ 是已知的，所以可以直接计算出 $\boldsymbol{R}$：

$$\boldsymbol{R}=\boldsymbol{UW}^{\mathrm{T}}\boldsymbol{V}^{\mathrm{T}} \tag{7-20}$$

假如用另一种表达形式 $[\boldsymbol{t}_{\times}]=\boldsymbol{U}\mathrm{diag}(1,1,0)\boldsymbol{W}^{\mathrm{T}}\boldsymbol{U}^{\mathrm{T}}$，同样的步骤将该式代入 $\boldsymbol{E}=[\boldsymbol{t}_{\times}]\boldsymbol{R}$ 中，然后和奇异值分解的结果作对比，得到关于 $\boldsymbol{R}$ 的另一个解：

$$\boldsymbol{R}=\boldsymbol{UWV}^{\mathrm{T}} \tag{7-21}$$

所以 $\boldsymbol{R}$ 应为这两个解中的一个：

$$\boldsymbol{R}=\boldsymbol{UWV}^{\mathrm{T}}\text{或}\ \boldsymbol{UW}^{\mathrm{T}}\boldsymbol{V}^{\mathrm{T}} \tag{7-22}$$

我们可以证明给定的分解是有效的，且没有其他分解形式。$[\boldsymbol{t}_{\times}]$ 的形式是由它的左零空间与 $\boldsymbol{E}$ 的零空间相同所决定的。给定酉矩阵 $\boldsymbol{U}$ 和 $\boldsymbol{V}$，任何旋转矩阵 $\boldsymbol{R}$ 都可以分解为 $\boldsymbol{UXV}^{\mathrm{T}}$，其中，$\boldsymbol{X}$ 是其他旋转矩阵。代入这些值后，在不考虑比例的情况下，我们得到 $\boldsymbol{ZX}=\mathrm{diag}(1,1,0)$。因此，$\boldsymbol{X}$ 必须等于 $\boldsymbol{W}$ 或 $\boldsymbol{W}^{\mathrm{T}}$。

这里需要注意，本质矩阵 $\boldsymbol{E}$ 的这个因式分解只保证了矩阵 $\boldsymbol{UWV}^{\mathrm{T}}$ 或 $\boldsymbol{UW}^{\mathrm{T}}\boldsymbol{V}^{\mathrm{T}}$ 是正交的，旋转矩阵需确保行列式的值为正，所以我们需在两个 $\boldsymbol{R}$ 的解的前面乘上其行列式来满足这一条件：

$$\boldsymbol{R}=(\det \boldsymbol{UWV}^{\mathrm{T}})\boldsymbol{UWV}^{\mathrm{T}}\text{或}\ (\det \boldsymbol{UW}^{\mathrm{T}}\boldsymbol{V}^{\mathrm{T}})\boldsymbol{UW}^{\mathrm{T}}\boldsymbol{V}^{\mathrm{T}} \tag{7-23}$$

因为旋转矩阵 $\boldsymbol{R}$ 会有两个可能解，于是平移向量 $\boldsymbol{t}$ 也可能取多个值。根据叉积的定义，两个

相同向量叉乘为 0，所以将 $\boldsymbol{t}$ 和 $\boldsymbol{t}$ 叉乘可以得到如下等式：

$$\boldsymbol{t}\times\boldsymbol{t}=[\boldsymbol{t}_\times]\boldsymbol{t}=\boldsymbol{UZU}^{\mathrm{T}}\boldsymbol{t}=0 \tag{7-24}$$

仍然进行奇异值分解，最后计算出 $\boldsymbol{t}$：

$$\boldsymbol{t}=\pm\boldsymbol{U}\begin{pmatrix}0\\0\\1\end{pmatrix}=\pm\boldsymbol{u}_3 \tag{7-25}$$

其中 $\boldsymbol{u}_3$ 向量为矩阵 $\boldsymbol{U}$ 的第三列。

总结上述计算结果，$\boldsymbol{R}$ 参数有两种可能解，$\boldsymbol{t}$ 参数也有两种可能解，所以，可以得到关于 $\boldsymbol{R}$ 和 $\boldsymbol{t}$ 的 4 组可能的解：

$$\begin{cases}\boldsymbol{R}=(\det\boldsymbol{UWV}^{\mathrm{T}})\boldsymbol{UWV}^{\mathrm{T}},\boldsymbol{t}=\boldsymbol{u}_3\\\boldsymbol{R}=(\det\boldsymbol{UWV}^{\mathrm{T}})\boldsymbol{UWV}^{\mathrm{T}},\boldsymbol{t}=-\boldsymbol{u}_3\\\boldsymbol{R}=(\det\boldsymbol{UW}^{\mathrm{T}}\boldsymbol{V}^{\mathrm{T}})\boldsymbol{UW}^{\mathrm{T}}\boldsymbol{V}^{\mathrm{T}},\boldsymbol{t}=\boldsymbol{u}_3\\\boldsymbol{R}=(\det\boldsymbol{UW}^{\mathrm{T}}\boldsymbol{V}^{\mathrm{T}})\boldsymbol{UW}^{\mathrm{T}}\boldsymbol{V}^{\mathrm{T}},\boldsymbol{t}=-\boldsymbol{u}_3\end{cases} \tag{7-26}$$

在这 4 组解中只有一组是正确的，将 4 组解分别进行测试，选取二维图像上的一组点进行三角化重构出三维点，会出现图 7-3 中的 4 种情况。其中，只有图 7-3(a)所示情况重构出的三维点在两摄像机的前面是正确的，即保证三维点在两个摄像机坐标系下的 z 坐标均为正，其余 3 种情况都是错误的。由于测量噪声的存在，所以我们通常不会只对一个点进行三角化，而是对多数点进行三角化，选择在两个摄像机坐标系下 z 坐标均为正的个数最多的 $\boldsymbol{R}$，$\boldsymbol{t}$ 的解，得到更鲁棒的结果。

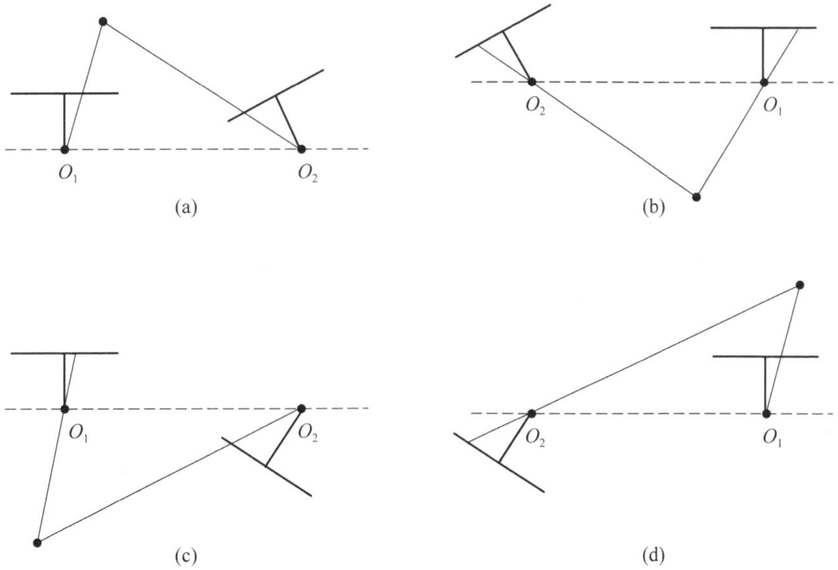

图 7-3　本质矩阵分解 4 种情况示意图

最后总结通过本质矩阵 $\boldsymbol{E}$ 分解求取 $\boldsymbol{R}$ 和 $\boldsymbol{t}$ 的方法，整体流程如下。

步骤 1：奇异值分解 $\boldsymbol{E}=\boldsymbol{U}\mathrm{diag}(1,1,0)\boldsymbol{V}^{\mathrm{T}}$。

步骤 2：分别计算 $\boldsymbol{R}$ 和 $\boldsymbol{t}$，其中，$\boldsymbol{R}=(\det\boldsymbol{UWV}^{\mathrm{T}})\boldsymbol{UWV}^{\mathrm{T}}$ 或 $(\det\boldsymbol{UW}^{\mathrm{T}}\boldsymbol{V}^{\mathrm{T}})\boldsymbol{UW}^{\mathrm{T}}\boldsymbol{V}^{\mathrm{T}}$，$\boldsymbol{t}=\pm\boldsymbol{u}_3$。

步骤 3：列出 4 种可能的组合 $\begin{cases} \boldsymbol{R}=(\det \boldsymbol{UWV}^{\mathrm{T}})\boldsymbol{UWV}^{\mathrm{T}}, \boldsymbol{t}=\boldsymbol{u}_3 \\ \boldsymbol{R}=(\det \boldsymbol{UWV}^{\mathrm{T}})\boldsymbol{UWV}^{\mathrm{T}}, \boldsymbol{t}=-\boldsymbol{u}_3 \\ \boldsymbol{R}=(\det \boldsymbol{UW}^{\mathrm{T}}\boldsymbol{V}^{\mathrm{T}})\boldsymbol{UW}^{\mathrm{T}}\boldsymbol{V}^{\mathrm{T}}, \boldsymbol{t}=\boldsymbol{u}_3 \\ \boldsymbol{R}=(\det \boldsymbol{UW}^{\mathrm{T}}\boldsymbol{V}^{\mathrm{T}})\boldsymbol{UW}^{\mathrm{T}}\boldsymbol{V}^{\mathrm{T}}, \boldsymbol{t}=-\boldsymbol{u}_3 \end{cases}$。

步骤 4：通过重建单个或多个点找出正确解。

7.2.2 两视图仿射结构恢复

仿射结构恢复

本小节主要介绍一种基于因式分解的仿射结构恢复方法，该方法主要有两个步骤：数据中心化和因式分解获得运动与结构。

首先是数据中心化，将图像上所有投影点进行中心化，即将投影点坐标值减去所有投影点的质心坐标值：

$$\hat{\boldsymbol{x}}_{ij}=\boldsymbol{x}_{ij}-\bar{\boldsymbol{x}}_i, \quad \bar{\boldsymbol{x}}_i=\frac{1}{n}\sum_{k=1}^{n}\boldsymbol{x}_{ik} \tag{7-27}$$

将中心化后的投影点坐标 $\hat{\boldsymbol{x}}_{ij}$ 代入仿射摄像机模型，可得到

$$\begin{aligned} \hat{\boldsymbol{x}}_{ij} &= \boldsymbol{x}_{ij}-\frac{1}{n}\sum_{k=1}^{n}\boldsymbol{x}_{ik} \\ &= \boldsymbol{A}_i\boldsymbol{X}_j+\boldsymbol{b}_i-\frac{1}{n}\sum_{k=1}^{n}\boldsymbol{A}_i\boldsymbol{X}_k-\frac{1}{n}\sum_{k=1}^{n}\boldsymbol{b}_i \\ &= \boldsymbol{A}_i\left(\boldsymbol{X}_j-\frac{1}{n}\sum_{k=1}^{n}\boldsymbol{X}_k\right) \\ &= \boldsymbol{A}_i(\boldsymbol{X}_j-\bar{\boldsymbol{X}}) \\ &= \boldsymbol{A}_i\hat{\boldsymbol{X}}_j \end{aligned} \tag{7-28}$$

其中，$\bar{\boldsymbol{X}}$ 为三维点的质心坐标，$\hat{\boldsymbol{X}}_j$ 为第 j 个三维点中心化后的三维坐标，这里便得到了中心化后的三维点与中心化后的二维投影点之间的关系，中心化操作消去了仿射摄像机内参数中的 $\boldsymbol{b}_i$。假设以三维点的质心为坐标原点建立世界坐标系，于是：

$$\hat{\boldsymbol{x}}_{ij}=\boldsymbol{A}_i\hat{\boldsymbol{X}}_j=\boldsymbol{A}_i\boldsymbol{X}_j$$

因为有 m 个摄像机和 n 个三维点，写成矩阵形式为

$$\boldsymbol{D}=\begin{pmatrix} \hat{\boldsymbol{x}}_{11} & \hat{\boldsymbol{x}}_{12} & \cdots & \hat{\boldsymbol{x}}_{1n} \\ \hat{\boldsymbol{x}}_{21} & \hat{\boldsymbol{x}}_{22} & \cdots & \hat{\boldsymbol{x}}_{2n} \\ \vdots & \vdots & & \vdots \\ \hat{\boldsymbol{x}}_{m1} & \hat{\boldsymbol{x}}_{m2} & \cdots & \hat{\boldsymbol{x}}_{mn} \end{pmatrix}=\begin{pmatrix} \boldsymbol{A}_1 \\ \boldsymbol{A}_2 \\ \vdots \\ \boldsymbol{A}_m \end{pmatrix}(\boldsymbol{X}_1 \quad \boldsymbol{X}_2 \quad \cdots \quad \boldsymbol{X}_n) \tag{7-29}$$

这里 $\boldsymbol{D}$ 是中心化后的 $m\times n$ 个测量值 $\hat{\boldsymbol{x}}_{ij}$ 构成的 $2m\times n$ 维矩阵，$\hat{\boldsymbol{x}}_{ij}$ 是 2×1 的列向量。$\hat{\boldsymbol{x}}_{ij}$ 也可写为 $\boldsymbol{A}_i\boldsymbol{X}_j$，所以可以将 $\boldsymbol{D}$ 写成 $\boldsymbol{D}=\boldsymbol{MS}$ 的形式，$\boldsymbol{M}=(\boldsymbol{A}_1 \quad \boldsymbol{A}_2 \quad \cdots \quad \boldsymbol{A}_m)^{\mathrm{T}}$，$\boldsymbol{S}=(\boldsymbol{X}_1 \quad \boldsymbol{X}_2 \quad \cdots \quad \boldsymbol{X}_n)$。其中，$\boldsymbol{M}$ 包含所有仿射摄像机的参数，$\boldsymbol{S}$ 包含所有三维点的结构信息。$\boldsymbol{M}$ 中的元素 $\boldsymbol{A}_i$ 是 2×3 的矩阵，所以 $\boldsymbol{M}$ 矩阵的维度是 $2m\times3$，$\boldsymbol{S}$ 中的元素 $\boldsymbol{X}_i$ 为 3×1 的列向

量，所以 $\boldsymbol{S}$ 矩阵的维度是 $3\times n$，因此矩阵 $\boldsymbol{D}$ 的秩为 3。现在我们求解的目标就是将 $\boldsymbol{D}$ 分解为 $\boldsymbol{M}$ 和 $\boldsymbol{S}$ 两个矩阵。

首先将矩阵 $\boldsymbol{D}$ 进行奇异值分解，分解示意图如图 7-4 所示。

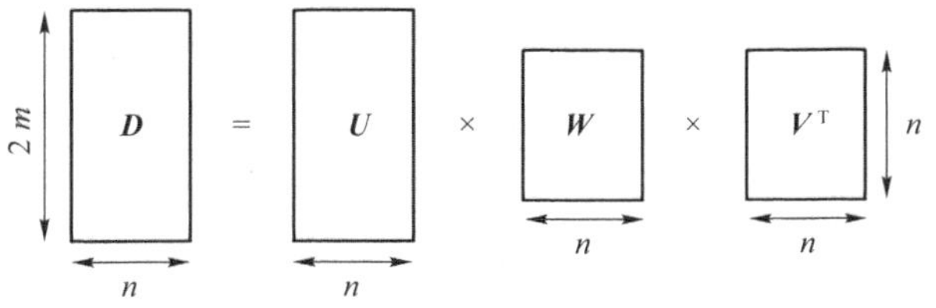

图 7-4 矩阵 $\boldsymbol{D}$ 奇异值分解示意图

因为 $\text{rank}(\boldsymbol{D})=3$，在理想情况下这里只有 3 个非零的奇异值 σ_1，σ_2 和 σ_3，但实际计算时由于误差的存在其他特征值不一定为 0，所以这里我们只取最大的 3 个特征值。

提取奇异值对应的特征向量，如图 7-5 所示，于是矩阵 $\boldsymbol{D}$ 可以分解为

$$\boldsymbol{D}=\boldsymbol{U}_3\boldsymbol{W}_3\boldsymbol{V}_3^{\mathrm{T}}=\boldsymbol{U}_3(\boldsymbol{W}_3\boldsymbol{V}_3^{\mathrm{T}})=\boldsymbol{MS} \tag{7-30}$$

最终，可以得到关于摄像机参数和三维坐标点的一组解：

$$\boldsymbol{M}=\boldsymbol{U}_3$$

$$\boldsymbol{S}=\boldsymbol{W}_3\boldsymbol{V}_3^{\mathrm{T}}$$

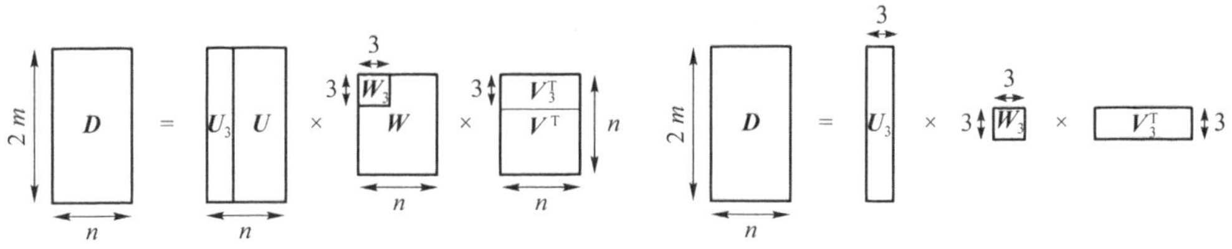

图 7-5 特征向量提取示意图

从另一个角度看，我们以图 7-6 所示的方式进行分解：

$$\boldsymbol{D}=\boldsymbol{U}_3\boldsymbol{W}_3\boldsymbol{V}_3^{\mathrm{T}}=(\boldsymbol{U}_3\boldsymbol{W}_3)\boldsymbol{V}_3^{\mathrm{T}}=\boldsymbol{MS} \tag{7-31}$$

于是得到

$$\boldsymbol{M}=\boldsymbol{U}_3\boldsymbol{W}_3$$

$$\boldsymbol{S}=\boldsymbol{V}_3^{\mathrm{T}}$$

这样也可以。从这里可以看出，仿射结构恢复问题的解不是唯一的。

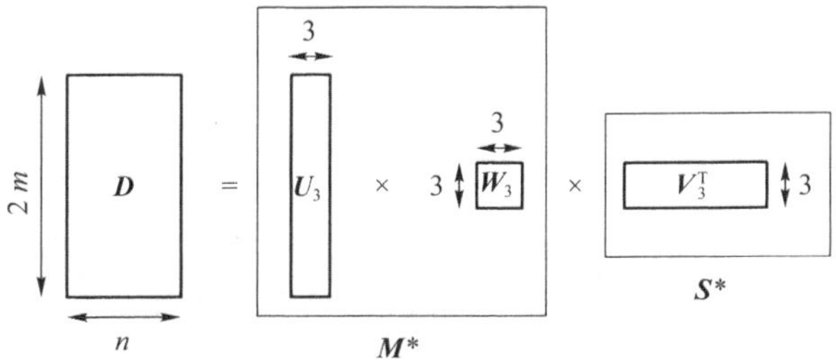

图 7-6 其他分解方式示意图

总结一下，基于因式分解的仿射结构恢复方法包含 3 个步骤：

① 数据点中心化；

② 根据中心化后的投影点创建一个 $2m\times n$ 维的 $\boldsymbol{D}$ 矩阵；

③ 分解矩阵 $\boldsymbol{D}=\boldsymbol{U}_3\boldsymbol{W}_3\boldsymbol{V}_3^{\mathrm{T}}$，得到一组解 $\boldsymbol{M}=\boldsymbol{U}_3$ 及 $\boldsymbol{S}=\boldsymbol{W}_3\boldsymbol{V}_3^{\mathrm{T}}$。

如果我们将 $\boldsymbol{D}$ 矩阵分解的 $\boldsymbol{M}$ 和 $\boldsymbol{S}$ 矩阵分别乘以任意的 3×3 可逆矩阵 $\boldsymbol{H}$ 和 $\boldsymbol{H}^{-1}$：

$$\boldsymbol{D}=\boldsymbol{MS}=(\boldsymbol{MH})(\boldsymbol{H}^{-1}\boldsymbol{S})=\boldsymbol{M}^*\boldsymbol{S}^* \tag{7-32}$$

上面等式也同样成立，这样分解出的 $\boldsymbol{M}^*=\boldsymbol{MH}$ 和 $\boldsymbol{S}^*=\boldsymbol{H}^{-1}\boldsymbol{S}$ 都可以是我们的求解结果，所以这样求出的 $\boldsymbol{M}$,$\boldsymbol{S}$ 矩阵与真实的 $\boldsymbol{M}$,$\boldsymbol{S}$ 矩阵之间相差一个 3×3 的可逆矩阵，于是仿射结构恢复的歧义可以由任意的可逆 3×3 矩阵变换表示，想要求出真实解必须引入其他约束来解决该歧义。

因为式(7-32)中的矩阵 $\boldsymbol{H}$ 有 9 个参数，除去关于比例的一个自由度(和欧氏结构恢复一样仿射结构恢复同样不能得到真实场景的尺寸)，所以 $\boldsymbol{H}$ 矩阵中有 8 个未知量并且这 8 个未知量在没有其他先验信息的情况下是求解不出来的，于是在仿射结构恢复中当有 m 个摄像机、n 个三维点时，有 $2mn$ 个等式约束，需要求解的未知量有 $8m+3n-8$ 个，所以进行仿射结构恢复问题求解的前提就是保证 $2mn\geqslant 8m+3n-8$。

7.2.3 两视图透视结构恢复

透视结构恢复

考虑两视图的特殊情况，这里介绍一种代数方法，主要利用基础矩阵来解决透视结构恢复问题。代数方法求解主要有 3 个步骤：①通过归一化八点法求取基础矩阵；②基于基础矩阵估计出摄像机投影矩阵；③利用三角化方法计算三维点的坐标。步骤①和步骤③在前面章节中已经进行了详细讨论，在本小节中主要讨论步骤②的计算方法。

透视结构恢复也存在歧义，给定可逆矩阵 $\boldsymbol{H}$，投影关系可以写为如下等式：

$$\boldsymbol{x}_{ij}=\boldsymbol{M}_i\boldsymbol{X}_j=(\boldsymbol{M}_i\boldsymbol{H}^{-1})(\boldsymbol{H}\boldsymbol{X}_j)=\boldsymbol{M}^*\boldsymbol{X}^* \tag{7-33}$$

对于第一个摄像机的投影矩阵 $\boldsymbol{M}_1$，总是可以找到一个可逆矩阵 $\boldsymbol{H}$，使得 $\boldsymbol{M}_1^*$ 为标准形，即

$$\boldsymbol{M}_1^*=\boldsymbol{M}_1\boldsymbol{H}^{-1}=(\boldsymbol{I}\quad \boldsymbol{0}) \tag{7-34}$$

于是第二个摄像机的投影矩阵 $\boldsymbol{M}_2$ 进行相同的变换，可得到

$$\boldsymbol{M}_2^*=\boldsymbol{M}_2\boldsymbol{H}^{-1}=(\boldsymbol{A}\quad \boldsymbol{b}) \tag{7-35}$$

对进行如上变换后的投影矩阵和三维点关系进行整理，得到如下 5 个等式：

$$\begin{cases}\boldsymbol{M}_1^*=\boldsymbol{M}_1\boldsymbol{H}^{-1}=(\boldsymbol{I}\quad \boldsymbol{0})\\ \boldsymbol{x}=\boldsymbol{M}_1\boldsymbol{X}=(\boldsymbol{M}_1\boldsymbol{H}^{-1})(\boldsymbol{HX})=\boldsymbol{X}^*\\ \boldsymbol{M}_2^*=\boldsymbol{M}_2\boldsymbol{H}^{-1}=(\boldsymbol{A}\quad \boldsymbol{b})\\ \boldsymbol{x}'=\boldsymbol{M}_2\boldsymbol{X}=(\boldsymbol{M}_2\boldsymbol{H}^{-1})(\boldsymbol{HX})=(\boldsymbol{A}\quad \boldsymbol{b})\boldsymbol{X}^*\\ \boldsymbol{X}^*=\boldsymbol{HX}\end{cases} \tag{7-36}$$

对于第四个等式即第二个摄像机的投影关系，将其继续展开可以写成如下形式：

$$\boldsymbol{x}'=(\boldsymbol{A}\quad \boldsymbol{b})\boldsymbol{X}^*=\boldsymbol{A}(\boldsymbol{I}\quad \boldsymbol{0})\boldsymbol{X}^*+\boldsymbol{b}=\boldsymbol{Ax}+\boldsymbol{b} \tag{7-37}$$

这样我们就将 $\boldsymbol{x}$ 和 $\boldsymbol{x}'$ 初步建立联系，然后将 $\boldsymbol{x}'$ 叉乘 $\boldsymbol{b}$ 得到

$$\boldsymbol{x}'\times\boldsymbol{b}=(\boldsymbol{Ax}+\boldsymbol{b})\times\boldsymbol{b}=\boldsymbol{Ax}\times\boldsymbol{b} \tag{7-38}$$

由叉乘的定义可知 $\boldsymbol{x}'\times\boldsymbol{b}$ 垂直于 $\boldsymbol{x}'$，所以

$$x'^{\mathrm{T}} \cdot (x' \times b) = x'^{\mathrm{T}} \cdot (Ax \times b) = 0 \tag{7-39}$$

同样地，交换上面的叉乘顺序将 $\boldsymbol{b}$ 叉乘 $\boldsymbol{x}'$，可以得到

$$x'^{\mathrm{T}}(b \times Ax) = 0 \quad \Rightarrow \quad x'^{\mathrm{T}}[b_{\times}]Ax = 0 \tag{7-40}$$

与基础矩阵的关系式 $x'^{\mathrm{T}}Fx=0$ 作对比可以很容易地得到

$$F = [b_{\times}]A \tag{7-41}$$

建立好上面的关系式后，我们先对 $\boldsymbol{b}$ 进行求解，首先考虑点乘 $F \cdot b$：

$$F \cdot b = ([b_{\times}]A) \cdot b = (b \times A)b = 0 \tag{7-42}$$

由于矩阵 $\boldsymbol{F}$ 是奇异的，所以 $\boldsymbol{b}$ 可以通过计算齐次线性方程组 $Fb=0$ 的最小二乘解得到。利用奇异值分解的方法，$\boldsymbol{b}$ 便为 $\boldsymbol{F}$ 矩阵最小奇异值对应的右奇异向量，且 $\|b\|=1$。然后继续求解 $\boldsymbol{A}$，假设 $A'=-[b_{\times}]F$，可以验证 $[b_{\times}]A'$ 等于 $\boldsymbol{F}$：

$$[b_{\times}]A' = -[b_{\times}][b_{\times}]F = -(bb^{\mathrm{T}} - |b|^2 I)F = -bb^{\mathrm{T}}F + |b|^2 F = 0 + 1 \cdot F = F \tag{7-43}$$

因此

$$A = A' = -[b_{\times}]F \tag{7-44}$$

这样我们便求出了 $\boldsymbol{A}$ 和 $\boldsymbol{b}$，于是也就可以得到两个摄像机的投影矩阵：

$$\begin{cases} M_1^* = (I \quad 0) \\ M_2^* = (-[b_{\times}]F \quad b) \end{cases} \tag{7-45}$$

还可以注意到，这里的 $\boldsymbol{b}$ 向量满足 $b^{\mathrm{T}}F=0$，而极几何中极点的约束关系式为 $e'^{\mathrm{T}}F=0$，所以这里的 $\boldsymbol{b}$ 是一个极点。于是摄像机的投影矩阵也可以表示为

$$\begin{cases} M_1^* = (I \quad 0) \\ M_2^* = (-[e_{\times}]F \quad e) \end{cases} \tag{7-46}$$

7.2.4 基于捆绑调整法的多视图运动恢复结构

捆绑调整法是一种非线性方法，主要思想就是最小化重投影误差，即最小化重建点在像素平面上的投影点与其对应观测点之间的几何距离，如图 7-7 所示。距离越短说明三维点重构得就越好，第四章三角化的非线性方法也采用了类似的思想。在这里由于捆绑调整法同时考虑多个摄像机，并且它只计算每个摄像机可以看到的三维点的重投影误差，所以它不受缺失值的影响，也就是不用考虑由遮挡而导致的一些点不能被所有摄像机看到的情况。

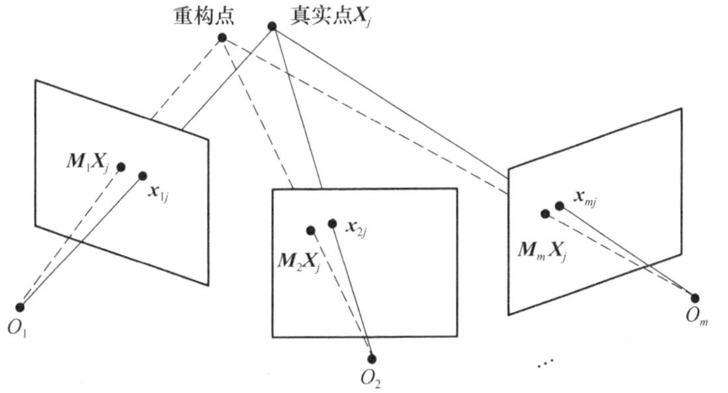

图 7-7 捆绑调整法示意图

给定 m 个摄像机的投影矩阵 $\boldsymbol{M}_i(i=1,\cdots,m)$ 和 n 个三维点 $\boldsymbol{X}_j(j=1,\cdots,n)$，我们将重投影误差定义如下：

$$
\begin{aligned}
E &= \frac{1}{mn}\sum_{i,j} D\ (\boldsymbol{x}_{ij}, \boldsymbol{M}_i\boldsymbol{X}_j)^2 \\
&= \frac{1}{mn}\sum_{i,j}\left[\left(u_{ij}-\frac{\boldsymbol{m}_{i1}\cdot\boldsymbol{X}_j}{\boldsymbol{m}_{i3}\cdot\boldsymbol{X}_j}\right)^2+\left(v_{ij}-\frac{\boldsymbol{m}_{i2}\cdot\boldsymbol{X}_j}{\boldsymbol{m}_{i3}\cdot\boldsymbol{X}_j}\right)^2\right]
\end{aligned}
\tag{7-47}
$$

此时，我们的目标就是优化上式，使得重投影误差的值最小。这是一个非线性最优化的问题，可以通过牛顿法或列文伯格-马夸尔特法进行求解，进而获得最优的摄像机投影矩阵和三维点坐标。

捆绑调整法具有较高的鲁棒性，可以同时处理大量视图，也能应对数据丢失等问题。但其计算量随着视图的数量及其待重建三维点个数的增加而急剧增长。另外，通过捆绑调整法获得的最终解是初始值的函数。因此，在实际的运动恢复结构系统中，少有直接使用捆绑调整法进行优化的。通常，我们先用分解法或代数方法进行初始的三维重建，然后，再利用捆绑调整法对重建的结果进行优化，以获得更高的重建质量。

7.3 透视结构升级

根据前面介绍的方法，我们可以从 m 张图像中估计投影矩阵 $\boldsymbol{M}_i^*(i=1,\cdots,m)$，同时重构出三维点 $\boldsymbol{X}_j^*(j=1,\cdots,n)$，但由于歧义的存在，透视结构恢复的场景与真实场景之间存在着较大的差异，如果 $\boldsymbol{M}_i$ 为真实的投影矩阵，$\boldsymbol{X}_j$ 为真实的三维点，则存在一个 4×4 的可逆矩阵 $\boldsymbol{H}$ 使得 $\boldsymbol{M}_i=\boldsymbol{M}_i^*\boldsymbol{H}$ 和 $\boldsymbol{X}_j=\boldsymbol{H}^{-1}\boldsymbol{X}_j^*$。矩阵 $\boldsymbol{H}$ 表示任意的变换。我们希望能得到与真实场景更接近的欧氏结构，所以这一节将介绍一种度量升级的方法，将场景的透视结构进一步恢复成欧氏结构。

透视投影矩阵 $\boldsymbol{M}_i$ 是一个 3×4 大小的矩阵，当所有摄像机的内参数已知时，$\boldsymbol{M}_i$ 最左边三列形成的 3×3 矩阵是一个由未知参数缩放后的旋转矩阵，将该矩阵的每一行看作一个三维向量，3 个向量之间两两垂直且具有相同的长度，可以得到下面 5 个等式：

$$
\begin{cases}
\boldsymbol{m}_{i1}^{\mathrm{T}}\boldsymbol{m}_{i2}=\boldsymbol{m}_{i1}^{*\mathrm{T}}\boldsymbol{H}_3\boldsymbol{H}_3^{\mathrm{T}}\boldsymbol{m}_{i2}^*=0 \\
\boldsymbol{m}_{i2}^{\mathrm{T}}\boldsymbol{m}_{i3}=\boldsymbol{m}_{i2}^{*\mathrm{T}}\boldsymbol{H}_3\boldsymbol{H}_3^{\mathrm{T}}\boldsymbol{m}_{i3}^*=0 \\
\boldsymbol{m}_{i3}^{\mathrm{T}}\boldsymbol{m}_{i1}=\boldsymbol{m}_{i3}^{*\mathrm{T}}\boldsymbol{H}_3\boldsymbol{H}_3^{\mathrm{T}}\boldsymbol{m}_{i1}^*=0 \\
\boldsymbol{m}_{i1}^{\mathrm{T}}\boldsymbol{m}_{i1}-\boldsymbol{m}_{i2}^{\mathrm{T}}\boldsymbol{m}_{i2}=\boldsymbol{m}_{i1}^{*\mathrm{T}}\boldsymbol{H}_3\boldsymbol{H}_3^{\mathrm{T}}\boldsymbol{m}_{i1}^*-\boldsymbol{m}_{i2}^{*\mathrm{T}}\boldsymbol{H}_3\boldsymbol{H}_3^{\mathrm{T}}\boldsymbol{m}_{i2}^*=0 \\
\boldsymbol{m}_{i2}^{\mathrm{T}}\boldsymbol{m}_{i2}-\boldsymbol{m}_{i3}^{\mathrm{T}}\boldsymbol{m}_{i3}=\boldsymbol{m}_{i2}^{*\mathrm{T}}\boldsymbol{H}_3\boldsymbol{H}_3^{\mathrm{T}}\boldsymbol{m}_{i2}^*-\boldsymbol{m}_{i3}^{*\mathrm{T}}\boldsymbol{H}_3\boldsymbol{H}_3^{\mathrm{T}}\boldsymbol{m}_{i3}^*=0
\end{cases}
\tag{7-48}
$$

其中 $\boldsymbol{H}_3$ 是由矩阵 $\boldsymbol{H}$ 最左边三列形成的 4×3 的矩阵。为了唯一地确定矩阵 $\boldsymbol{H}$，我们假设世界坐标系和第一个摄像机的坐标系重合。当给定 m 张图像时，我们可以从上式中得到关于 $\boldsymbol{H}$ 的 12 个线性方程和 $5(m-1)$ 个二次方程，这些方程可以使用非线性最小二乘法进行求解。

倘若以对称矩阵 $\boldsymbol{A}=\boldsymbol{H}_3\boldsymbol{H}_3^{\mathrm{T}}$ 作为求解目标，则上面的约束等式都是线性的，可以从至少两张图像中利用线性最小二乘法进行估计，且保证 $\boldsymbol{A}$ 的秩为3。估计出矩阵 $\boldsymbol{A}$ 后，需要从中恢复出 $\boldsymbol{H}$。因为 $\boldsymbol{A}$ 为对称矩阵，所以它可以写为

$$\boldsymbol{A}=\boldsymbol{U}\boldsymbol{D}\boldsymbol{U}^{\mathrm{T}} \tag{7-49}$$

其中，$\boldsymbol{D}$ 是由 $\boldsymbol{A}$ 的特征值形成的对角矩阵，$\boldsymbol{U}$ 是由其特征向量形成的正交矩阵。在没有噪声的情况下，矩阵 $\boldsymbol{A}$ 是半正定的，具有3个正特征值和一个零特征值，于是可以计算出 $\boldsymbol{H}_3$：

$$\boldsymbol{H}_3=\boldsymbol{U}_3\sqrt{\boldsymbol{D}_3} \tag{7-50}$$

其中，$\boldsymbol{U}_3$ 是由 $\boldsymbol{U}$ 中与 $\boldsymbol{A}$ 的正特征值无关的列所组成的矩阵，$\boldsymbol{D}_3$ 是矩阵 $\boldsymbol{D}$ 对应的子矩阵。

然而，通常情况下由于噪声的存在，矩阵 $\boldsymbol{A}$ 会具有最大秩，它的最小特征值甚至可能为负数，如果我们仍然取 $\boldsymbol{U}_3$，$\boldsymbol{D}_3$ 为 $\boldsymbol{U}$ 和 $\boldsymbol{D}$ 中与 $\boldsymbol{A}$ 的3个最大(正)特征值相关的子矩阵，那么在F范数的意义下 $\boldsymbol{U}_3\boldsymbol{D}_3\boldsymbol{U}_3^{\mathrm{T}}$ 就是秩为3的半正定矩阵 $\boldsymbol{A}$ 的最优近似，我们仍然可以利用 $\boldsymbol{H}_3=\boldsymbol{U}_3\sqrt{\boldsymbol{D}_3}$ 来计算 $\boldsymbol{H}_3$。

这种方法适用于摄像机内参数已知的情况。现在我们将矩阵 $\boldsymbol{H}$ 写为 $\boldsymbol{H}=(\boldsymbol{H}_3,\boldsymbol{h}_4)$，$\boldsymbol{H}_3$ 仍然是 $\boldsymbol{H}$ 左三列形成的 4×3 矩阵，$\boldsymbol{h}_4$ 是一个四维列向量，代入等式 $\boldsymbol{M}_i=\boldsymbol{M}_i^*\boldsymbol{H}$ 可以得到

$$\boldsymbol{M}_i^*(\boldsymbol{H}_3,\boldsymbol{h}_4)=\boldsymbol{K}_i(\boldsymbol{R}_i\quad \boldsymbol{t}_i)\quad\Rightarrow\quad \boldsymbol{M}_i^*\boldsymbol{H}_3=\boldsymbol{K}_i\boldsymbol{R}_i \tag{7-51}$$

其中，$\boldsymbol{K}_i$，$(\boldsymbol{R}_i\quad \boldsymbol{t}_i)$ 分别表示摄像机的内、外参数矩阵。因为旋转矩阵 $\boldsymbol{R}_i$ 是正交矩阵，所以有如下等式：

$$\boldsymbol{M}_i^*\boldsymbol{A}\boldsymbol{M}_i^{*\mathrm{T}}=\boldsymbol{K}_i\boldsymbol{K}_i^{\mathrm{T}} \tag{7-52}$$

因此，每一张图像就为矩阵 $\boldsymbol{A}$ 和矩阵 $\boldsymbol{K}_i$ 之间建立了一个约束。假如每个摄像机的图像中心已知，我们可以将矩阵 $\boldsymbol{K}_i$ 的平方写为

$$\boldsymbol{K}_i\boldsymbol{K}_i^{\mathrm{T}}=\begin{pmatrix} \alpha_i^2\dfrac{1}{\sin^2\theta_i} & -\alpha_i\beta_i\dfrac{\cos\theta_i}{\sin^2\theta_i} & 0 \\ -\alpha_i\beta_i\dfrac{\cos\theta_i}{\sin^2\theta_i} & \beta_i^2\dfrac{1}{\sin^2\theta_i} & 0 \\ 0 & 0 & 1 \end{pmatrix} \tag{7-53}$$

一组约束为对称矩阵 $\boldsymbol{A}$ 中的10个未知数提供了两个独立的线性方程，所以当图像数目大于等于5时，我们可以通过线性最小二乘法对这些未知数进行估计。估计出矩阵 $\boldsymbol{A}$ 后，通过上面介绍的方法可以估算出 $\boldsymbol{H}$。

7.4 基于增量法的多视图欧氏结构恢复

在本节中，我们讨论一种较为成熟的运动恢复结构系统。首先，我们以直线拟合为例介绍通用的模型拟合算法，以支持鲁棒的基础矩阵估计；其次，引入一个新的摄像机位姿估计问题——PnP问题，并给出解决该问题的一种基本方法，即P3P方法；最后，我们讨论实际中常用的增量式SfM框架，实现从图像到三维点云的生成。

7.4.1 拟合方法

根据前面极几何的内容，我们知道两张视图间的基础矩阵只需 8 组对应点即可求出。而在实际应用时，通过特征点检测与匹配我们可以得到大量的对应点。但这些对应点通常包含噪声，即错误的匹配点。从这些含有噪声的点对中准确地估计基础矩阵本质上是一个模型拟合问题。

拟合的目标就是找到最能描述观测数据的参数化模型。本小节主要以二维平面上的直线拟合任务为例来介绍两种常用的模型拟合方法：最小二乘拟合与 RANSAC 算法。

1. 最小二乘拟合

最小二乘拟合的基本思想就是通过最小化误差的平方和来寻找模型的最优参数。给定二维平面中的 n 个数据点 $\{(x_i, y_i)\}_{i=1}^{n}$，设置直线模型为 $y=mx+b$，其中 m 和 b 为模型参数。我们不知道参数 m 和 b 的具体取值，并且由于噪声，这 n 个数据点的坐标可能偏离了其真实位置。为此，直线拟合的目标就是从这些受噪声污染的数据点中确定 m 和 b 的最优取值，如图 7-8 所示。

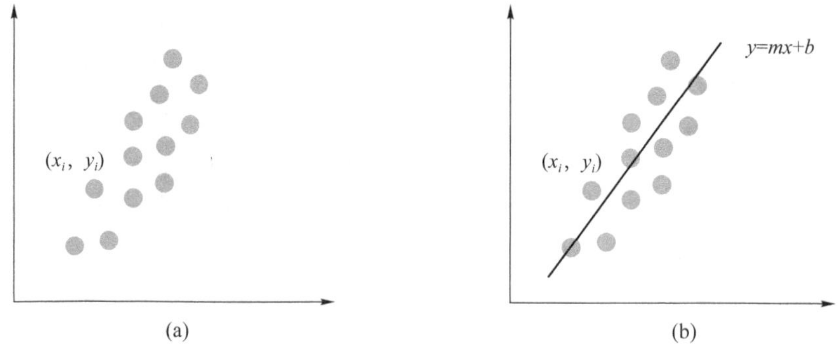

图 7-8 数据点分布与目标直线模型

我们可以通过计算模型输出与数据点 y 轴的数值之差来设置拟合误差：

$$E=\sum_{i=1}^{n}(y_i-(mx_i+b))^2 \tag{7-54}$$

其中，mx_i+b 可以表示成两个矩阵的点积形式：

$$mx_i+b \rightarrow (x_i \quad 1)\begin{pmatrix} m \\ b \end{pmatrix} \tag{7-55}$$

将其代入总拟合误差的公式中，可以得到

$$E=\sum_{i=1}^{n}\left(y_i-(x_i \quad 1)\begin{pmatrix} m \\ b \end{pmatrix}\right)^2=\left\|\begin{pmatrix} y_1 \\ \vdots \\ y_n \end{pmatrix}-\begin{pmatrix} x_1 & 1 \\ \vdots & \vdots \\ x_n & 1 \end{pmatrix}\begin{pmatrix} m \\ b \end{pmatrix}\right\|^2=\|\boldsymbol{Y}-\boldsymbol{Xh}\|^2 \tag{7-56}$$

这个式子等价于

$$E=\|\boldsymbol{Y}-\boldsymbol{Xh}\|^2=(\boldsymbol{Y}-\boldsymbol{Xh})^{\mathrm{T}}(\boldsymbol{Y}-\boldsymbol{Xh})=\boldsymbol{Y}^{\mathrm{T}}\boldsymbol{Y}-2(\boldsymbol{Xh})^{\mathrm{T}}\boldsymbol{Y}+(\boldsymbol{Xh})^{\mathrm{T}}(\boldsymbol{Xh}) \tag{7-57}$$

于是，原始问题转化为寻找向量 $\boldsymbol{h}=(m \quad b)^{\mathrm{T}}$，使总拟合误差 E 最小化。在式(7-57)的两边

同时对向量 $\boldsymbol{h}$ 求导，并令导数为 0，可得到

$$\frac{\partial E}{\partial \boldsymbol{h}}=-2\boldsymbol{X}^{\mathrm{T}}\boldsymbol{Y}+2\boldsymbol{X}^{\mathrm{T}}\boldsymbol{X}\boldsymbol{h}=0 \tag{7-58}$$

则需要求解向量 $\boldsymbol{h}$ 使得下式成立：

$$\boldsymbol{X}^{\mathrm{T}}\boldsymbol{X}\boldsymbol{h}=\boldsymbol{X}^{\mathrm{T}}\boldsymbol{Y} \tag{7-59}$$

当 $\boldsymbol{X}^{\mathrm{T}}\boldsymbol{X}$ 是非奇异矩阵时，可通过下式求解向量 $\boldsymbol{h}$：

$$\boldsymbol{h}=(\boldsymbol{X}^{\mathrm{T}}\boldsymbol{X})^{-1}\boldsymbol{X}^{\mathrm{T}}\boldsymbol{Y} \tag{7-60}$$

求解出向量 $\boldsymbol{h}$，即可得到相应的直线模型。但是，这种直线模型以点的 y 轴偏差作为拟合误差具有很大的局限性。当直线趋于竖直时拟合误差大，难以获得良好的拟合效果，也无法表示垂直于水平轴的直线。为了解决这个问题，可以将直线模型更改为 $ax+by=d$，包含 3 个参数 a，b 和 d，且 $a^2+b^2=1$，以数据点到直线的距离作为拟合误差，如图 7-9 所示。

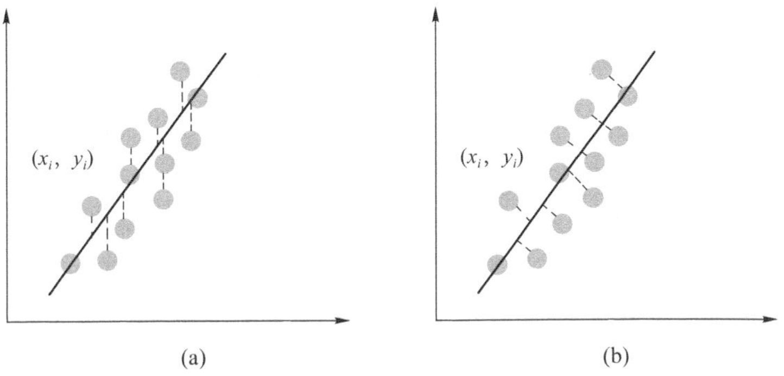

图 7-9 以 y 轴误差作为拟合误差和以数据点到直线的距离作为拟合误差

此时，总拟合误差 E 的公式变更为

$$E=\sum_{i=1}^{n}(ax_i+by_i-d)^2 \tag{7-61}$$

直接对参数 d 进行求导，并令导数等于 0，可得到

$$\frac{\partial E}{\partial d}=\sum_{i=1}^{n}-2(ax_i+by_i-d) \tag{7-62}$$

可以求解出参数 d 为

$$d=\frac{a}{n}\sum_{i=1}^{n}x_i+\frac{b}{n}\sum_{i=1}^{n}y_i=a\bar{x}+b\bar{y} \tag{7-63}$$

其中，$\bar{x}$ 和 $\bar{y}$ 分别表示所有数据点的 x 值和 y 值的平均数。将参数 d 代入总拟合误差 E 中，可以得到

$$E=\sum_{i=1}^{n}\left(a(x_i-\bar{x})+b(y_i-\bar{y})\right)^2 \tag{7-64}$$

将得到的总拟合误差 E 写作矩阵的形式，如下：

$$E=\left\|\begin{pmatrix} x_1-\bar{x} & y_1-\bar{y} \\ \vdots & \vdots \\ x_n-\bar{x} & y_n-\bar{y} \end{pmatrix}\begin{pmatrix} a \\ b \end{pmatrix}\right\|^2=(\boldsymbol{UN})^{\mathrm{T}}(\boldsymbol{UN}) \tag{7-65}$$

其中,矩阵 $\boldsymbol{U}=\begin{pmatrix} x_1-\bar{x} & y_1-\bar{y} \\ \vdots & \vdots \\ x_n-\bar{x} & y_n-\bar{y} \end{pmatrix}$,$\boldsymbol{N}$ 为参数向量 $\begin{pmatrix} a \\ b \end{pmatrix}$。在式(7-65)两边同时对参数向量 $\boldsymbol{N}$ 求导,并令导数等于 0,可得到

$$\frac{\partial E}{\partial \boldsymbol{N}}=2(\boldsymbol{U}^{\mathrm{T}}\boldsymbol{U})\boldsymbol{N}=0 \tag{7-66}$$

其中 $\boldsymbol{U}^{\mathrm{T}}\boldsymbol{U}=\begin{bmatrix} \sum_{i=1}^{n}(x_i-\bar{x})^2 & \sum_{i=1}^{n}(x_i-\bar{x})(y_i-\bar{y}) \\ \sum_{i=1}^{n}(x_i-\bar{x})(y_i-\bar{y}) & \sum_{i=1}^{n}(y_i-\bar{y})^2 \end{bmatrix}$。

通过式(7-66)得到的是齐次线性方程组,且 $a^2+b^2=1$。根据特征值与特征向量的性质,参数向量 $\boldsymbol{N}$ 为矩阵 $\boldsymbol{U}^{\mathrm{T}}\boldsymbol{U}$ 的最小特征值对应的特征向量。

求解出参数向量 $\boldsymbol{N}$ 后,就可以得到相应的直线拟合模型。相对于使用数据点 y 方向上的误差作为拟合误差,使用点到直线的距离作为拟合误差获得的模型不会受到坐标系选择的影响。

然而在实际应用中,最小二乘拟合法易受异常值的影响。如图 7-10 所示,在没有异常点的数据中,最小二乘拟合法很好地拟合了数据点〔图 7-10(a)〕;一旦数据中包含异常点,拟合出的直线模型会存在较大的偏差〔图 7-10(b)〕。这种异常点一般也称作外点,与之对应的正常数据则称为内点,采集和抄录数据点过程中的失误是外点的一个重要来源。

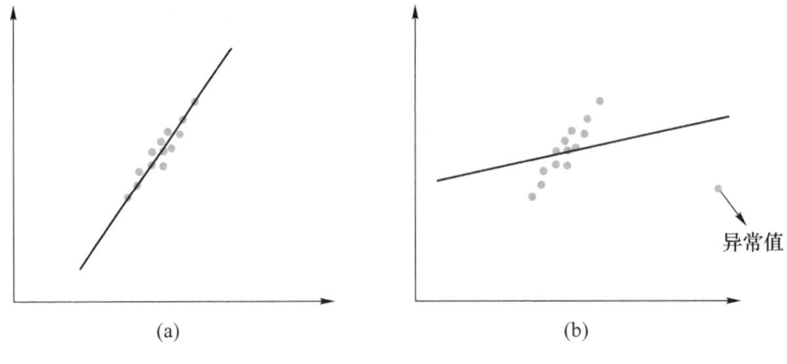

图 7-10 最小二乘拟合法对于异常值不鲁棒

针对这个问题,我们可以通过增加鲁棒因子来减小异常值对模型的影响,该方法也称为鲁棒最小二乘拟合。增加鲁棒因子后,最小化的目标函数也相应地改为

$$E=\sum_{i=1}^{n}\rho(r_i(x_i,\theta);\sigma) \tag{7-67}$$

其中,$r_i(x_i,\theta)$ 表示第 i 个数据点的拟合误差,θ 是模型拟合的参数,σ 是鲁棒因子。一般地,鲁棒函数 $\rho(\mu;\sigma)$ 的形式定义如下:

$$\rho(\mu;\sigma)=\frac{\mu^2}{\mu^2+\sigma^2} \tag{7-68}$$

当鲁棒因子取不同的值时,鲁棒函数的形状会产生不同的改变,如图 7-11 所示。

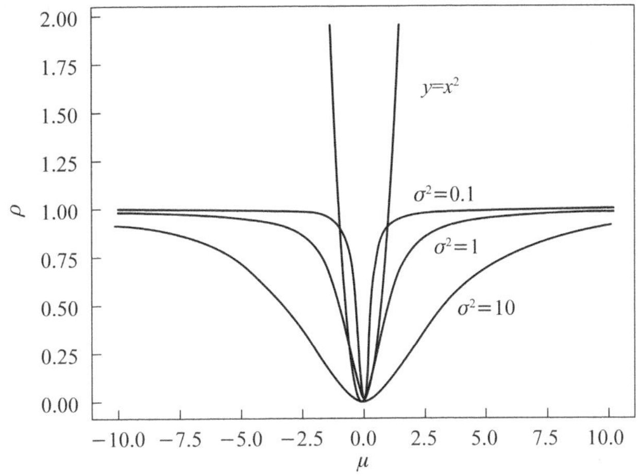

图 7-11　函数 $\rho(\mu;\sigma)=\frac{\mu^2}{\mu^2+\sigma^2}$，$\sigma^2=0.1,1,10$，并与 $y=x^2$ 做对比

当某个数据点的拟合误差很大时，说明该数据点可能是异常点，此时 ρ 的值接近 1。当数据点的拟合误差很小的时候，ρ 是关于 μ^2 的函数。也就是说，鲁棒函数 ρ 对于误差越大的数据点惩罚也越大。鲁棒因子 σ 是鲁棒函数的重要参数，设置不同的 σ 值，对于拟合结果也会有不同的影响，如图 7-12 所示。

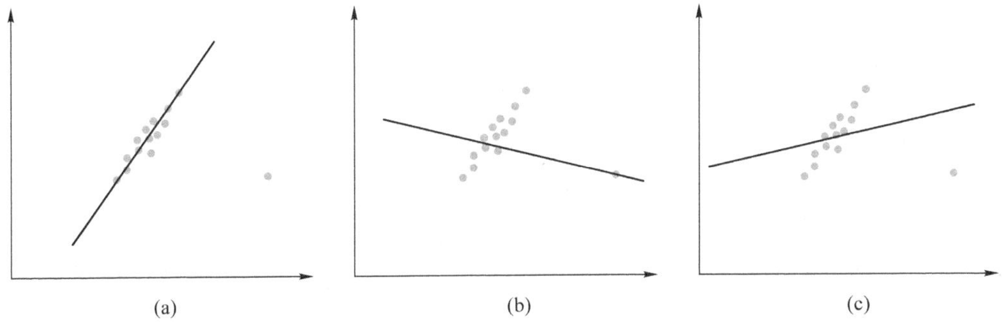

图 7-12　不同鲁棒因子的拟合结果（从左到右依次为鲁棒因子大小设置合适、过小、过大）

从图 7-12 中可以看出，鲁棒因子设置合适时，外点的影响可以被忽略，模型可以拟合得很好。鲁棒因子设置过小时，拟合对所有数据点都不敏感，直线与数据点的关系变得模糊。鲁棒因子设置过大时，外点的影响还是很大，拟合模型退化为未加鲁棒因子状态。因此，如果我们对于数据分布有较好的先验信息，就可以根据先验来确定鲁棒因子，较好的先验信息会让鲁棒最小二乘拟合更加有效。

2. RANSAC 算法

虽然鲁棒最小二乘拟合可以在一定程度上降低外点对模型的影响，但在外点较多的情况下，最小二乘拟合是不适用的。在实际工程中更多的是采用随机采样一致（Random Sample Consensus，RANSAC）算法，该算法在外点较多的情况下仍具有较好的拟合效果。

RANSAC 算法的基本思想是多次选取数据点中的随机子集来拟合模型，通过评估符合模型的内点数量来筛选模型并进行重新拟合，从而得到受外点影响最小的最优模型。与最小二乘拟合方法相比，RANSAC 算法更大概率以内点数据拟合模型，在很大程度上排除了外点的干扰，具有更好的鲁棒性。算法 7-1 展示了 RANSAC 算法的流程。

算法 7-1 RANSAC 算法

//输入：数据集、采样点数 n、迭代次数 k、点的误差阈值 t、内点数目阈值 d。
//输出：拟合模型。

- 迭代 k 次：
  - 从数据集中均匀地随机采样 n 个点。
  - 用 n 个采样点进行模型拟合。
  - 对于在采样外的每一个点：
    - 使用阈值 t 比较点到直线的距离，如果距离小于 t，则判定该点是内点。
  - 如果判定出有大于等于 d 个内点，则认为该模型合理，重新用这些点拟合模型。
- 使用拟合误差作为准则，挑选出最好的拟合模型。

合适的参数对 RANSAC 模型的拟合效果至关重要，包括采样点数、判断一个点是否为内点的阈值、判断一个拟合模型是否合理所需要的内点数目、迭代次数。下面我们来具体介绍相应参数的选择。

（1）采样点数 n

每次采样的数据点数 n 是模型拟合需要的最少数据点数。在平面直线拟合任务中，两个数据点便可确定一条直线，于是 n 设置为 2。

（2）判断一个点是否为内点的阈值 t

对于阈值 t，一般将满足到直线的距离 $\delta \leqslant t$ 的数据点以不低于 q（一般设置为 0.95）的概率判断为内点。例如，假设 δ 满足均值为零、标准差为 σ 的高斯分布（可以认为是噪声的分布），则由 $P(\delta \leqslant t)=0.95$ 可推出 $t^2=3.84\sigma^2$。

（3）判断一个拟合模型是否合理所需要的内点数目 d

通过计算点到直线的距离并与阈值 t 比较统计出当前模型估计的内点数目，设置内点数目阈值 d 来判断模型拟合效果的优劣，d 在数据点总数中的比重应与数据点中真实内点的比重相匹配。

（4）迭代次数 k

对于迭代次数 k，我们希望至少有一次采样的数据点都为内点。假设 e 表示数据点中外点的占比，则采样一次至少有一个点是外点的概率为 $1-(1-e)^n$，全部 k 次采样都会采到外点的概率为 $(1-(1-e)^n)^k$。进一步，假设 p 表示 k 次采样中至少有一次采样抽取的数据点全为内点的概率，可以得到

$$1-p=(1-(1-e)^n)^k \tag{7-69}$$

通过上式，可以求得

$$k=\frac{\ln(1-p)}{\ln(1-(1-e)^n)} \tag{7-70}$$

式(7-70)表示，迭代次数 k 由 p，n 和 e 3 个参数确定，其中，n 已选定。

为了保证 RANSAC 算法输出的模型具有较高的可靠度，通常会为置信度 p 设置一个较大的值，例如，设置 $p=0.99$。

参数 e 通常是无法提前预知的，致使迭代次数 k 无法确定。针对这一问题，我们介绍一种自动调整迭代次数 k 的 RANSAC 算法，如算法 7-2 所示。

算法 7-2　自适应确定迭代次数 k 的算法

//输入：$k=\infty$，count=0，count 代表采样计数。
//输出：迭代次数 k。

■ 当 count<k 时：
- 进行一次采样和模型拟合，计算内点数；
- 计算外点率 $e=1-\frac{内点数}{数据集的样本数}$；
- 根据式(7-70)更新 k，即 $k=\frac{\ln(1-p)}{\ln(1-(1-e)^n)}$；
- count=count+1。

■ 输出迭代次数 k。

由式(7-70)可知，迭代次数 k 由 p，n 和 e 3 个参数确定。表 7-1 展示了当设置 $p=0.99$ 时，随着外点率 e 与采样点数 n 的变化，迭代次数 k 的变化情况。

表 7-1　随着外点率 e 与采样点数 n 的变化，迭代次数 k 的变化情况

n	e						
	5%	10%	20%	25%	30%	40%	50%
2	2	3	5	6	7	11	17
3	3	4	7	9	11	19	35
4	3	5	9	13	17	34	72
5	4	6	12	17	26	57	146
6	4	7	16	24	37	97	293
7	4	8	20	33	54	163	588
8	5	9	26	44	78	272	1 177

从表 7-1 可以看出，随着 e 的增大，k 将增大；随着 n 的增大，k 也将增大。图 7-13 展示了当 $p=0.99$，$n=2$ 时，迭代次数 k 随着外点率 e 的变化情况。

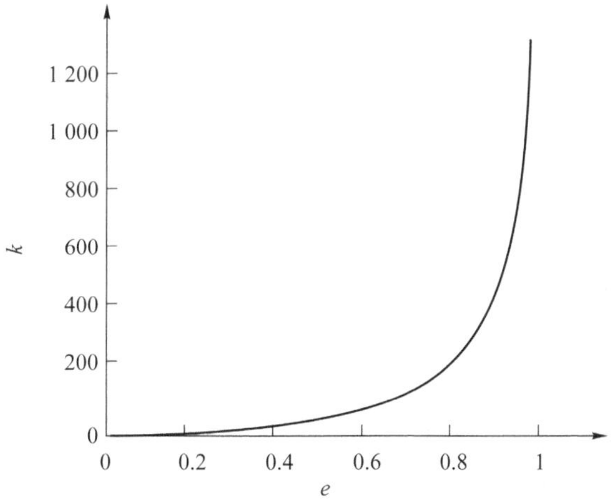

图 7-13　当 $p=0.99$，$n=2$ 时，迭代次数 k 随着外点率 e 的变化情况

从图 7-13 中可以看出，当 $e<0.8$ 时，采样次数 k 随着 e 的增大而增大，并且增速比较缓慢；一旦 $e>0.8$，则增速明显增加。

最后总结 RANSAC 算法的优缺点。对于外点较多的模型拟合问题，RANSAC 算法是一种简单实用的框架，在工程应用中可以获得不错的性能。但 RANSAC 算法有多个参数需要设置，在内点占比小的任务中需要进行大量的迭代，且迭代次数受初始模型选择影响较大。

7.4.2 PnP 问题与 P3P 方法

7.2.1 节介绍的两视图欧氏结构恢复方法在求解摄像机的外参数时，通常假设图像间的特征点对应关系已经建立；接下来，基于特征点对应关系计算基础矩阵；然后，通过基础矩阵与摄像机内参数矩阵计算出本质矩阵；最后，再对本质矩阵进行分解得到摄像机外参数。在本小节中，我们将学习一种新的摄像机外参数求解方法——P3P 方法。

在介绍 P3P 方法之前，我们先给大家介绍 PnP 问题。给定空间中 n 个点的三维坐标以及其在图像平面上的投影点的像素坐标，求解该图像对应的摄像机位姿（如图 7-14 所示），这种问题便称为 PnP 问题。

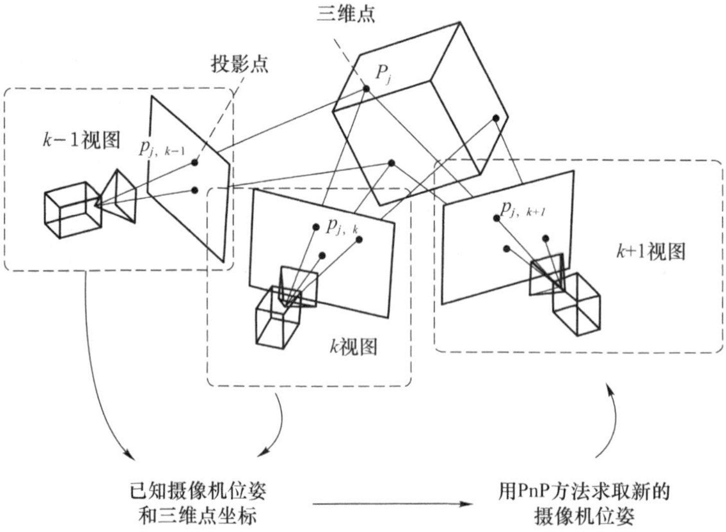

图 7-14 PnP 问题示意图

PnP 问题有很多求解方法，这里我们介绍一种最基本的 P3P 方法。P3P 方法指的是通过空间中 3 个点的三维坐标及其在图像中的 3 个投影点的像素坐标，计算摄像机位姿的方法。如图 7-15 所示，O 点为待求解的摄像机中心，已知世界坐标系中三维点 A,B,C 的坐标和它们在该摄像机中的投影点 a,b,c 的坐标，并且已知该摄像机的内参数，求解该摄像机的外参数。

P3P 问题求解的核心思路主要分为两部分：第一，求解 A,B,C 三点在当前摄像机坐标系下的坐标；第二，通过 A,B,C 在当前摄像机下的坐标以及其在世界坐标系下的坐标，估计摄像机相对于世界坐标系的旋转与平移，进而获得摄像机的外参数。

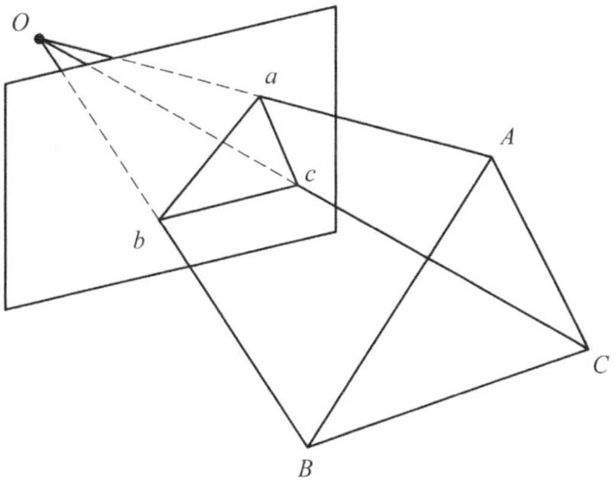

图 7-15 P3P 问题示意图

假设该摄像机的内参数矩阵为 $\boldsymbol{K}$,三维点 A,B,C 在摄像机坐标系下的坐标为 $\boldsymbol{A}_c,\boldsymbol{B}_c,\boldsymbol{C}_c$,则对于 A 点来说,其投影关系可以写为

$$\boldsymbol{a}=\boldsymbol{K}(\boldsymbol{I}\quad \boldsymbol{0})\boldsymbol{A}_c \tag{7-71}$$

因为 $\boldsymbol{K}$ 是可逆矩阵,所以将 $\boldsymbol{K}$ 移到左边得到 $\boldsymbol{K}^{-1}\boldsymbol{a}=(\boldsymbol{I}\quad \boldsymbol{0})\boldsymbol{A}_c$,可以看作 $\boldsymbol{A}_c$ 经过一个规范化摄像机投影到 $\boldsymbol{K}^{-1}\boldsymbol{a}$,由于规范化摄像机中三维点的欧氏坐标是其二维投影点的齐次坐标,于是在摄像机坐标系中 OA 方向的单位向量 $\overrightarrow{oa}$ 可以写为

$$\overrightarrow{oa}=\frac{\boldsymbol{K}^{-1}\boldsymbol{a}}{\sqrt{\|\boldsymbol{K}^{-1}\boldsymbol{a}\|}} \tag{7-72}$$

同理,OB 方向和 OC 方向的单位向量也可求出,整理如下:

$$\begin{cases}\overrightarrow{oa}=\dfrac{\boldsymbol{K}^{-1}\boldsymbol{a}}{\sqrt{\|\boldsymbol{K}^{-1}\boldsymbol{a}\|}}\\[2ex] \overrightarrow{ob}=\dfrac{\boldsymbol{K}^{-1}\boldsymbol{b}}{\sqrt{\|\boldsymbol{K}^{-1}\boldsymbol{b}\|}}\\[2ex] \overrightarrow{oc}=\dfrac{\boldsymbol{K}^{-1}\boldsymbol{c}}{\sqrt{\|\boldsymbol{K}^{-1}\boldsymbol{c}\|}}\end{cases} \tag{7-73}$$

利用向量夹角公式可以求出这 3 个向量两两之间的夹角,即

$$\begin{cases}\cos\langle\overrightarrow{oa},\overrightarrow{ob}\rangle=\overrightarrow{oa}\cdot\overrightarrow{ob}\\ \cos\langle\overrightarrow{ob},\overrightarrow{oc}\rangle=\overrightarrow{ob}\cdot\overrightarrow{oc}\\ \cos\langle\overrightarrow{oa},\overrightarrow{oc}\rangle=\overrightarrow{oa}\cdot\overrightarrow{oc}\end{cases} \tag{7-74}$$

也就得到了 $\angle AOB$,$\angle BOC$ 和 $\angle AOC$ 的余弦值,分别在 $\triangle AOB$,$\triangle BOC$ 和 $\triangle AOC$ 中应用余弦定理可以得到如下 3 个等式:

$$\begin{cases}OA^2+OB^2-2OA\cdot OB\cdot\cos\langle\overrightarrow{oa},\overrightarrow{ob}\rangle=AB^2\\ OB^2+OC^2-2OB\cdot OC\cdot\cos\langle\overrightarrow{ob},\overrightarrow{oc}\rangle=BC^2\\ OA^2+OC^2-2OA\cdot OC\cdot\cos\langle\overrightarrow{oa},\overrightarrow{oc}\rangle=AC^2\end{cases} \tag{7-75}$$

三维点 A,B,C 在世界坐标系中的坐标已知，可以直接计算出 AB,BC,AC 的长度，上述 3 个等式便形成了一个三元二次方程组，其中 OA,OB,OC 的长度为 3 个未知量，该方程组的求解较为复杂，这里不再详细介绍，具体解法可以参考相关论文。该方程组最终可能有 4 组解，所以我们需要再引入一验证点 D 来确定最终的解，如图 7-16 所示。同 A,B,C 一样，验证点 D 在世界坐标系中的坐标及其投影点的坐标均一致，可与 A,B,C 中每两点组合，总共可以列出 3 组约束方程组，以此来确定原方程组的解。

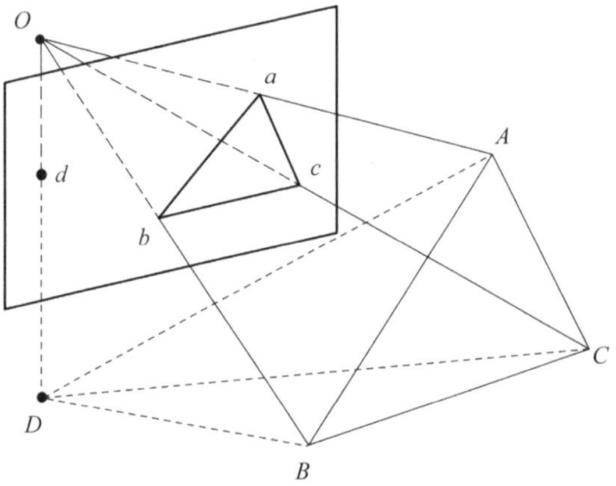

图 7-16　验证点示意图

得到线段 OA,OB,OC 的长度后，又已知它们在摄像机坐标系下的方向向量，可以直接得到 A,B,C 三点在摄像机坐标系下的坐标 $\boldsymbol{A}_c,\boldsymbol{B}_c,\boldsymbol{C}_c$。

假设摄像机坐标系相对于世界坐标系的旋转为 $\boldsymbol{R}$，平移为 $\boldsymbol{t}$，则坐标 $\boldsymbol{A},\boldsymbol{B},\boldsymbol{C}$ 和坐标 $\boldsymbol{A}_c$，$\boldsymbol{B}_c,\boldsymbol{C}_c$ 有如下关系：

$$\begin{cases} \boldsymbol{A}_c = \begin{pmatrix} \boldsymbol{R} & \boldsymbol{t} \\ \boldsymbol{0}^T & 1 \end{pmatrix}\boldsymbol{A} \\ \boldsymbol{B}_c = \begin{pmatrix} \boldsymbol{R} & \boldsymbol{t} \\ \boldsymbol{0}^T & 1 \end{pmatrix}\boldsymbol{B} \\ \boldsymbol{C}_c = \begin{pmatrix} \boldsymbol{R} & \boldsymbol{t} \\ \boldsymbol{0}^T & 1 \end{pmatrix}\boldsymbol{C} \end{cases} \tag{7-76}$$

这是一个典型的刚体变换估计问题，我们可以用奇异值分解的方法或其他非线性方法进行求解，这里不再详细讨论，感兴趣的读者可参考相关论文。

在 PnP 问题中，我们不需要使用极几何约束关系，并且可以在较少匹配点的情况下获得很好的估计结果。所以在多视图运动恢复结构中，我们通常通过已三角化求出的三维点及其在新摄像机上的投影点来求解 PnP 问题，从而得到新的摄像机位姿。

P3P 计算简单有效，但由于只利用了三组点的信息，易受噪声干扰，并且当已知点的信息多于三组时，无法进行综合利用。关于求解 PnP 问题还有很多改进算法，例如 EPnP、UPnP 等，它们利用了更多的信息，采用迭代的方式进行优化，减少了噪声的影响，提升了估计的鲁棒性。

7.4.3 增量式 SfM 系统

现代摄像机拍摄的图像通常包含 EXIF 信息，它会记录摄像机品牌、拍摄日期以及摄像机的各项参数。因此，我们可以从 EXIF 信息中得到摄像机的内参数。所以，在实际的场景重建任务中，我们需要面对的大部分都是欧氏结构恢复问题。

在本小节中，我们介绍一种工程应用中常用的增量式 SfM 方法。多数主流的 SfM 系统，例如 OpenMVG 和 Colmap 等，都是基于增量法的原理实现的。一个典型的增量式 SfM 系统，以多个摄像机拍摄的多张图像作为系统的输入，将重建的三维点云和摄像机位姿作为输出。系统需要先对图像进行预处理，提取特征点，获得特征点在多个视图中的对应关系，之后再进行三角化重建。总体来说，整个系统的运作流程主要包括两大步骤：图像预处理（图像特征点检测与匹配）和运动恢复结构（增量法）。

在图像预处理阶段，我们直接读取图像的 EXIF 信息，获得图像对应摄像机的内参数。然后，在每张图像中提出具有代表性的特征点。SIFT 特征是增量式 SfM 方法中常用的特征。SIFT 特征提取器可以找到图像中具有尺度不变性的特征点，同时可得到每个特征点对应的 128 维特征描述子。接下来，依据特征描述子的相似性来建立各个图像间的特征点对应关系。假设给定两张图像 I_1 与 I_2，我们可以通过如下步骤建立两张图像之间的特征点对应关系。

① 对于 I_1 图像中的特征点 i，在 I_2 图像中找到距离其最近的特征点 j_1 以及次近特征点 j_2，并记录 j_1，j_2 与特征点 i 之间的距离 d_1，d_2。注意此处的距离指的是特征描述子之间的欧氏距离。

② 计算距离比 d_1/d_2，如果比值小于某个阈值（比如 0.6），则认为特征点 i 与特征点 j_1 是一对匹配点。

采用带阈值约束的近邻法进行特征点匹配，可以在一定程度上过滤掉不可靠的特征点对应关系。但这种方法并不能保证得到的点对应关系都是正确的，在实际应用中不可避免地会存在少数错误的匹配。此时，可以采用 RANSAC 算法估计基础矩阵，以减少错误匹配带来的影响。具体来说，RANSAC 算法先从全部的特征点对中随机采样 8 组，通过归一化八点法计算出一个基础矩阵 $\boldsymbol{F}$；然后，用剩余的特征点对对其进行验证，并记录满足该 $\boldsymbol{F}$ 的点对数目；重复前述步骤多次，最后取出记录点对数目最多的 $\boldsymbol{F}$ 作为最终的估计结果。

上述过程就是增量式 SfM 方法的预处理内容，该过程的流程如算法 7-3 所示。

算法 7-3　预处理算法流程
//输入：图像集。 //输出：几何校验后的特征点匹配结果。
(1) 计算特征点对应关系 　① 提取特征点并计算描述子。 　②利用近邻法建立特征点对应关系。 (2) 利用几何一致性过滤误匹配 　采用 RANSAC 算法估计基础矩阵。

完成图像的预处理后，我们可以开始增量式的三维场景重建了。这一过程大致可以分

为 3 个阶段:连通图(共视图)构建、初始点云建立以及增量式重建。

在连通图(共视图)构建阶段,我们用轨迹(tracks)来表示多个视图中特征点之间的匹配关系。如图 7-17 所示,不同视图中观测到的同一三维点的投影点用直线连接,这条线就称为轨迹,其长度定义为线上特征点的个数。轨迹越长表示三维点在图像中出现的次数越多,则重建该三维点的可靠性越高。所以,可以根据轨迹长度筛选掉部分特征点对,以增加重建的鲁棒性。在 OPENMVG 中,轨迹的长度门限设置为 3,即轨迹长度低于 3 的特征点对不会进行重建。接下来,我们建立连通图 G 来记录图像之间的共视关系。两张图像中特征点匹配的数目越多,它们共同看到的三维点就越多(每一对特征匹配点都可以定义三维空间中的一个点)。图 7-18 展示了 6 张图像的连通图,图中每一个节点都表示一张图像,节点间是否存在连接边,取决于它们之间的特征点匹配数目。如果匹配数目大于某个门限(例如 100,视实际情况而定),则会在节点间建立一条边。

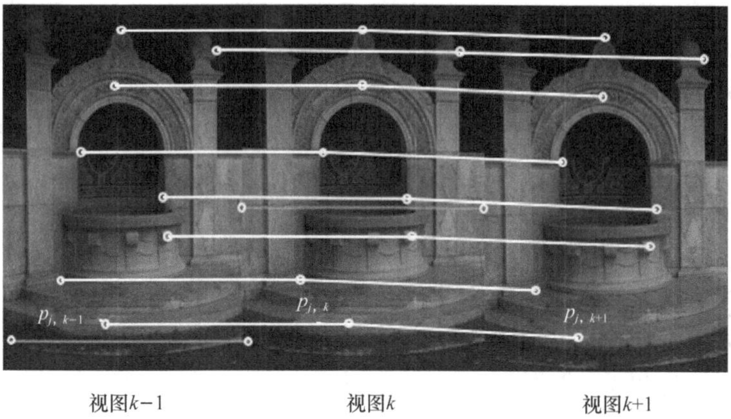

图 7-17　轨迹示意图

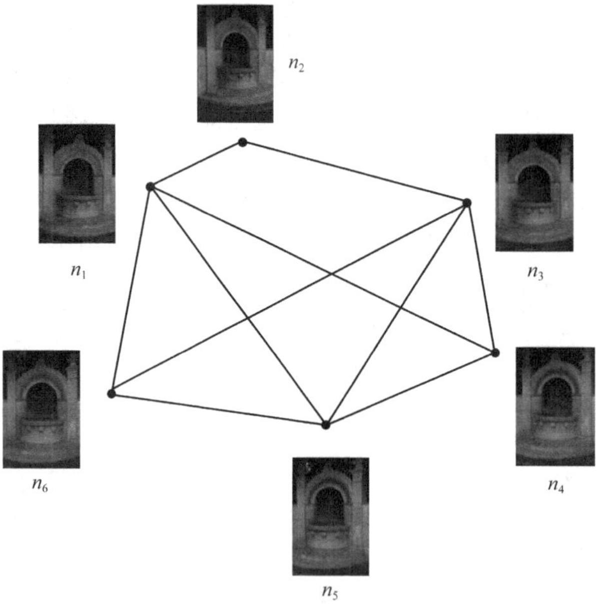

图 7-18　连通图示意

在初始点云建立阶段，我们需要在连通图 G 中选取一条边 e，用两视图欧氏结构恢复方法重建三维场景的初始点云（三维点）。为了减小三角化误差，同时提高初始点云的准确性，在选取重建边时，尽量选择基线适中的图像对进行重建。基线过大，易出现遮挡；基线过小，重建精度无法保障，具体计算时，可以通过两张图中所有特征点对的射线夹角的中位数来进行判断（比如不大于 60°且不小于 3°）。这里射线夹角是指一对匹配的特征点与摄像机中心连线的夹角。选出两张图像后，我们首先筛选掉其中不在轨迹里的匹配点；然后，再利用已知的摄像机内参数的信息恢复出初始点云。完成初始点云重建后，需要删除连通图 G 中连接两张图像的边 e，表明该边已重建完成。

在增量式重建阶段，需要对连通图中剩余的所有边进行重建。我们每次从连通图 G 中选取一条边进行重建，选取的依据是该边所连接的两张图像中，轨迹数大于 3 的特征点对被重建的个数。遍历连通图 G 中所有的边，找到被重建点个数最多的边作为本次重建的对象。此时，我们已经知道部分特征点对应的三维点坐标，所以，可以使用 PnP 方法估计摄像机的位姿。然后，基于估计的摄像机位姿，对未重建的特征点对进行三角化。接下来，在连通图中删除该边。最后，通过捆绑调整法进行全局的优化。在增量式重建阶段，需要不断循环执行以上的重建步骤，直至连通图中没有需要重建的边。

上面就是用增量法求解欧氏结构恢复问题的全部步骤，简写成算法流程如算法 7-4 所示。

算法 7-4 用增量法求解欧氏结构恢复问题的算法流程

//输入：摄像机内参数、特征点和几何校验后的匹配结果。
//输出：三维点云、摄像机位姿。

1. 计算对应点的轨迹 t。
2. 计算连通图 G（节点代表图片，边代表其之间有足够的匹配点）。
3. 在 G 中选取一条边 e。
4. 鲁棒估计 e 所对应的本质矩阵 $\boldsymbol{E}$。
5. 分解本质矩阵 $\boldsymbol{E}$，得到两张图片摄像机的位姿（即外参数）。
6. 三角化 $t \cap e$ 的点，作为初始的重建结果。
7. 删除 G 中的边 e。
8. 如果 G 中还有边：
   ① 从 G 中选取边 e 满足 track(e) $\cap$ {已重建 3D 点}最大化；
   ② 用 PnP 方法估计摄像机位姿（外参数）；
   ③ 三角化新的轨迹；
   ④ 删除 G 中的边 e；
   ⑤ 执行捆绑调整法。
9. 结束。

增量式 SfM 通过不断增加视图的方法进行重建，图像信息利用率高，并且每次重建后都进行一次捆绑调整，有着较高的鲁棒性。由于在重建过程中需要多次进行全局捆绑调整，所以增量式 SfM 系统在处理大型场景时仍较为吃力，并且也可能出现漂移问题。

习　题

1. 证明两视图欧氏结构恢复中所用到的性质〔式(7-15)〕。

2. 证明在两视图欧氏结构恢复中摄像机运动的 4 种解只有一种是将重建点放在两个摄像机的前面。

3. 编程练习，写出下面 3 种算法的伪代码，并尝试编码实现：

① PnP 问题中的 P3P 算法；

② 使用 RANSAC 算法估计两视图间的基础矩阵；

③ 两视图欧氏结构恢复中的第三步本质矩阵分解方法。

第 8 章

多视图立体视觉

多视图立体视觉(Multiple View Stereo,MVS)是对双目立体视觉的推广,它的输入是同一个物体/场景的多视点图像及其对应的摄像机内、外参数(可通过 SfM 方法获得),输出是物体/场景的三维稠密点云。

一般说来,典型的 MVS 系统包含如下几个基本步骤:

- 收集同一个物体/场景的多视点图像;
- 计算每张图像所对应摄像机的内、外参数;
- 基于多视点图像及其对应的摄像机参数,重建三维场景的稠密点云。

依据求解思路的不同,多视图立体视觉算法大体可分为 3 类:基于体素的方法、基于面片的方法以及基于深度图的方法。接下来,本章将会逐一介绍这 3 类方法中的典型实现方案。

8.1 基于体素的方法

在前述三维重建方法中(系统配置如图 8-1 所示),估计三维空间中一个点 P 的三维世界坐标,需要假定摄像机的内、外参数已知;然后,基于给定点 P 的观测值 p 和 p' 通过三角化方法获得 P 点的三维坐标。

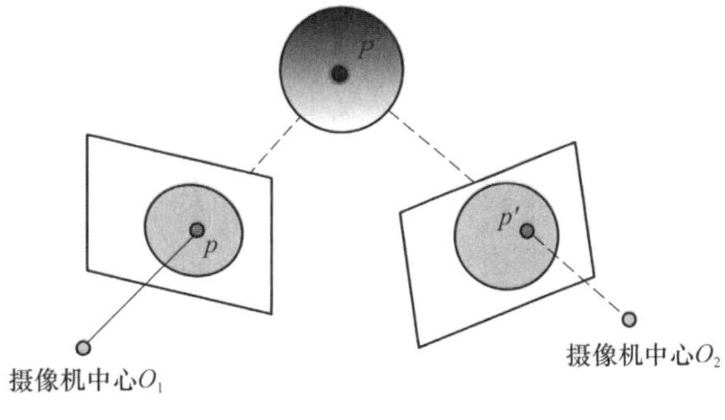

图 8-1 在前述三维重建方法中,三角化估计 P 点三维坐标

此过程包含两个关键子问题,分别为:

- 对应点计算问题,建立两个视图中观测点之间的对应关系;

- 三角化问题，使用前述步骤建立的点对应关系通过三角化获得空间点的三维坐标。

在实际的应用中，我们往往需要同时重构大量的三维点，这使得对应点计算问题变得更加复杂。那么，是否存在一种重构方法不需要对应点计算，依然可以完成三维场景重构呢？在本节中，我们将为大家介绍这样一类三维重建方法——基于体素的方法。不同于前述方法通过图像间的点对应关系恢复空间点的三维坐标，基于体素的方法以空间点为研究目标，关注其在图像上的投影点是否满足某种"一致性"约束，进而确定空间点是否属于待重建物体/场景。这类方法通常包含 3 个主要步骤：

- 假设在给定的工作体积(例如图 8-2 中的虚线体积)内存在一个点 P；
- 将工作体积内的三维点 P 投影到多个视点的图像上；
- 验证点 P 在各个视图上投影点的"一致性"，以确定该点是否属于待重建的物体。

通过遍历工作体积内所有点，我们可以确定待重建物体/场景的外观。需要说明的是，基于体素的方法依然假设每张视图对应的摄像机是已标定的，即摄像机的内、外参数矩阵以及摄像机间的相对位姿是已知的。图 8-2 所示为基于体素的方法示意图。

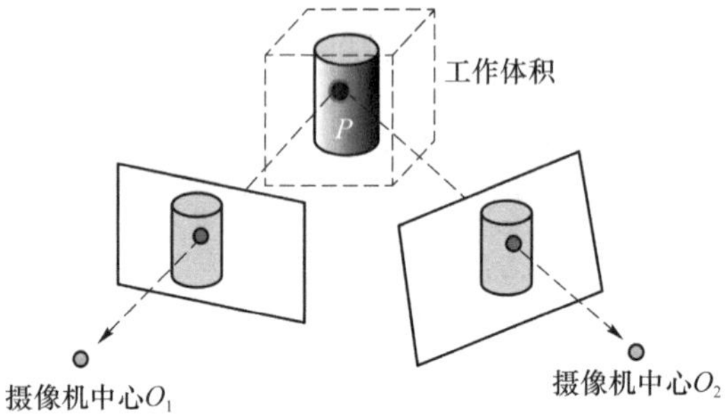

图 8-2 基于体素的方法示意图

基于体素的方法主要用于特定物体的重建任务，这是因为它要求待重建物体能够被一个有限的工作体积所包含。因此，该类方法不适用于大场景的重建任务。基于体素的方法需要定义一个"一致性"原则，依据这个原则来确定工作体积中的点是否属于待重建物体。根据"一致性"定义的不同，各种不同的基于体素的三维重建方法衍生了出来。本节将具体介绍 3 类典型的基于体素的方法：空间雕刻法、阴影雕刻法和体素着色法。

8.1.1 空间雕刻法

在介绍空间雕刻法之前，需要先介绍几个基本概念。

- 表观轮廓。在物体表面，存在可见部分和遮挡部分的分界线，该分界线在图像平面的投影就是表观轮廓，如图 8-3 所示(图像平面内的曲线表示表观轮廓，圆柱体上的虚线为可见部分与不可见部分的分界线)。
- 剪影。剪影指图像平面中由表观轮廓包围的区域。在真实应用中，获取剪影(或表观轮廓)的一个有效方法是将待重建物体放置在一个纯色的背景前面。比如，将待重建物体放置于蓝屏前面，此时，很容易通过分割算法获得物体的剪影，如图 8-4 所示的恐龙。
- 视锥。视锥指由摄像机中心和图像平面中的对象轮廓来定义的包络面。在基于体积的立体视觉系统中，通过合理地放置摄像机与物体，总可以保证待重建物体完全位于摄像机视锥内，如图 8-5 所示。

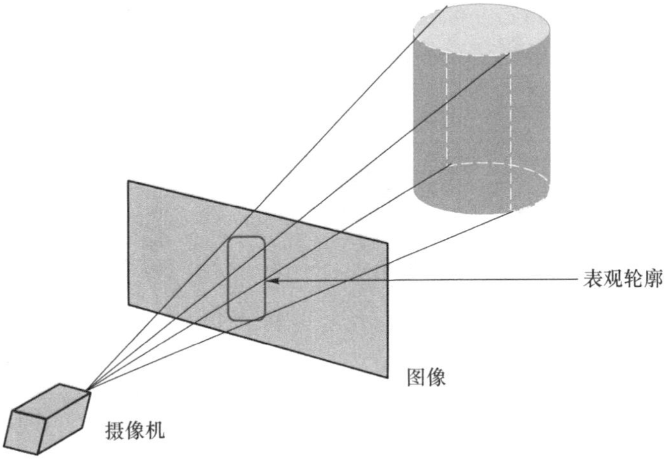

图 8-3 表观轮廓示意图

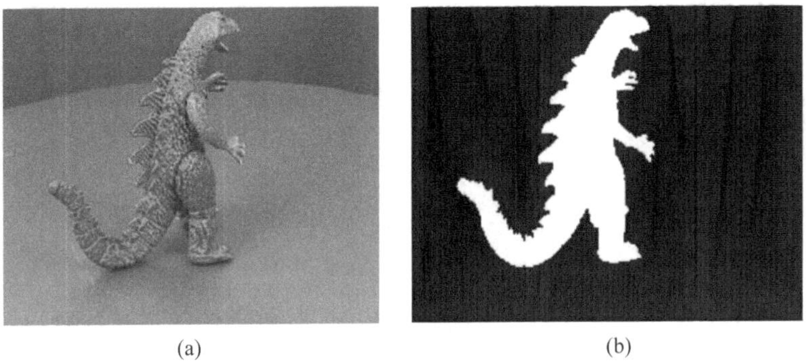

图 8-4 真实场景下剪影的获取

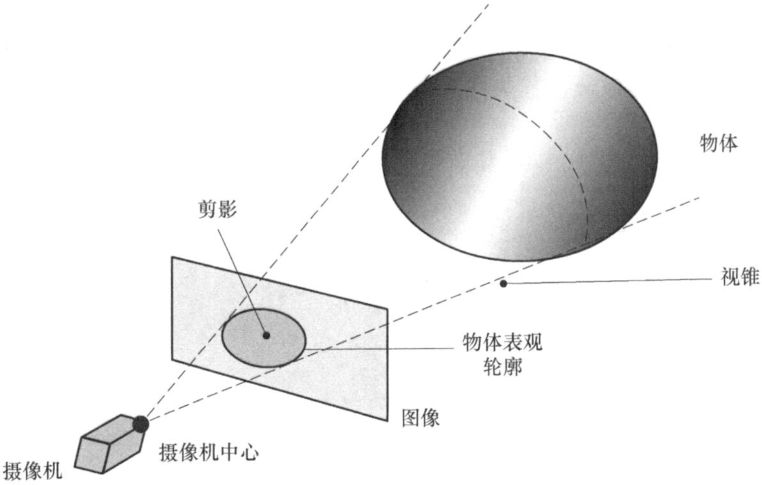

图 8-5 视锥示意图

在空间雕刻法中，我们使用剪影来定义一致性。给定工作体积中的一个点，将其投影到某个视图上时，如果投影点落在该视图的剪影内，则称当前点满足该视图一致性要求。下面我们介绍如何使用剪影一致性约束来获得物体的三维外观。先考虑一个穿过三维体积并通过摄像机中心的二维切片，如图 8-6 所示。在这个切面中，图像变成了一维的图像线，剪影变成了一维片段，视锥变成了虚线组成的扇形。

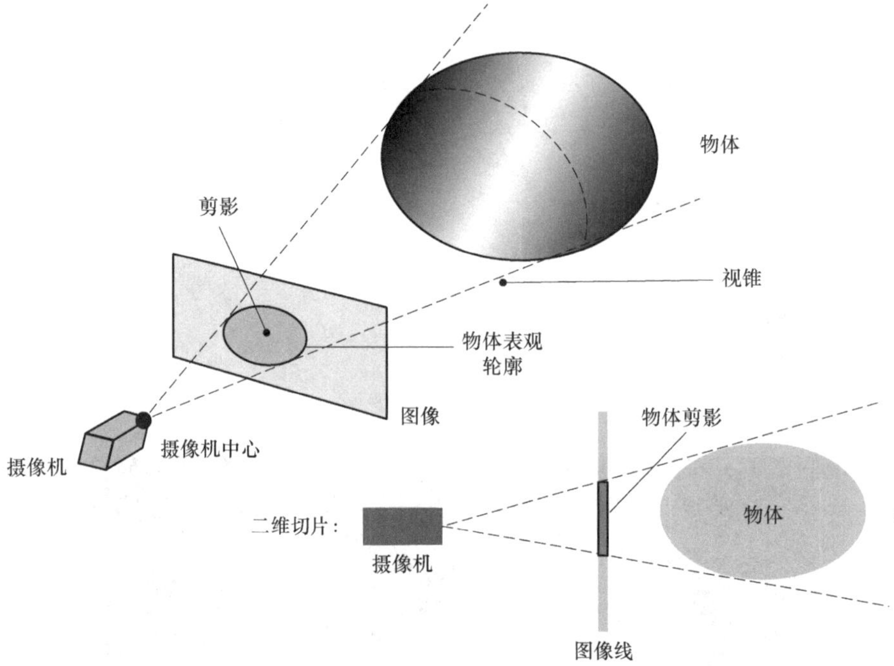

图 8-6　二维切片示意图

假设系统中的摄像机内参数矩阵已标定，同时假设物体的表观轮廓已经获得，那么，我们可以计算该摄像机的视锥。此时，即使不知道待重建物体的具体形状和位置，但它一定处于视锥中，即被视锥包含。如果有同一物体的多个视点图像，则每个视点图像都可以定义一个视锥。假设摄像机之间的相对旋转与平移变换已知，即所有的摄像机都已标定。由于待重建物体一定被每个摄像机的视锥所包含，因此，可以计算所有视锥的相交区域来逼近待重建物体的形状，这个相交区域也称为视觉外壳，如图 8-7 所示。

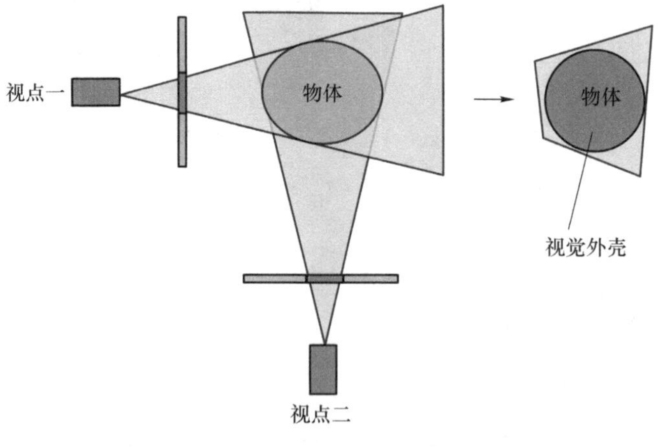

图 8-7　视觉外壳示意图

理论上，可以对每个视锥建立参数方程，然后联立参数方程来求解视锥交集。但该方案在具体实现上并不简单。本小节接下来介绍一种简单、高效的视锥交集估计方法,即空间雕刻法。

空间雕刻法的目标是从未知物体的多个不同视点的图像中,重构出该物体的三维形状。在空间雕刻法中,工作体积(立方体)将被分解为子体积(子立方体),也称为体素,如图 8-8 所示。空间雕刻法的主要思想是评估工作立方体中的所有体素,以确定它们之中哪些属于实际的待重建物体,哪些不属于。如果属于则标记为"满",反之则标记为"空",而决定某个体素的标记为"满"还是"空"的依据是一致性测试。具体来说,将待判定的体素投影到所有视点的图像中,只要有一个视图不满足一致性要求,即投影点在该视图的剪影外,则将该体素标记为"空";否则,标记为"满"。

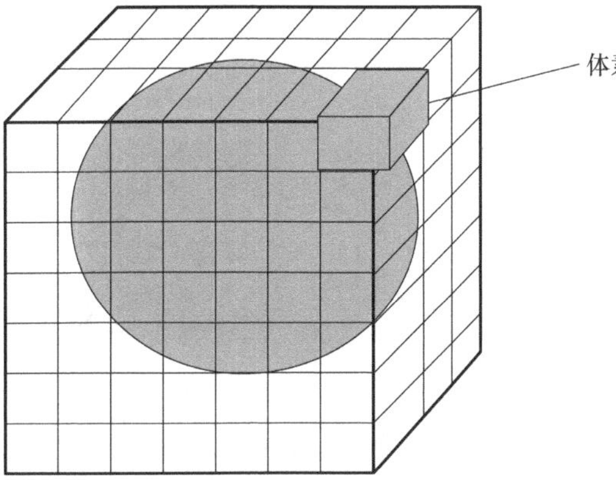

图 8-8 体素示意图

通过对工作体积中的所有体素重复进行上述操作,就可以得到所有摄像机视锥交集的近似估计。如图 8-9 所示,所有深色的体素都被标记为"满",它们确实满足投影点位于所有视图的剪影中。通过迭代评估体素,最终可以获得对象的视觉外壳。需要强调的是,剪影法获得的视觉外壳是待重建物体形状的一个上限估计。之所以称为上限估计,是因为重建物体的任何部分都位于外壳之内,但外壳内的某些部分可能不属于物体。

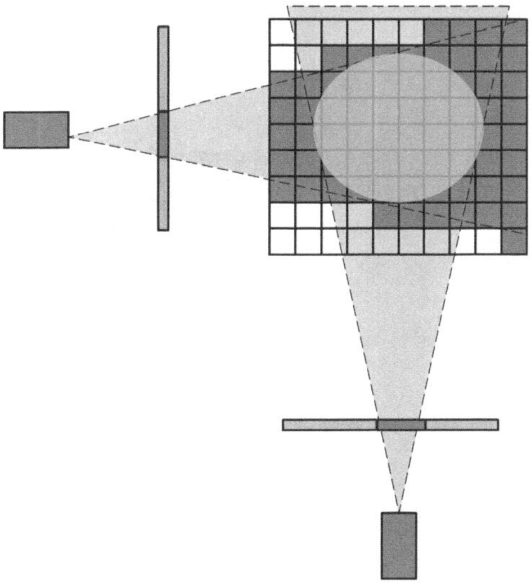

图 8-9 重建物体的体素标记示意图

利用空间雕刻法构建视觉外壳需要评估工作空间中每个体素的一致性，如果工作空间使用 $N \times N \times N$ 的网格大小，那么，该方法的复杂度为 $O(N^3)$。因此，重建精度每提高一倍，空间雕刻法的计算量就要增加八倍。是否存在一种方法能够在提高精度的同时，还能保持较高的计算效率呢？接下来我们为大家介绍一种基于八叉树的空间雕刻法，它能在提高重建精度的同时，尽量少地增加计算复杂度。我们使用图 8-9 所示的例子来介绍基于八叉树的空间雕刻法。

- 首先，将初始工作立方体分解为 4 个子体积，并检查每个子体积的投影是否一致。在本例中，它们都是一致的，所有子体积都标记为“满”，如图 8-10 所示。此时，已经分析了 4 个元素。

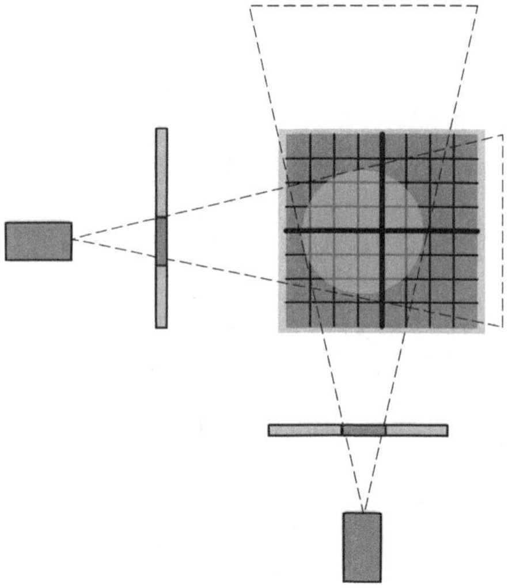

图 8-10　第一步，分析了 4 个元素

- 接下来，将上一个步骤中标记为“满”的每个子体积都进一步分解为 4 个子体积，并检查每个子体积的投影是否满足一致性要求，如图 8-11 所示。此时，又分析了 16 个元素。

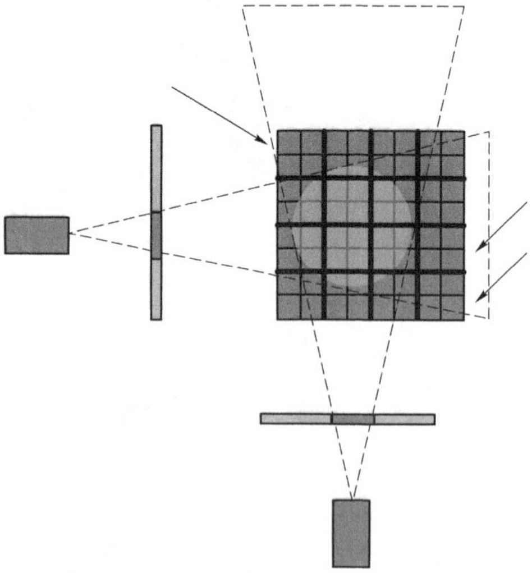

图 8-11　第二步，分析了 16 个元素

- 然后，将上一个步骤中标记为“满”的每个子体积都进一步分解为 4 个子体积，并检查每个子体积的投影是否满足一致性要求，如图 8-12 所示。对于那些不一致的子体积标记为“空”，并将其删除。此时，又分析了 52 个元素。

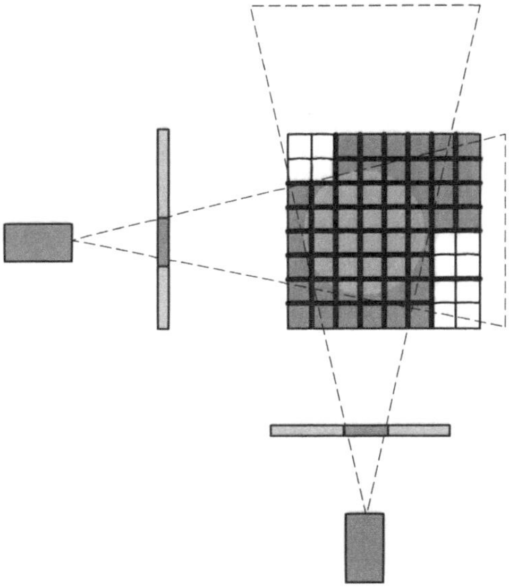

图 8-12　第三步，分析了 52 个元素

- 更进一步，将上一个步骤标记为“满”的所有子体积都进一步进行分解，并进行一致性判定，可以得到图 8-13 所示的结果。此时，又分析了 16×34 个元素。

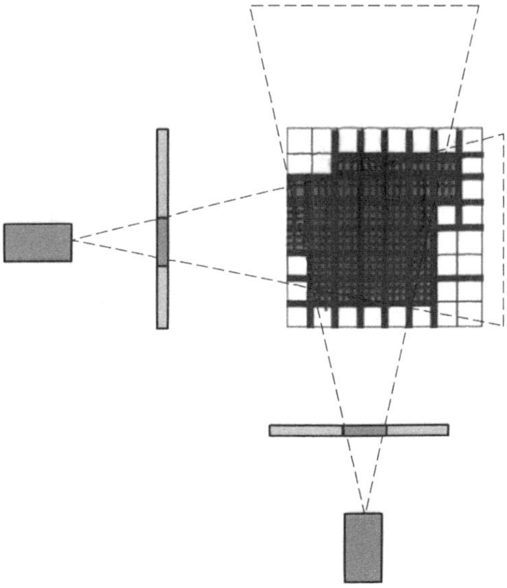

图 8-13　第三步，分析了 16×34 个元素

- 最后，如果达到最终所需的分辨率则不再进行分解，并将当前的视觉外壳作为待估计物体的重建结果。否则，继续对上一步标记为“满”的子体积进行分解。

通过使用八叉树分解，分析的体素总数为 1+4+16+52+34×16=617。相比之下，基础版本(未使用八叉树)则需要分析 32×32=1 024 个体素。在重建结果相同的情况下,使用基于八叉树的空间雕刻法极大地减少了待分析体素的数量,显著地提升了算法的重建速度。

通过上述介绍我们可以看出,空间雕刻法的优点是简单、鲁棒,而且不需要计算视图之间的点对应关系。然而,空间雕刻法也存在一些明显的缺点。

- 对视图数量的依赖。如果视图数量太少,那么最终得到的视觉外壳过于保守,存在大量不属于真实物体的体素。从某种意义上说,准确性是不同视图数量的函数(视图数量越多,在一致性检查期间可能去除的体素就越多)。
- 无法对物体的凹面进行建模。如果物体包含凹面结构,基于剪影的一致性检查无法去除凹面中的任何体素。

总体上来说,空间雕刻法是一种高效的三维重建方法,通过引入八叉树能够获得较高的计算效率。但是,它难以建模包含凹陷结构的物体,且获得的视觉外壳仅是物体的松散上界。

8.1.2 阴影雕刻法

确定待重建物体三维形状的另一个重要线索是自阴影,它可以帮助确认凹陷表面的存在。阴影雕刻法与空间雕刻法非常相似。在阴影雕刻法中,物体被放置在一个转盘上,摄像机位置固定且视点朝向转盘。通过转盘的转动即可实现摄像机和物体之间的相对运动,进而获得物体的多视点图像。与空间雕刻法不同的是,阴影雕刻法摄像机周围安装着一组可控光源,用于使物体产生自阴影。图 8-14 展示了由其中一个光源照亮的物体的图像示例。

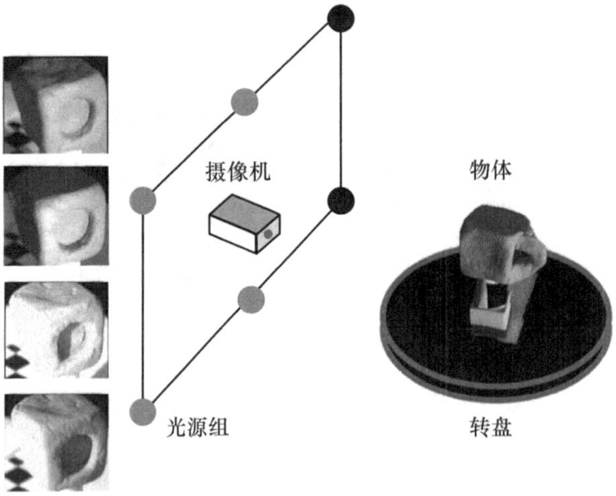

图 8-14 阴影雕刻法示意图

阴影雕刻法使用这些图像来改进空间雕刻法重建的外观形状。正如图 8-15 所示,自阴影确实包含了恢复物体凹陷结构的重要线索。因此,具有任意拓扑结构的物体都可以应用此方法来进行三维重建。

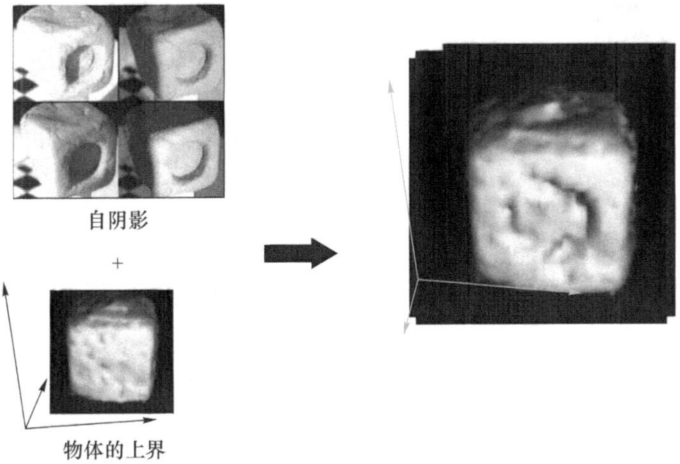

图 8-15 自阴影是推断物体凹陷的重要线索

下面来介绍阴影雕刻法的实现细节，假定工作体积包含具有凹面特征的物体。

- 首先，将工作立方体分解成体素。
- 假设在第 $k-1$ 步中，这些体素中的一些被标记为“空”，另一些被标记为“满”，后者形成了物体形状的上限估计。
- 在第 k 步，如图 8-16 所示，我们从不同视角或不同光源观察物体，生成一张带有自阴影的新图像。

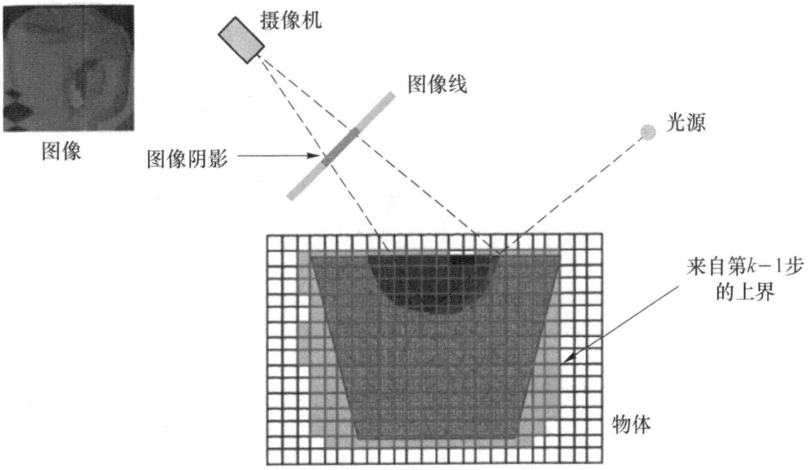

图 8-16 第 k 步中体素标记示意图

- 将图像线中的阴影线(可测量)投影到对象的上限估计中(这是已知的，因为它已在上一步中估计)，如图 8-17 所示，将得到的区域投影到虚拟光图像(这是已知的，因为设置已校准)会生成“虚拟图像阴影”。虚拟光图像是一个虚拟平面，用于模拟光源，类似于针孔摄像机模型。然后，阴影雕刻法基于“一致性”准则，即投射到图像阴影和虚拟图像阴影中的体素不能属于对象，进行阴影体素判定。

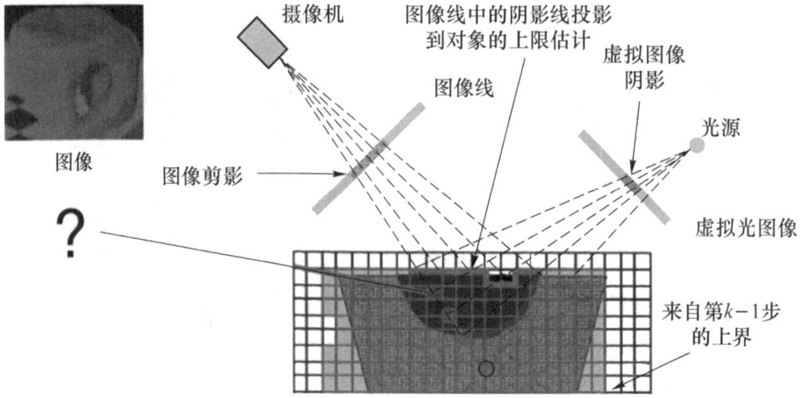

图 8-17 阴影雕刻法实现细节示意图

因此，投影到图像阴影和虚拟图像阴影中的体素被去除。可以证明，这种方法总是产生保守的体积估计，并且在给定当前观察集的情况下，没有更多的体素可以标记为“空”(即阴影雕刻法雕刻出的子体素数量是最大的)。

图 8-18 展示了使用不同配置的灯光数量和视角获得的结果。顶行显示了由不同光源照亮的人造场景的合成图像。请注意，当视图或光源数量不足时，凹陷区域的某些部分无法恢复。

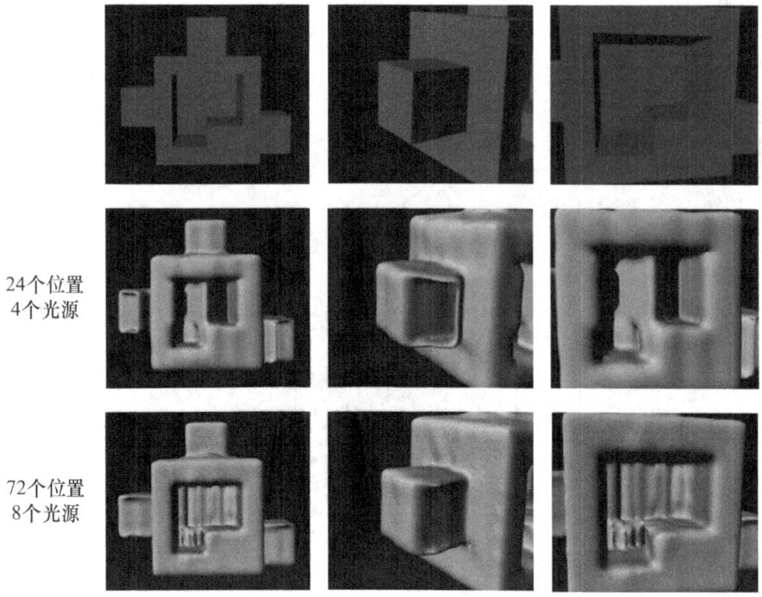

图 8-18 阴影雕刻法重建结果

总结一下阴影雕刻法，它总是产生保守的体积估计，重建结果的质量取决于光源和视图的数量。阴影雕刻法的主要缺点是无法处理包含反射或者低反照率(即暗)区域的物体，因为在这种情况下无法准确地检测到阴影。

8.1.3 体素着色法

体素着色法的主要思想分别由 Robert Collins 和 Seitz Dyer 于 1996 年和 1997 年提出，它与空间雕刻法和阴影雕刻法有较大的不同。

假设已经得到待重建物体的多个视角图像，如图 8-19 所示。对于每个体素，查看其在每个视图中的投影是否具有相同的外观，以确定该体素是否属于待重建物体（即它被标记为“满”还是“空”）。在体素着色法中，我们使用投影点的色彩值来计算外观的一致性。对于那些通过外观一致性检测的体素，可以取它们在图像上的投影点的色彩为自身着色（这在空间雕刻法或阴影雕刻法中是不可能的，它们仅执行“满”或“空”分配）。在图 8-19 所示的例子中，待分析的体素被投影到多个视角的图像中，可以发现该体素在这些视图上的投影区域的颜色具有一致的，因此，该体素被标记为“满”。

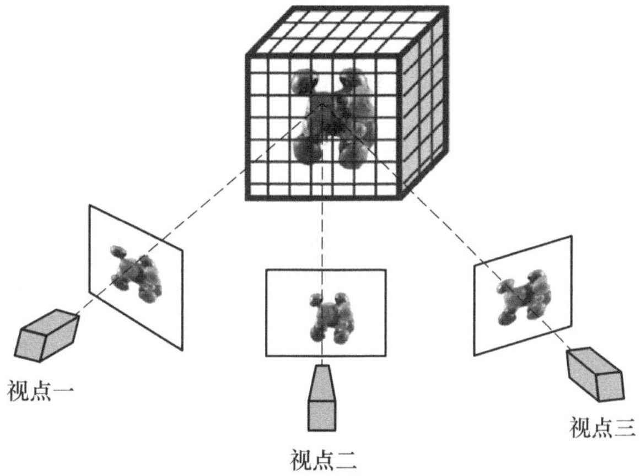

图 8-19 体素着色法示意图

不同于空间雕刻法与阴影雕刻法，体素着色法如果不加约束，获得的视觉外壳是不唯一的。如图 8-20 所示，在视点图像完全相同的情况下，图中这 5 组视觉外壳（由实心、空心点构成）都满足色彩一致性约束。

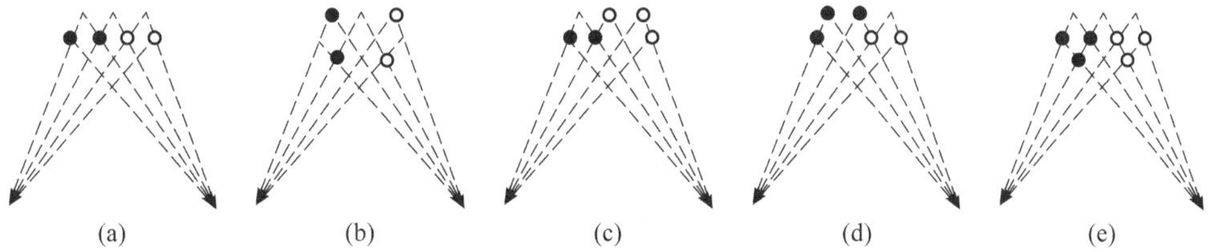

图 8-20 体素着色法的不唯一性

解决不唯一性问题的一种有效方法，就是在重建过程中引入可见性约束，以消除重构歧义，即遵循特定的顺序遍历体素以消除歧义。具体来说，就是逐层探索体素的一致性，从靠近摄像机的那些体素开始，然后逐渐到远离摄像机的那些体素。按照这个顺序，对每个体素执行一致性检查，并相应地将体素标记为“满”（占用）或“空”（未占用）。如图 8-21 所示，通过逐层遍历体素，可以将体素的歧义消除。

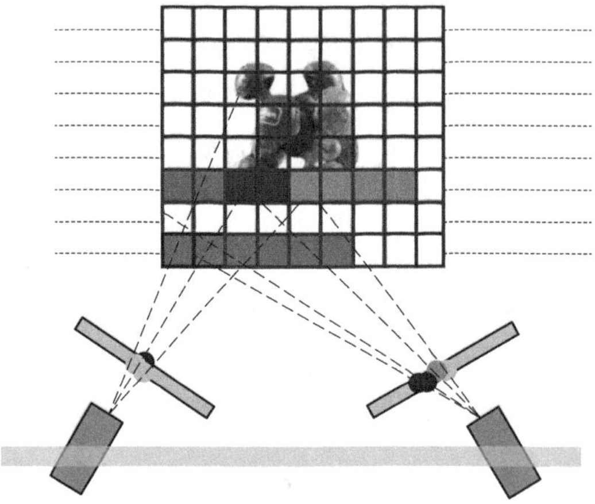

图 8-21　逐层遍历体素以消除歧义

接下来，我们介绍体素着色法中的图像一致性测试是如何进行的。工作体积中的每个体素都被投影到图像中，因为体素具有一定的物理尺寸，所以它的投影很可能包含多个像素。如图 8-22 所示，体素在左侧图像中的投影包含 5 个像素，其 RGB 值（颜色）组成向量 $\boldsymbol{v}_1$；体素在右侧图像中的投影也包含 5 个像素，产生向量 $\boldsymbol{v}_2$。通过计算这两个向量之间的相关性 C，我们可以度量它们的色彩一致性。如果 C 高于某个阈值 λ，则认为它们是色彩一致的，通过一致性测试；反之，则认为它们是色彩不一致的。

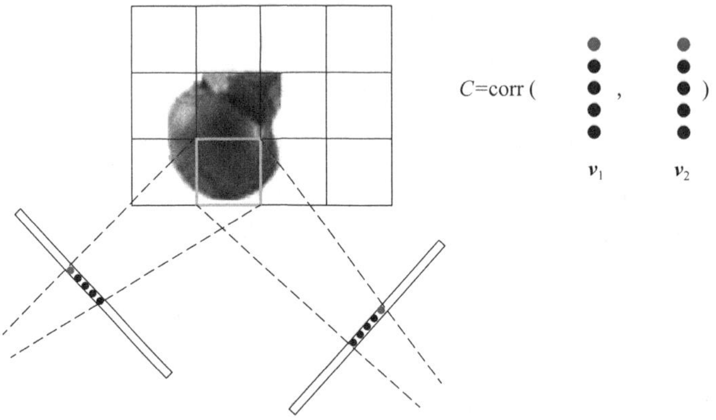

图 8-22　体素着色法中的一致性检测

需要说明的是，体素着色法仅适用于物体表面是朗伯表面的重建任务——也就是说，重建物体中所有位置的感知亮度不会随着视点位置和姿势的改变而改变。对于非朗伯表面，例如包含反光表面的物体，从不同的视角观察时，物体处于非朗伯表面的外观是不同的，这会导致一致性检测失效。因此，体素着色法不适用于包含非朗伯表面的物体的重建任务。

最后，我们展示一下使用体素着色法获得的重建结果。如图 8-23 所示，该示例中着色体素数量为 72 K，测试体素数量为 7.6 M，重建时间为 7 分钟。

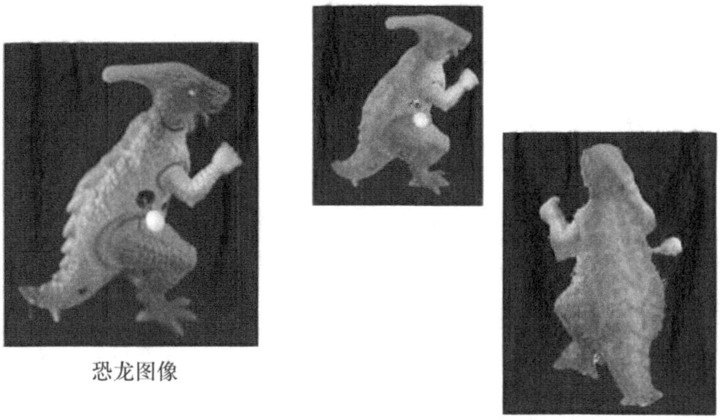

图 8-23　体素着色法重建结果

8.1.4　马尔可夫离散优化法

在前三个小节中，我们介绍了空间雕刻法、阴影雕刻法以及体素着色法。它们聚焦于工作体积内每个体素的一致性，确忽略了体素之间的关联性，使得生成的视觉外壳表面不够平滑。一般说来，某个体素与它的邻居体素通常具有相同或相近的深度信息。引入体素之间的关联关系，有助于进一步提升重建结果的视觉质量。因此，本小节将介绍一种更加通用的三维重建方法——基于图割的三维重建方法。

假设从不同的视点或在不同的时间拍摄了同一场景的 n 个校准图像(对应的摄像机内、外参数已知)。设 $\boldsymbol{P}_i$ 是摄像机 i 所拍摄图像的全体像素构成的集合，令 $\boldsymbol{P}=\boldsymbol{P}_1\cup\cdots\cup\boldsymbol{P}_n$ 是所有视点图像的像素集合。从像素 $p\in\boldsymbol{P}$ 对应的摄像机的中心发射一条射线，经过像素点 p，与三维空间中待重建对象的第一个交点，即像素点 p 对应的三维空间点。基于图割的三维重建方法的目标是为 $\boldsymbol{P}$ 中所有的像素找到其对应的三维空间点的深度信息，即找一个映射函数 f：

$$f:p\rightarrow l \tag{8-1}$$

其中，l 是像素点 p 对应的三维空间点的深度值，在基于图割的三维重建方法中 l 的取值是离散的，每个离散的深度值都对应于一个标签。这样，我们使用 $<p,l>$(像素点-标签)就可以表示空间中的一个三维点。

接下来，我们要为映射函数 f 定义一个目标函数，通过优化该目标函数来找到最优的 f 函数。在讨论具体的目标函数之前，我们需要先给出 3 个集合的定义。

首先，我们定义集合 $\boldsymbol{I}$，它由三维空间中彼此“接近”的三维点对 $\{<p_1,l_1>,<p_2,l_2>\}$ 组成(集合中的点对是无序的)，且点对中的三维点具有相同的深度标签，即如果 $\{<p_1,l_1>,<p_2,l_2>\}\in\boldsymbol{I}$，则有 $l_1=l_2$。

那么，如何判断两个三维点是否"接近"呢？假设 p_1 来自图像 i，p_2 来自图像 j，并且 $i<j$。如果三维点 $<p_1,l>$ 投影到图像 j 上最近的像素是 p_2，那么，三维点对 $\{<p_1,l_1>,<p_2,l_2>\}$ 在三维空间中彼此接近（如图 8-24 所示，三维点对 $\{<p,2>,<q,2>\}$ 在空间中接近，且属于集合 $\boldsymbol{I}$）。

然后，我们定义集合 $\boldsymbol{I}_{\text{vis}}$，它依然由三维空间中彼此"接近"的三维点对 $\{<p_1,l_1>,<p_2,l_2>\}$ 组成（集合中的点对是无序的），但不同于集合 $\boldsymbol{I}$，$\boldsymbol{I}_{\text{vis}}$ 集合中的点对所包含的三维点具有不同的深度标签，即如果 $\{<p_1,l_1>,<p_2,l_2>\}\in\boldsymbol{I}_{\text{vis}}$，则有 $l_1\neq l_2$（如图 8-24 所示，三维点对 $\{<p,2>,<q,3>\}$ 在空间中接近，但属于集合 $\boldsymbol{I}_{\text{vis}}$）。

更进一步，我们定义像素的邻域集合 $\boldsymbol{N}=\{\{p,q\}\mid p,q\in P\}$，当且仅当像素点 p,q 满足 $|p_x-q_x|+|p_y-q_y|=1$ 时，两个像素是相邻的。

有了上述集合的定义，我们给出基于图割的三维重建方法的目标函数 $E(f)$：

$$E(f)=E_{\text{data}}(f)+E_{\text{smooth}}(f)+E_{\text{vis}}(f) \tag{8-2}$$

通过最小化式(8-2)，即可找到最优的 f 函数。从式(8-2)可以看出，目标函数 $E(f)$ 由三部分组成。其中，$E_{\text{data}}(f)$ 用来约束视图一致性，它的具体形式为

$$E_{\text{data}}(f)=\sum_{\{<p,f(p)>,<q,f(q)>\}\in\boldsymbol{I}} D(p,q) \tag{8-3}$$

其中，$D(p,q)$ 是一个度量函数，其输出值为非负实数，具体形式如下：

$$D(p,q)=\min\{0,(\text{Intensity}(p)-\text{Intensity}(q))^2-K\} \tag{8-4}$$

式中，K 是一个常数。$D(p,q)$ 度量了 p,q 两点在亮度上的差异程度。

$E_{\text{data}}(f)$ 的物理意义是，当像素点 p,q 来自同一个三维点的投影时，应该使它们之间的像素亮度差异尽可能小，以此来满足视图的一致性。

能量函数的第二项 $E_{\text{smooth}}(f)$ 建立了相邻像素之间的平滑性约束。接下来，我们给出 $E_{\text{smooth}}(f)$ 的具体形式：

$$E_{\text{smooth}}(f)=\sum_{\{p,q\}\in\boldsymbol{N}} V_{\{p,q\}}(f(p),f(q)) \tag{8-5}$$

其中，函数 $V_{\{p,q\}}(f(p),f(q))$ 是对两个像素之间的深度差异性的一个度量，其定义为 $V(l_1,l_2)=\min(|l_1-l_2|,K)$，这里 K 表示一个常数。

$E_{\text{smooth}}(f)$ 的物理意义是，当两个像素相邻时，它们的深度标签不应该有较大的差异，以此来满足平滑性约束。

能量函数的第三项是 $E_{\text{vis}}(f)$。它是一个可视性约束，其具体形式可以表示为

$$E_{\text{vis}}(f)=\sum_{\{<p,f(p)>,<q,f(q)>\}\in\boldsymbol{I}_{\text{vis}}} \infty \tag{8-6}$$

$E_{\text{vis}}(f)$ 的物理意义是，如果映射 f 中存在三维点 $<p,l>$（即 $l=f(p)$），那么它"阻挡"来自其他摄像机的视图：如果对应于像素 q 的光线穿过或"接近" $<p,l>$，那么它的深度最多为 l。

可视性约束示意图如图 8-24 所示，两个深度为 2 的三维点之间存在可视性约束，摄像机 C1 在深度为 2 的三维点会阻挡摄像机 C2 对深度为 3 的三维点的观测。

通过图割的方法对目标函数(8-2)进行迭代优化，就可以得到最优的映射函数 f；然后，基于映射函数 f 可以求解所有像素点的深度标签；最终，得到每个像素对应的空间点的三

维坐标，实现三维重建。

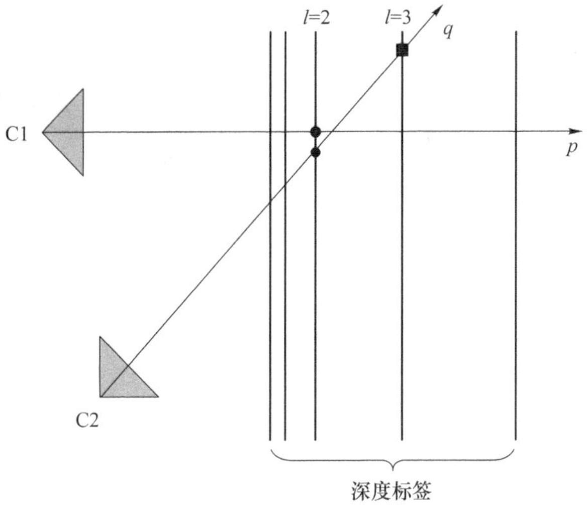

图 8-24 可视性约束示意图

图 8-25 展示了使用该方法获得的三维重建的结果。

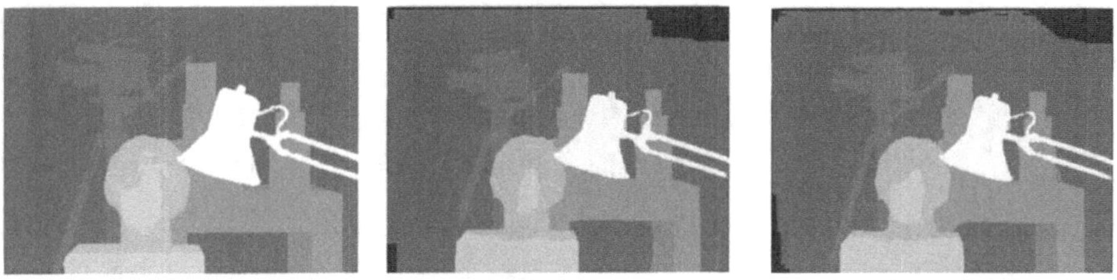

(a) GT图像 (b) 迭代4次的结果 (c) 迭代10次的结果

图 8-25 用马尔可夫离散优化法进行三维重建的结果

8.2 基于面片的多视图重建

前述基于体素的多视图三维重建方法仅适用于小场景或单个物体的重建任务。本节将介绍一种经典的基于面片的多视图重建方法，即 PMVS 算法。相比于基于体素的方法，PMVS 算法能够应用于大场景的重建任务，其输入为多张图像及其对应的摄像机内、外参数(可使用 SfM 方法获取)，输出为真实世界中物体/场景的三维模型。

PMVS 算法将三维空间中的物体或场景建模为一系列矩形的面片。通过多张视图的特征匹配初始化面片，获得物体的初步三维结构；再进行面片的扩张和滤波去除，形成最终的重建结果，整个流程如图 8-26 所示。

为了便于理解 PMVS 算法的具体细节，本节首先介绍 PMVS 算法涉及的一些基本概念，然后讲解 PMVS 算法的 3 个核心步骤。

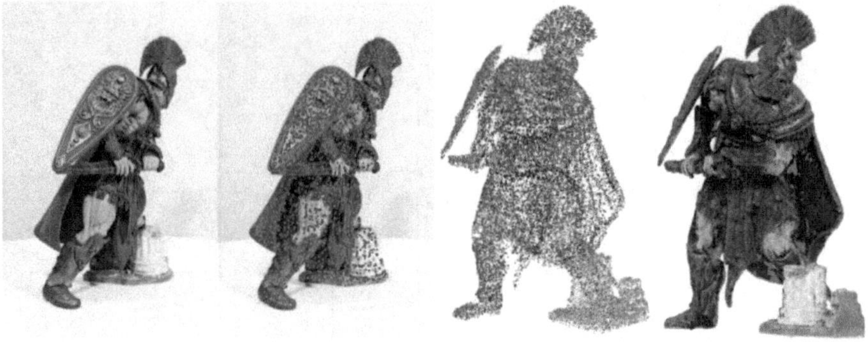

(a) 输入图像　(b) 特征点检测图像　(c) 初始化后的面片　(d) 扩张与滤波后的面片

图 8-26　PMVS 算法过程

8.2.1　基础知识

1. 面片模型与可视集

所谓面片，是指三维物体表面的局部切平面，可以近似地表示某一局部范围内的物体表面，与数学中在某一范围内用切线研究曲线的做法一致，都是“非线性函数线性化”的处理思想。

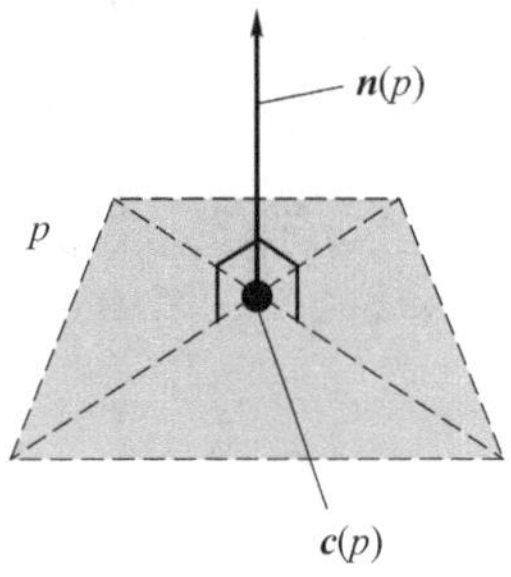

图 8-27　面片模型示意图

更具体地说，面片 p 是三维空间中的一个矩形，由中心点、单位法向量和参考图像三者共同确定。如图 8-27 所示，面片 p 的中心点 $\boldsymbol{c}(p)$ 是其对角线的交点，$\boldsymbol{n}(p)$ 是面片的法向量，是一个朝向参考图像 $R(p)$ 的摄像机中心的单位向量。任意一个面片 p 均对应于一张参考图像 $R(p)$，且 $R(p)$ 始终保持对 p 可见。

面片 p 通常会被多个摄像机观测到，所以，会出现在多张图像中。我们定义这些图片组成的集合为面片 p 的可视集 $\mathbf{V}(p)$。通过可视集的定义，我们不难知道 $R(p) \in \mathbf{V}(p)$。

2. 光度一致性函数

给定面片 p，定义光度一致性函数 $g(p)$ 如下：

$$g(p) = \frac{1}{|\mathbf{V}(p) \backslash R(p)|} \sum_{I \in \mathbf{V}(p) \backslash R(p)} h(p, I, R(p)) \tag{8-7}$$

其中，$\mathbf{V}(p)$ 是面片 p 的可视集，$R(p)$ 是面片 p 的参考图像，$\mathbf{V}(p) \backslash R(p)$ 是 $\mathbf{V}(p)$ 去除 $R(p)$ 后剩下的图像组成的集合，$|\mathbf{V}(p) \backslash R(p)|$ 表示该集合中图像的个数，$h(p, I_1, I_2)$ 是图像 I_1 和 I_2 之间的光度一致性函数，其计算过程可以分为以下 4 个步骤。

- 在面片 p 上覆盖一个 $\mu \times \mu$ 的网格。
- 将 $\mu \times \mu$ 个网格顶点分别投影到 I_1 与 I_2 图像上，然后，用双线性插值法在两张图像上采样它们的像素值，组成长度为 $\mu \times \mu$ 的向量 $\boldsymbol{q}_1$ 与 $\boldsymbol{q}_2$。
- 计算向量 $\boldsymbol{q}_1$ 与 $\boldsymbol{q}_2$ 的归一化相关系数 NCC(Normalized Cross Correlation)：

$$\mathrm{NCC}(\boldsymbol{q}_1,\boldsymbol{q}_2)=\frac{\sum_{j=1}^{\mu\times\mu}(\boldsymbol{q}_1(j)-\mu_1)\cdot(\boldsymbol{q}_2(j)-\mu_2)}{\sqrt{\sum_{j=1}^{\mu\times\mu}(\boldsymbol{q}_1(j)-\mu_1)^2\sum_{j=1}^{\mu\times\mu}(\boldsymbol{q}_2(j)-\mu_2)^2}} \tag{8-8}$$

其中，$\boldsymbol{q}_1(j)$和$\boldsymbol{q}_2(j)$分别代表向量$\boldsymbol{q}_1$与$\boldsymbol{q}_2$中的第j个元素，μ_1和μ_2分别代表向量$\boldsymbol{q}_1$与$\boldsymbol{q}_2$中所有元素的均值。

- 计算1减去$\boldsymbol{q}_1$与$\boldsymbol{q}_2$的NCC值，得到$h(p,I_1,I_2)$的值。

以$\mu=5$为例，光度一致性函数$h(p,I_1,I_2)$的计算过程如图8-28所示。

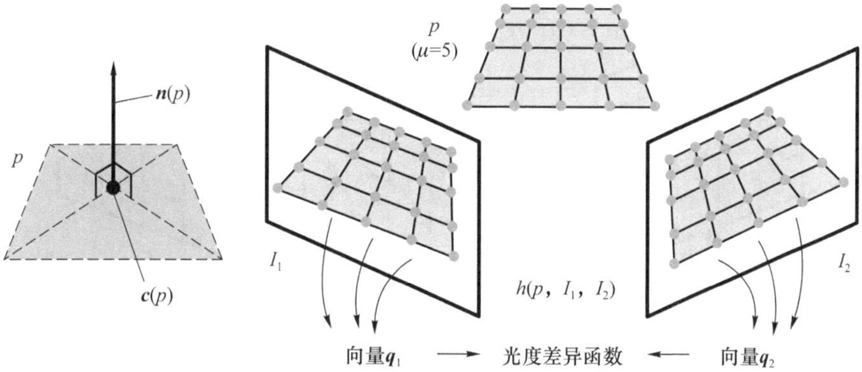

图8-28 光度一致性函数$h(p,I_1,I_2)$的计算过程

需要注意的是，虽然都是光度一致性函数，$g(p)$是定义在面片p的可视集上的，计算时涉及两张或多张图像，$h(p,I_1,I_2)$是针对两张具体的图像I_1与I_2而言的，它是$g(p)$函数在$|\mathbf{V}(p)|=2$时的特殊情况。

为了进一步提升系统的鲁棒性，同时应对非朗伯表面，可以为$h(p,I_1,I_2)$设定一个阈值α。如果$h(p,I_1,I_2)>\alpha$，则认为当前面片p在I_1与I_2上的光度差异明显，不适合后续计算。基于此，我们可以定义一个新的可视集$\mathbf{V}^*(p)$及其对应的光度一致性函数$g^*(p)$：

$$\mathbf{V}^*(p)=\{I\mid I\in\mathbf{V}(p),h(p,I,R(p))\leqslant\alpha\} \tag{8-9}$$

$$g^*(p)=\frac{1}{|\mathbf{V}^*(p)\backslash R(p)|}\sum_{I\in\mathbf{V}^*(p)\backslash R(p)}h(p,I,R(p)) \tag{8-10}$$

这里使用$\mathbf{V}^*(p)$代替式(8-7)中的$\mathbf{V}(p)$，需要注意的是，$\mathbf{V}^*(p)$同样包含参考图像$R(p)$。

3. 图片模型

灵活性是基于面片的曲面表示方法的最大优点，但是，无法记录面片之间的邻接关系是该方法最主要的缺陷。这使得面片搜索、面片规则化等基本操作难以进行。为了实现这些操作，PMVS算法将面片投影到其可见图像中，依据图像块之间的邻接关系来计算面片的邻接关系。

具体来说，如图8-29所示，给定面片p和它的可见图像集$\mathbf{V}(p)$。首先，将$\mathbf{V}(p)$中每一张图像I_i都划分成若干个大小为$\beta\times\beta$的图像块$\boldsymbol{C}_i(x,y)$，其中x,y为图像块所在的行、列索引值；然后，将p投影到$\mathbf{V}(p)$中的每一张图像I_i上并获取其对应的图像块$\boldsymbol{C}_i(x,y)$；接下来，绑定面片p到$\boldsymbol{C}_i(x,y)$。遍历所有面片p完成绑定后，即可得到$\boldsymbol{C}_i(x,y)$绑定的全部面片的集合$\boldsymbol{Q}_i(x,y)$。通过$\boldsymbol{C}_i(x,y)$与$\boldsymbol{Q}_i(x,y)$PMVS算法实现了面片的邻域关系计算。

类似地，用 $\boldsymbol{V}^*(p)$ 代替 $\boldsymbol{V}(p)$，进行相同的处理，可得到与图像块 $\boldsymbol{C}_i(x,y)$ 绑定的面片集合 $\boldsymbol{Q}_i^*(x,y)$。

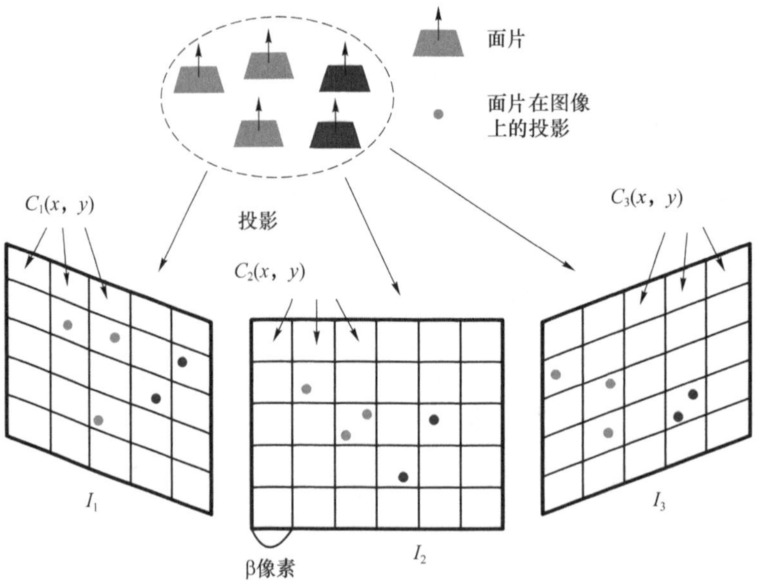

图 8-29 图片模型示意图

8.2.2 面片重建

PMVS 算法大体分为 3 个阶段：面片初始化、面片扩张与面片滤波剔除。在面片初始化阶段需要完成所有图像的 Harris 和 DOG 特征点提取，对满足极几何约束的潜在匹配点对进行三角化，重建出稀疏的空间面片。这个阶段重建出来的空间面片称为种子面片。接下来，进入面片扩张阶段。扩张从种子面片开始，利用相邻面片具有相似的法向量和位置的特性，逐步扩张，直至所有的图像块都至少包含一个面片。第三个阶段为面片滤波剔除阶段。为了及时地发现并剔除外点（即前述步骤中重建错误的面片），扩张结束后，要进行过滤处理。为了生成稠密、高质量的面片，扩张和滤波阶段通常会反复迭代多次。

接下来，我们详细介绍这 3 个阶段。

1. 面片初始化

算法 8-1 给出了面片初始化过程，接下来，我们详细地介绍面片初始化的关键步骤。

考虑一张图像 I_i 和它所对应的摄像机光心 $O(I_i)$。对图像 I_i 中任一特征点 f，在其他图片中查找满足极线约束的同样类型（Harris 及 DOG 两类特征）特征点 f'，构成集合 $\boldsymbol{F}$。对于所有的特征点对 (f,f')，其中 $f'\in\boldsymbol{F}$，通过三角化方法计算它们对应的三维点坐标。按照三维点与光心 $O(I_i)$ 的距离升序排列这些特征点 f'。

对任一图像 I_i 中任一特征点 f，从与其匹配的特征点集合 $\boldsymbol{F}$ 中选择排序靠前且未被处理过的特征点 f' 构成特征点对 (f,f')。根据这个特征点对，按照下面的式子初始化面片 p 的中心 $\boldsymbol{c}(p)$、法向量 $\boldsymbol{n}(p)$ 以及参考图像 $R(p)$：

$$\boldsymbol{c}(p)\leftarrow\{\text{Triangulation from } f \text{ and } f'\} \tag{8-11}$$

$$\boldsymbol{n}(p) \leftarrow \frac{\overrightarrow{\boldsymbol{c}(p)O(I_i)}}{|\overrightarrow{\boldsymbol{c}(p)O(I_i)}|} \tag{8-12}$$

$$R(p) \leftarrow I_i \tag{8-13}$$

接下来，我们构建面片 p 的可视集 $\boldsymbol{V}(p)$。由于初始阶段重建出来的面片可靠性不高，因此，我们需要对面片可视集 $\boldsymbol{V}(p)$ 的构建条件进行如下的调整：

$$\boldsymbol{V}(p) = \left\{ I \,\middle|\, \boldsymbol{n}(p) \cdot \frac{\overrightarrow{\boldsymbol{c}(p)O(I)}}{|\overrightarrow{\boldsymbol{c}(p)O(I)}|} > \cos t \right\} \tag{8-14}$$

式中，t 为预先定义的门限，通常可设置 $t=\pi/3$。上式的物理含义是：只有当面片的法向量与面片中心到图像光心 $O(I)$ 的直线之间的夹角小于 t 时，图像 I 才能被加入 $\boldsymbol{V}(p)$ 中。在此基础上，我们可以通过式(8-9)得到 $\boldsymbol{V}^*(p)$。

一旦完成面片 p 的初始化，则可启动优化算法，对面片 p 的 $\boldsymbol{c}(p)$ 和 $\boldsymbol{n}(p)$ 进行优化。这一过程是通过最小化光度一致性函数 $g^*(p)$ 来实现的。在优化过程中，$\boldsymbol{n}(p)$ 使用俯仰角与偏航角来表达，而 $\boldsymbol{c}(p)$ 只能位于一条直线上，即它在可见图像上的投影位置保持不变。因此，参与优化的参数只有 3 个。PMVS 算法通过共轭梯度法实现这 3 个参数的优化。

完成面片 p 的优化后，基于式(8-9)与式(8-14)重新计算可视集合 $\boldsymbol{V}(p)$ 并计算 $\boldsymbol{V}^*(p)$。如果 $|\boldsymbol{V}^*(p)| \geq \gamma$，则认定面片重建成功，同时，将其与对应的图像块绑定〔即更新 $\boldsymbol{Q}_i(x,y)$ 和 $\boldsymbol{Q}_i^*(x,y)$〕。这里的 γ 是一个人为设定的阈值。

为了加快面片初始化的计算速度，PMVS 算法在完成特征点 f 对应的面片 p 的重建后，将 p 投影回当前图像 I_i，找到其对应的图像块 $\boldsymbol{C}_i(x,y)$，然后将 $\boldsymbol{C}_i(x,y)$ 中包含的特征全部移除，不再参与重建。

算法 8-1　面片初始化算法

//输入：在多张视图中检测到的特征。
//输出：初始化的面片集合 $\boldsymbol{P}$。

- ■ 将集合 $\boldsymbol{P}$ 设置为空集。
- ■ 对于每张图像 I：
  - ➢ 对于图像 I 中检测到的每一个特征 f：
    - ◆ 寻找特征 f 的匹配点构建集合 $\boldsymbol{F}$。
    - ◆ 按照与光心 $O(I)$ 的距离升序排列集合 $\boldsymbol{F}$ 中的特征点。
    - ◆ 对于集合 $\boldsymbol{F}$ 中的每一个特征 f'：
      - ● 利用式(8-11)至式(8-13)完成面片 p 的初始化。
      - ● 基于式(8-9)与式(8-14)计算面片 p 的可视集 $\boldsymbol{V}(p)$ 和 $\boldsymbol{V}^*(p)$。
      - ● 优化面片 p 的 $\boldsymbol{n}(p)$ 和 $\boldsymbol{c}(p)$。
      - ● 更新可视集 $\boldsymbol{V}(p)$ 和 $\boldsymbol{V}^*(p)$。
      - ● 如果 $|\boldsymbol{V}^*(p)| < \gamma$，则返回，并继续最内层循环。
      - ● 将面片 p 存储到相应的图像块中，即更新 $\boldsymbol{Q}_i(x,y)$ 和 $\boldsymbol{Q}_i^*(x,y)$。
      - ● 将面片 p 所在图像块的其余特征全部移除。
      - ● 将面片 p 添加到集合 $\boldsymbol{P}$ 中，跳出最内层循环。

2. 面片扩张

面片扩张阶段的目标是为每一个图像块 $\boldsymbol{C}_i(x,y)$ 至少重建一个面片，做法是重复使用已经存在的面片在邻近的空区域产生新的面片。更具体地说，给定面片 p，首先确定满足规则的邻域图像块集合 $\boldsymbol{C}(p)$，然后对集合中的每一个面片执行扩张过程。算法 8-2 给出了面片扩张的整体流程。接下来，我们详细介绍面片扩张涉及的各个关键步骤。

(1) 确定待扩张的图像块

面片扩张的第一步是确定待扩张的图像块。在介绍具体做法之前，我们先给出两个定义。

给定一个面片 p，定义其邻域图像块集合 $\boldsymbol{C}(p)$：

$$\boldsymbol{C}(p)=\{\boldsymbol{C}_i(x',y')\mid p\in\boldsymbol{Q}_i(x,y),|x-x'|+|y-y'|=1\} \tag{8-15}$$

给定两个面片 p 和 p'，当它们满足式(8-16)时，则认定面片 p 和 p' 互为近邻：

$$|(\boldsymbol{c}(p)-\boldsymbol{c}(p'))\cdot\boldsymbol{n}(p)|+|(\boldsymbol{c}(p)-\boldsymbol{c}(p'))\cdot\boldsymbol{n}(p')|<2\rho_1 \tag{8-16}$$

式中，ρ_1 由参考图像 $R(p)$ 中 $\boldsymbol{c}(p)$ 和 $\boldsymbol{c}(p')$ 点的深度决定。

基于上述定义，待扩张图像块的确定过程如下。

给定面片 p 及其邻域图像块集合 $\boldsymbol{C}(p)$，对于集合中的每个图像块 $\boldsymbol{C}_i(x',y')\in\boldsymbol{C}(p)$，如果其包含面片 p'，且 p' 是 p 的近邻，则将图像块 $\boldsymbol{C}_i(x',y')$ 从集合 $\boldsymbol{C}(p)$ 中移除，不进行后续扩张操作。如果一个图像块 $\boldsymbol{C}_i(x',y')$ 不包含面片，但深度不连续，也将其从集合 $\boldsymbol{C}(p)$ 中移除。最后剩下的图像块则作为待扩张的图像块。

图 8-30 展示了图像块是否可以被扩张的 3 种情况。出现情况 a 时，说明临近的图像块中没有面片，且深度是连续的，需要进行扩张；出现情况 b 时，说明临近的图像块中已经存在面片，不需要扩张；出现情况 c 时，说明临近的两个图像块深度不连续，不需要扩张。

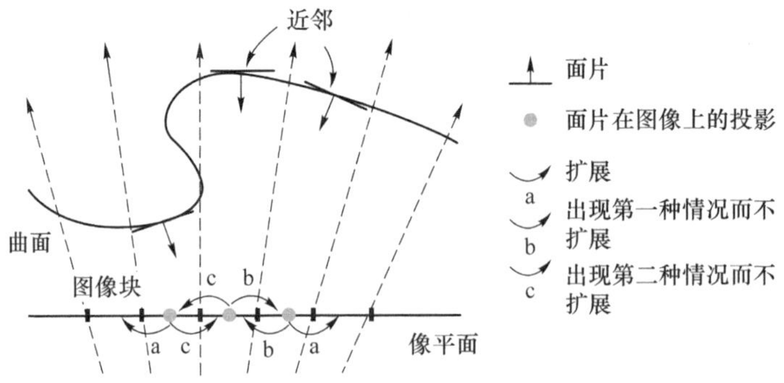

图 8-30　图像块是否可以被扩张的 3 种情况

(2) 扩张过程

对待扩张图像块集合 $\boldsymbol{C}(p)$ 中的每一个图像块 $\boldsymbol{C}_i(x,y)$，采用以下过程来生成新的面片 p'。

首先，基于面片 p 初始化新面片 p'。$\boldsymbol{n}(p')=\boldsymbol{n}(p)$，$R(p')=R(p)$，$\boldsymbol{V}(p')=\boldsymbol{V}(p)$，$\boldsymbol{c}(p')$ 初始化为穿过 $\boldsymbol{C}_i(x,y)$ 中心的可视光线与 p 所在平面的交点。

其次，根据 $\boldsymbol{V}(p')$ 计算 $\boldsymbol{V}^*(p')$，启动面片优化过程，完成 $\boldsymbol{c}(p')$ 和 $\boldsymbol{n}(p')$ 的优化。具体优化方式与第一阶段面片初始化一致。优化结束后，PMVS 算法会往 $\boldsymbol{V}(p')$ 中添加一系列对面片 p' 可见的图像，这些图像是通过深度图测试(在图像块级别而非像素级别进行)得到的，然后根据式(8-9)更新 $\boldsymbol{V}^*(p')$。

最后，如果 $|\boldsymbol{V}^*(p')|\geqslant\gamma$，则认为面片 p' 是一个扩张成功的面片，同时，根据它的可见图像集更新 $\boldsymbol{Q}_i(x,y)$ 和 $\boldsymbol{Q}_i^*(x',y')$。

算法 8-2 面片扩张算法

//输入：经过面片初始化的面片集合 $\boldsymbol{P}$。

//输出：扩张后的面片集合。

- 当集合 $\boldsymbol{P}$ 不为空时：
  - 选择一个面片 p，并将其从集合 $\boldsymbol{P}$ 中移除。
  - 对于每一个包含面片 p 的图像块 $\boldsymbol{C}_i(x,y)$：
    - 确定待扩张的图像块集合 $\boldsymbol{C}(p)$。
    - 对于集合 $\boldsymbol{C}(p)$ 中的每一个图像块 $\boldsymbol{C}_i(x',y')$：
      - 利用面片 p 初始化待扩张面片 p'，即 $\boldsymbol{n}(p')=\boldsymbol{n}(p)$，$\boldsymbol{c}(p')=\boldsymbol{c}(p)$，$R(p')=R(p)$，$\boldsymbol{V}(P')=\boldsymbol{V}(p)$。
      - 计算 $\boldsymbol{V}^*(p')$。
      - 优化 $\boldsymbol{n}(p')$ 和 $\boldsymbol{c}(p')$。
      - 通过深度测试，向可视集 $\boldsymbol{V}(P')$ 中添加新的图像，并更新 $\boldsymbol{V}^*(p')$。
      - 如果 $|\boldsymbol{V}^*(p')|<\gamma$，则返回，并继续最内层循环。
      - 将面片 p' 添加到面片集合中，并将其存储到相应的图像块中，即更新 $\boldsymbol{Q}_i(x,y)$ 和 $\boldsymbol{Q}_i^*(x',y')$。

3. 面片滤波剔除

为了及时地将扩张错误的面片剔除，扩张结束后要进行滤波处理。PMVS 算法采用以下 3 个滤波器来滤除错误的面片。

第一个滤波器建立可视一致性约束，以去除落在正确表面外的面片，如图 8-31(a)所示。令 $\boldsymbol{U}(p)$ 代表与当前可见信息不一致的面片 p' 集合，即 p 和 p' 不是近邻，但储存在 p 的某一个可见图像的同一个图像块中。PMVS 算法将满足式(8-17)的面片视为不满足可视一致性约束的面片，并进行滤除。

$$|\boldsymbol{V}^*(p)|(1-g^*(p))<\sum_{p_i\in \boldsymbol{U}(p)}1-g^*(p_i) \tag{8-17}$$

直观地说，当 p 是一个不满足可视一致性约束的面片时，$1-g^*(p_i)$ 和 $|\boldsymbol{V}^*(p)|$ 都会很小，此时，p 可以被去除。

第二个滤波器同样执行可视一致性约束，但更加严格。其主要针对落在实际表面内部的面片，如图 8-31(b)所示，对每个面片 p，根据深度测试计算 $\boldsymbol{V}^*(p)$ 中对 p 可见的图像数量。如果数量少于 γ，则将 p 作为异常值移除。

第三个滤波器的滤除规则如下：对每个面片 p，遍历 $\boldsymbol{V}^*(p)$ 中的每个图像，收集面片 p 在该图像上的投影点所在的图像块及其邻域图像块所包含的全部面片，统计这些面片中与 p 具有近邻关系的面片所占的比例，如果比例小于 25%，则将 p 作为异常值移除。

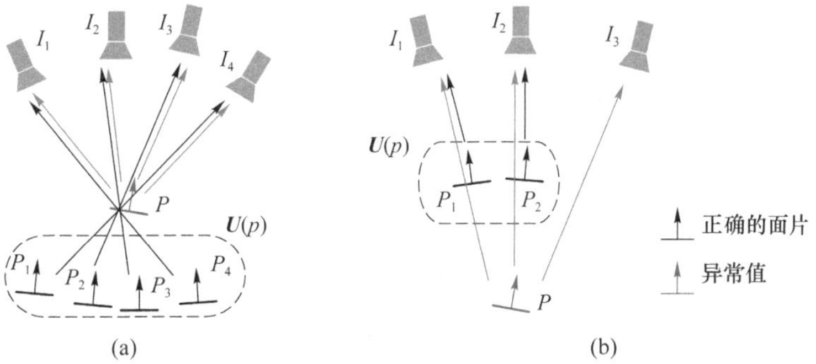

图 8-31 依据可视一致性约束进行滤波

8.2.3 总结

PMVS 算法是多视图立体视觉中基于面片扩张方法的典型算法，该算法通过面片初始化、面片扩张以及面片滤波剔除 3 个步骤重建出真实物体或场景的三维模型。图 8-32 展示了 PMVS 算法的一些重建结果。

图 8-32　PMVS 算法的重建结果

PMVS 算法适用性强，能够处理不同形状的物体，并且可获得不错的效果，但不适用于包含非朗伯表面的物体/场景的重建任务。另外，PMVS 算法的重建结果常存在一些空洞。

8.3 基于深度图的多视图重建

在本节中，我们将学习一种基于深度图的多视图重建方法。与 PMVS 算法一样，基于深度图的多视图重建方法也能应用于大场景的重建任务，但重建思路不同。

基于深度图的多视图重建方法主要包括 3 个阶段(如图 8-33 所示)。

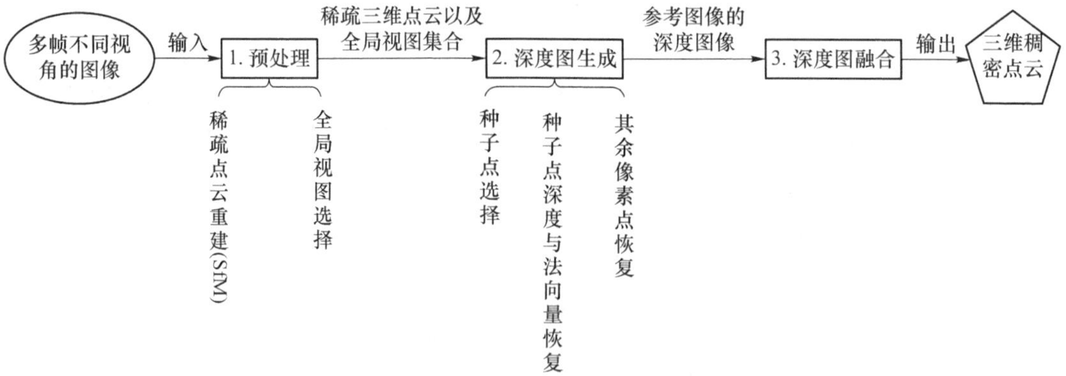

图 8-33　基于深度图的多视图几何重建流程

- 预处理。使用 SfM 获得所有图像的摄像机内、外参数及稀疏的三维场景点云。为参考图像选择参与重建深度图计算的邻域图像(视图)，构建全局视图集合。
- 深度图生成。基于预处理阶段得到的稀疏点云，通过区域生长算法获得参考图像每个像素点的深度值，得到参考图像的深度图。

- 深度图融合。对所有参考图像的深度图进行融合，得到最终的重建结果。

在上述3个阶段中，前两个阶段最为复杂，为此本节接下来的内容，将围绕预处理与深度图生成这两个阶段展开。

8.3.1 预处理

1. 摄像机标定与稀疏点云生成

由于输入的图像通常不包含摄像机位姿、本质矩阵等参数，因此需要对输入的图像进行标定。首先，将场景的全部图像输入运动恢复结构(SfM)系统(基于 SIFT 特征提取器)，完成所有图像的摄像机内、外参数标定(位姿、方向、焦距等)，获得三维场景的稀疏点云，记录各个重建点及其对应的特征点信息。

2. 全局视图选择

对于每个参考视图，基于深度图的多视图重建方法采用了分级选择机制来选择参与深度计算的邻域视图，即全局视图选择和局部视图选择。在图像层，全局视图选择为每一张参考图像筛选出一组邻域图像，即每一张参考图像都有一个全局视图集合；在像素层，局部视图选择指在全局视图集合中为参考图像的每个像素进一步筛选出一个子集，即参考图像的每一个像素点都有一个局部视图集合。接下来，我们首先介绍全局视图选择。

给定参考视图 R，全局视图选择的目的是寻找一个全局视图集合 $\boldsymbol{N}$，以支撑该视图的深度图计算。全局视图集合 $\boldsymbol{N}$ 的构建原则有两个：

- 集合 $\boldsymbol{N}$ 中的视图(包括参考图)在场景内容、外观、尺度等方面相近，适合进行深度计算；
- 各个视图间具有足够的基线宽度(较大的视差)，可以使深度计算更加稳定、鲁棒。

具体实现时，全局视图集合 $\boldsymbol{N}$ 中的图像是依据视图分数 $g_R(V)$ 选择的：

$$g_R(V)=\sum_{f\in \boldsymbol{F}_V\cap \boldsymbol{F}_R} w_N(f)\cdot w_s(f) \tag{8-18}$$

其中，$\boldsymbol{F}_X$ 是在视图 X 中观察到的特征点的集合，等式右边是两个权值函数的乘积。

权值函数 $w_N(f)$ 鼓励视图集合 $\boldsymbol{N}$ 中各个视图间的基线尽量宽，其定义如下：

$$w_N(f)=\prod_{\substack{V_i,V_j\in \boldsymbol{N}\\ \text{s.t. } i\neq j,\, f\in \boldsymbol{F}_{V_i}\cap \boldsymbol{F}_{V_j}}} w_\alpha(f,V_i,V_j) \tag{8-19}$$

其中：V_i,V_j 是集合 $\boldsymbol{N}$ 中的任意两张图像；$w_\alpha(f,V_i,V_j)=\min\left((\alpha/\alpha_{\max})^2,1\right)$，$\alpha$ 是特征点 f 对应的三维点与 V_i 和 V_j 摄像机中心连线的夹角，$\alpha_{\max}$是一个阈值，当 α 小于该阈值时，α 越大 $w_\alpha(f,V_i,V_j)$ 值越大，视图间的基线越宽，当 α 超过 $\alpha_{\max}$ 时，$w_\alpha(f,V_i,V_j)=1$，表明过宽的基线不能带来更多的收益。

权值函数 $w_s(f)$ 的定义如下：

$$w_s(f)=\begin{cases}\dfrac{2}{r}, & 2\leqslant r\\ 1, & 1\leqslant r<2\\ r, & r<1\end{cases} \tag{8-20}$$

其中，$r=\frac{s_R(f)}{s_V(f)}$为一比值，衡量特征点 f 处参考图像 R 与视图 V 分辨率的近似程度。$r>1$ 表示视图 V 的分辨率高于参考图像 R，反之，则低于参考图像 R。$s_X(f)$是视图 X 分辨率的一种度量，其计算过程为：以特征点 f 对应的三维点为中心建立一个球体，调整球体的直径使其投影到视图 X 上正好对应 1 个像素，此时获得的球体直径即 $s_X(f)$。显然，$s_X(f)$反映了视图 X 的摄像机与待重建物体或者场景的距离。$s_X(f)$值越大，摄像机距离待重建场景或物体越远，其拍摄的图像 X 在特征点 f 处的分辨率越低。

从物理意义上讲，权值函数 $w_s(f)$鼓励全局视图集合 $\boldsymbol{N}$ 中的图像分辨率与参考视图的尽量接近。

给定视图 V 的评分函数 $g_R(V)$并且给定集合 $\boldsymbol{N}$ 的规模，比如 $|\boldsymbol{N}|=10$，可以采取贪婪的方式根据视图得分 $g_R(V)$来构建集合 $\boldsymbol{N}$。具体来说，初始时集合 $\boldsymbol{N}$ 只包含一张参考图像，然后，以迭代的方式不断把得分最高的视图添加进集合 $\boldsymbol{N}$，直至集合中的视图数量到达预期。

虽然，全局视图构建时试图选出尺度相等或相近的邻域视图，但实际计算过程中，总会存在一定的尺度差异，导致后期深度计算不准确。因此，需要将 $\boldsymbol{N}$ 中所有视图的分辨率对齐到参考图。具体对齐方法为：找到相对于参考图像 R 分辨率最低的视图 $V_{\min}\in\boldsymbol{N}$，重新采样参考图像 R 来近似匹配分辨率较低的视图，然后，重新采样分辨率较高的图像来匹配参考图像 R。

更具体地说，我们依据视图 V 和参考图像 R 之间存在匹配关系的特征点来估计两者之间的分辨率差异：

$$\text{scale}_R(V)=\frac{1}{|\boldsymbol{F}_V\cap\boldsymbol{F}_R|}\sum_{f\in\boldsymbol{F}_V\cap\boldsymbol{F}_R}\frac{s_R(f)}{s_V(f)} \tag{8-21}$$

定义 $V_{\min}$等于 $\arg\min_{V\in\boldsymbol{N}}\text{scale}_R(V)$，表示集合 $\boldsymbol{N}$ 的所有图像中相对于参考图像R 分辨率最低的图像。然后，基于下面两个标准对图像的尺度进行对齐。

- 如果 $\text{scale}_R(V_{\min})$小于一个预先设定的阈值 t，比如 $t=0.6$，就需要对参考视图 R 进行放缩，直到 $\text{scale}_R(V_{\min})=t$ 时，停止放缩。
- 如果 $\text{scale}_R(V)$大于一个预先设定的阈值 s，比如 $s=1.2$，则需要对该视图进行放缩以匹配参考视图 R 的尺度(参考图像 R 自身可能在上一步中被放缩过)。

3. 局部视图选择

在全局视图选择阶段，每张参考视图都挑选了一组候选的邻域视图集合 $\boldsymbol{N}$，并对尺度进行了统一。为了加速，我们为参考图的每个像素都构建了一个更小的局部视图集 $\boldsymbol{A}\subset\boldsymbol{N}$。计算该像素点深度时，仅使用集合 $\boldsymbol{A}$ 中的图像。

给定参考图像上的一点 i，其局部视图集 $\boldsymbol{A}_i$ 是依据视图 $V\subset\boldsymbol{N}$ 的得分 $l_R(V)$来构建的。视图 V 的得分 $l_R(V)$的计算过程如下。

首先，以 i 点为中心在参考图上建立一个窗口，获得其在视图 V 上的对应窗口；然后，计算窗口间的归一化相关系数(NCC)，如果 NCC 高于或等于某个预定义的阈值，则将视图 V 的 $l_R(V)$分数设置为 0。如果 NCC 低于这个阈值，则按下式计算得分 $l_R(V)$：

$$l_R(V)=g_R(V)\cdot\prod_{V'\in\boldsymbol{A}}w_e(V,V') \tag{8-22}$$

其中，$g_R(V)$是视图 V 的全局得分，可由式(8-18)计算获得，V'是局部视图集合 $\mathbf{A}$ 中已经存在的视图，$w_e(V,V')=\min(\gamma/\gamma_{\max},1)$。假设视图 V 和 V'的摄像机中心分别为 O 和 O'，分别将 O 和 O'与 i 点对应的三维点的连线投影到参考图像，它们形成的锐角就是 γ。$\gamma_{\max}$是一个预定义的阈值，用于限制视图 V 与 V'之间的方向跨度。

通过 $l_R(V)$分数，我们可以筛选出光度一致性好、观测方向分散度高的一组邻域视图，这有利于提升后续深度估计的准确性与鲁棒性。

局部视图集 $\mathbf{A}_i$ 的构建是迭代进行的，每一次找到一个 $l_R(V)$分数最高的视图 $V\subset\mathbf{N}$ 添加至集合 $\mathbf{A}$ 中，直到 $\mathbf{A}$ 中的视图数量达到所需要的张数，比如 $|\mathbf{A}|=4$。

8.3.2 深度图生成

给定参考图像及其全局视图集合，深度图生成阶段的目标就是利用区域生长算法获得参考图像的深度图。算法的具体流程如下。

步骤一：将 SfM 系统提供的特征点作为初始种子点，通过非线性深度优化获得种子点的深度值与法向量。

步骤二：按照特定的策略将种子点的邻域像素添加到待优化队列 Q 中。

步骤三：对队列 Q 中的像素点进行深度值非线性优化，得到它们的深度值及法向量。

步骤四：更新种子点列表。如果还有未重建像素，返回步骤二；如果没有，则输出重建后的深度图。

这 4 个步骤的核心是待优化队列的生成以及深度值非线性优化，接下来我们详细讨论这两个环节。

1. 待优化队列的生成

区域生长算法将预处理阶段获得的特征作为初始种子点，按照特定的策略将种子点的邻域像素添加到队列 Q 中，并用种子点的信息初始化邻域像素；对队列 Q 中的像素点进行非线性深度优化，得到一组新的三维点，将其加入种子点。

由于非线性优化过程存在多种局部最小值，因此，待优化参数的初始值设定就显得异常重要。考虑相邻的像素具有相近的空间信息，区域生长算法使用已优化的种子点给邻域像素的深度、法向量及匹配置信度提供良好的初始值；同时，还依据种子点重建结果的置信度对生长过程进行优化，以提升优化算法的收敛速度与精度。

具体来说，区域生长算法首先按照种子点的置信度值从高到低进行排序；然后，逐个取出种子点进行扩张，构建待重建队列 Q。对每个种子点进行扩张时，满足以下条件的邻域像素点将被加入待重建队列 Q。

- 该邻域像素还没有经过深度值计算。
- 该邻域像素已有深度值，但是其置信度低于当前种子点的置信度，并且两者差值的绝对值超过预定义的门限。

接下来，我们结合图 8-34 这个示例对上述过程进行解释。假设 0 号像素为种子点，由于 1,2,3 号像素并没有进行深度计算，所以将它们加入队列 Q 中。由于 4 号像素已经进行了深度计算，则需要比较它与 0 号像素深度值的置信度，如果 0 号像素的置信度高于 4 号像素的置信度，并且两者差值的绝对值超过预设的门限，则将 4 号像素添加到队列 Q 中，反之则不添加。

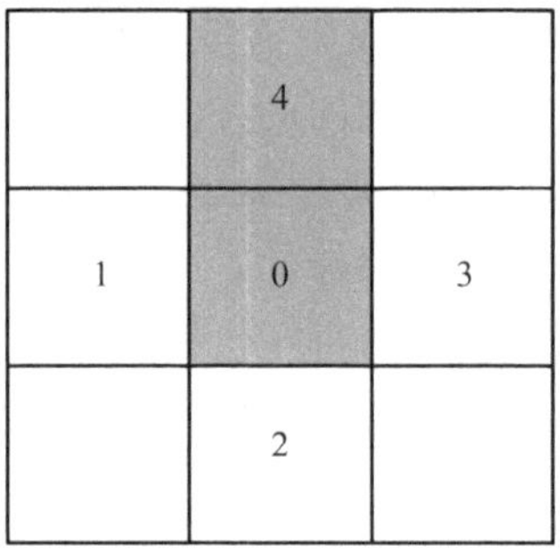

图 8-34　种子点向邻域像素进行区域生长

从上述例子可以看出，在生长过程中，已经处理过的某个像素会被再次处理，其旧的深度信息也会被新的深度信息所覆盖。此外，某一像素再次被处理时，其对应的局部视图集合 **A** 会被重置。

2. 深度值非线性优化

给定参考视图上一个待优化的图像点，以其为中心设置一个窗口，并假设该窗口对应着三维场景中的一个矩形面片。深度值非线性优化的任务就是优化这个面片的深度和法向，以最大化它在各个局部视图中投影的光度一致性。

（1）场景几何模型

假设参考视图中一个中心位于 (s,t) 的 $n\times n$ 窗口区域，对应的三维场景可以用一个矩形面片来表示，其中心点坐标为 $X_R(s,t)$，朝向参考视图，如图 8-35(a)所示。

此时，图像上 (s,t) 点对应空间点的三维坐标 $X_R(s,t)$ 表示如下：

$$X_R(s,t)=O_R+h(s,t)\cdot \boldsymbol{r}_R(s,t) \tag{8-23}$$

其中，O_R 是参考视图 R 的摄像机中心，$\boldsymbol{r}_R(s,t)$ 是空间中通过图像点 (s,t) 的射线方向的单位向量，$h(s,t)$ 是面片中心 $X_R(s,t)$ 点沿着 $\boldsymbol{r}_R(s,t)$ 方向的深度。

那么，窗口中其他像素点对应空间点的三维坐标可写为

$$X_R(s+i,t+j)=O_R+[h(s,t)+ih_s(s,t)+jh_t(s,t)]\cdot \boldsymbol{r}_R(s+i,t+j) \tag{8-24}$$

其中，$i,j=-\dfrac{n-1}{2},\cdots,\dfrac{n-1}{2}$，$h_s(s,t)$ 和 $h_t(s,t)$ 分别表示在水平和竖直方向上一个像素变化引起的深度变化，如图 8-35(b)所示。

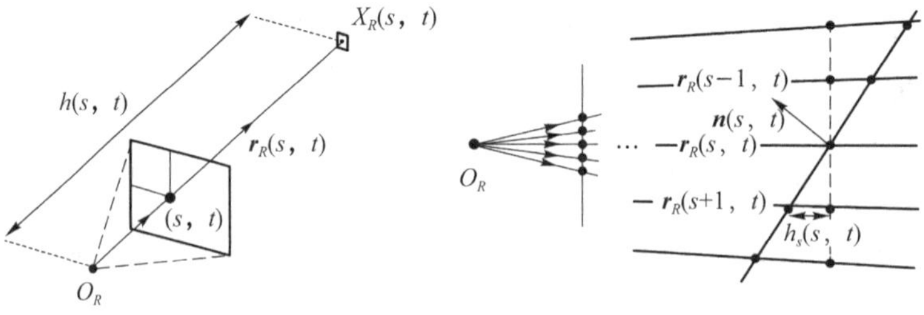

(a)　(b)

图 8-35　深度计算的参数设定

式(8-24)建立了面片上的三维点与参考视图窗口中像素点的对应关系。通过摄像机的投影矩阵,也可建立面片上的点与当前局部视图集合 **A** 中各个图像之间的对应关系。假设 P_k 为局部视图集合中第 k 张图像的投影矩阵,则空间点 $X_R(s+i,t+j)$ 在该图像中的投影点坐标为 $P_k(x_R(s+i,t+j))$。

(2) 光度一致性模型

为了应对视图间的光照差异,我们基于深度图的多视图重建算法建立了一个简单的光照模型,以模拟面片投影到邻域视图时的反射现象。具体做法就是为每个局部视图都定义一个亮度尺度因子 c_k,通过这个尺度因子来调整视图的亮度值。这个简单的光照模型能很好地建模大部分情况下朗伯表面的反射特性,但是,对于非朗伯表面效果欠佳。不过,在实际应用中,上述反射模型与前述视图选择机制相结合能够有效地提升重建结果对于光照变化的鲁棒性。

(3) 基于最小二乘的非线性优化

基于上述模型,我们可以建立参考图像上以 (s,t) 为中心的窗口内像素值与其局部视图集合 **A** 中第 k 个视图的像素值之间的关联:

$$I_R(s+i,t+j)=c_k(s,t)\cdot I_k(P_k(X_R(s+i,t+j))) \tag{8-25}$$

其中,$i,j=-\frac{n-1}{2},\cdots,\frac{n-1}{2}$,$k=1,\cdots,m$,且 $m=|\mathbf{A}|$,为当前点的局部视图数量。

移除像素坐标 (s,t),式(8-25)可写为

$$I_R(i,j)=c_k\cdot I_k(P_k(O_R+\boldsymbol{r}_R(i,j)\cdot(h+ih_s+jh_t))) \tag{8-26}$$

需要注意的是,式(8-26)仅表达了灰度图像上的对应关系。如果是三通道的彩色图像,则式(8-26)需要进行扩展,每一个色彩通道都建立一个方程。最终,联立的方程个数为 $3n^2m$,其中 3 为通道个数,n^2 表示窗口所包含的像素个数,m 是局部视图的数量。待求解的参数个数为 $3+3m$,其中“3”表示 h,h_s 以及 h_t 3 个参数,$3m$ 指所有视图的颜色尺度因子 c_k 个数的总和。

显然,基于式(8-26)定义的方程组是一个超定非线性方程组,需要使用非线性最小二乘方法来求解。为此,我们定义如下误差函数 E:

$$E=\sum_{ijk}(I_R(i,j)-c_k\cdot I_k(P_k(O_R+\boldsymbol{r}_R(i,j)\cdot(h+ih_s+jh_t))))^2 \tag{8-27}$$

通过最小化误差函数 E 可以得到优化后的 h,h_s 与 h_t,在此基础上,经过一些简单的变换可以得到当前像素对应的三维点坐标及其法向量。

8.3.3 总结

基于深度图的多视图重建方法是多视图立体视觉领域的经典方法,它通过选取可靠的邻域视图,不断优化参考图像中像素点的深度与方向,来达到最优的重建结果。图 8-36 展示了基于深度图的多视图重建方法的重建结果。

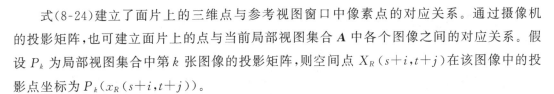

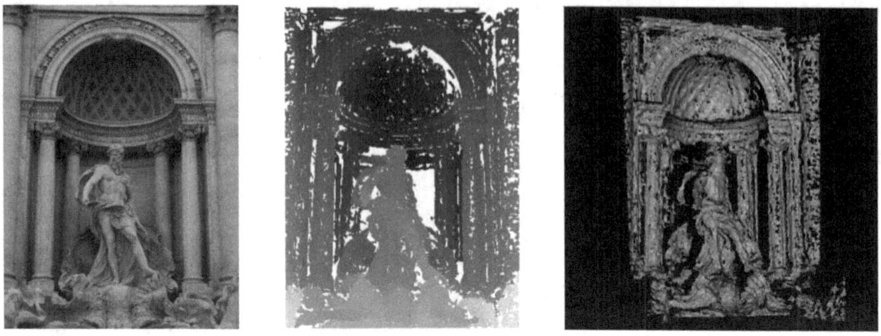

(a) 输入图像　　(b) 对应的深度图　　(c) 渲染结果

图 8-36　基于深度图的多视图重建方法的重建结果

习　题

1. 比较多视图立体视觉算法与 SLAM/SfM 系统，并简要描述它们的区别。

2. 总结空间雕刻法、阴影雕刻法、体素着色法 3 种技术的优缺点，并思考它们各自的适用范围。

3. 马尔可夫离散优化法相对于其他 3 种基于体素的方法的优势是什么？为什么它可以处理通用场景下的三维重建问题？

4. 针对本章基于面片的多视图重建方法的描述，根据算法 8-1 和算法 8-2 中的算法流程，编程实现基于面片的多视图重建方法。

5. 在基于面片的多视图重建方法中，需要进行面片的滤波剔除，简述 3 种滤波器的标准和面片的滤除条件。

6. 简要描述基于深度图的多视图重建方法与基于面片的多视图重建方法的区别。两者分别适用于哪些情况？

第9章 同时定位与建图

9.1 SLAM 简介

移动机器人在未知环境中运动时,如何通过自身的传感器构建出周围的环境地图,并定位自身位置,称为 SLAM 问题,即同时定位与地图构建(Simultaneous Localization and Map Building)。与运动恢复结构问题相比,SLAM 对算法的实时性要求更高,机器人需在短时间内处理传感器数据并完成地图构建和定位任务。

在早期研究中,SLAM 问题的解决方案主要聚焦于激光 SLAM,机器人将激光雷达作为自身传感器,通过 SLAM 技术构建地图并定位自己。基于激光的 SLAM 方案具有精度高和实时性强等优势,但激光雷达不菲的价格以及室外恶劣环境中易受损等问题,制约了这类技术的发展。自 21 世纪以来,视觉 SLAM 成为 SLAM 问题的主流解决方案。在视觉 SLAM 中,机器人将工业摄像机作为环境传感器,通过计算机视觉算法分析采集到的视频流,实现环境地图构建及自身位姿估计。相比于激光雷达,工业摄像机成本低,采集信息量大,且不局限于固定场景中,因此,基于工业摄像机的视觉 SLAM 技术目前得到了广泛的应用。

9.1.1 数据采集传感器

移动机器人进行定位与建图的前提是对环境有效而可靠的感知。因此,在机器人上搭载一种或多种传感器是必不可少的。传感器既能够让机器人认识到自身位姿状态,也能够让机器人了解周围环境的情况。目前移动机器人常用的传感器大体可分为两类:内部传感器和外部传感器。

内部传感器常搭载于机器人本体上,监测机器人本身的运动,例如惯性传感器、陀螺仪、码盘等。惯性传感器能够感知机器人运动时的加速度信息;陀螺仪是常用的角运动检测装置;码盘是测量运动角位移的数字传感器。内部传感器常常具有很高的采样频率,且受到环境变化的影响小。但是,这类传感器随着使用时间的增加不可避免地会产生漂移误差,因此,不能直接用于长时间定位。总体上来说,内部传感器通常用于辅助机器人本身的运动,定位算法接收传感器的信号输入对机器人的位置运动进行预测估计。

外部传感器则用于感知机器人周围环境。SLAM 算法所需的环境信息常由外部传感器提供，以支持机器人对位置信息的计算。接下来我们介绍 SLAM 系统中常用的 3 种外部传感器：激光雷达、声纳和视觉摄像机。

激光雷达是激光探测及测距系统的简称，其通过二极管发射激光束脉冲至目标，来探测目标的位置和速度等信息。激光雷达接收从目标反射回来的信号，测量激光束返回时的飞行时间，比较返回信号与发射信号的相位，从而计算出目标的距离、方位，甚至形状。激光雷达具有速度快、精度高、测量距离长等优点，但是价格昂贵，且返回信号会受到目标材质的影响，可能出现镜面反射和漫反射现象。

声纳系统通过发射超声波并检测回波，基于电声转换和信号处理技术计算目标的距离、大小及运动方向。声纳具有价格低、不受光照影响等优势，但是可能面临着回波信号弱、测量范围不够大等困境。图 9-1 展示了激光雷达传感器和超声波传感器的实物图。

(a) 激光雷达传感器　　(b) 超声波传感器

图 9-1　典型的外部传感器

视觉 SLAM 系统使用的摄像机主要分为 3 类，分别是单目摄像机、双目摄像机和深度摄像机，如图 9-2 所示。单目摄像机以图像的形式记录三维场景信息，其成本最低，但是存在尺度难确定的问题。具体来说，单目摄像机能够在物体发生运动时，记录其相对位移的视差，根据视差能够大致估算出物体在三维空间中的运动矢量。但是由于尺度的不确定性，仅利用单目摄像机获取的图像难以计算物体的真实运动距离。相比于单目摄像机，双目摄像机则可通过双目立体视觉技术估计场景中物体的深度信息，进而计算出每个像素的空间位置。与前两者不同，深度摄像机通常依据飞行时间（Time-of-Flight，ToF）原理，通过比较发射信号和接收信号之间的时间差，获得物体与摄像机之间的距离信息。相比于双目摄像机方案，深度摄像机方案速度更快，在受控环境下的精度也更高，但价格也更贵。在真实应用中，摄像机的选择更多地是由任务来决定的。

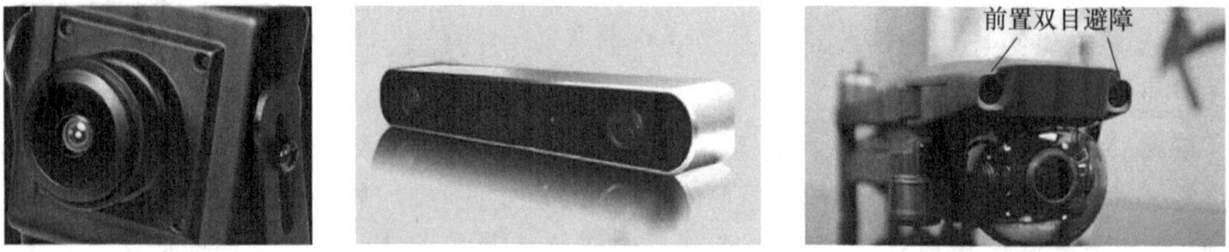

(a) 单目摄像机　　(b) 双目摄像机　　(c) 深度摄像机

图 9-2　SLAM 系统中的摄像机

9.1.2 地图类别

在 SLAM 中，环境信息通过地图的形式呈现，不同的应用场景需要构建出不同类别的地图。机器人在运动过程中需要根据感知到的信息构建并维护一个环境地图，这也是 SLAM 技术的核心问题。环境地图的表现形式可以有多种，一组空间点的集合可以表示地图，一个复杂的三维模型也可以表示地图。接下来，我们具体介绍 3 种常见的环境地图：点云地图、栅格地图及拓扑地图。

点云是空间中离散的数据点集合。这些数据点可以代表一个 3D 形状或物体。每个点位置都有自己的笛卡儿坐标，甚至有颜色、强度和类别等属性。点云数据一般由 3D 扫描仪或摄影测量软件生成，代表物体外表面的大量数据点。点云地图（如图 9-3 所示）将现实空间中的点云数据转换为虚拟地图，从而构建出机器人周围环境的概况。

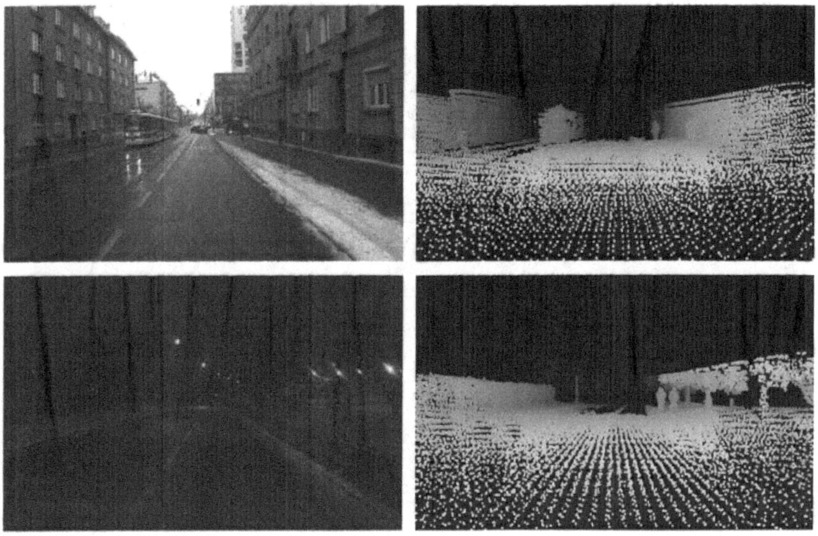

图 9-3 点云地图

栅格地图（如图 9-4 所示）由 Elfes 和 Moravec 提出。在二维栅格地图中，整个环境被分割为多个均匀的小块，通过给栅格赋值来表示小块的 3 种状态：占用、空闲和未知。整个环境空间被分为多个部分，机器人能够随时查询栅格的值来判断该位置是否能够通行。栅格地图的分辨率与栅格尺寸的大小有关，增加分辨率将显著增加数据的存储空间和运算时间。一般说来，在没有细节信息的地方增加栅格的分辨率没有意义。为此，在实际应用中，常采用更有效的四叉树来存储栅格地图。

拓扑地图（如图 9-5 所示）并不能准确地表示环境中物体的具体位置，因此，并没有一个明显的尺度概念。拓扑地图更强调地图元素间的关系，并不追求位置的精确，同时也去掉了点云地图或栅格地图中的冗余信息。拓扑地图通常用图来表示，图的节点表示环境中的物体或者地点，边表示物体地点之间的连通关系。拓扑地图对于结构化的环境建模十分有效。但在非结构化环境或复杂结构的情景中，拓扑地图难以取得理想的效果。例如，机器人如果仅根据拓扑信息完成定位任务，将有很大概率会快速迷失方向和位置。

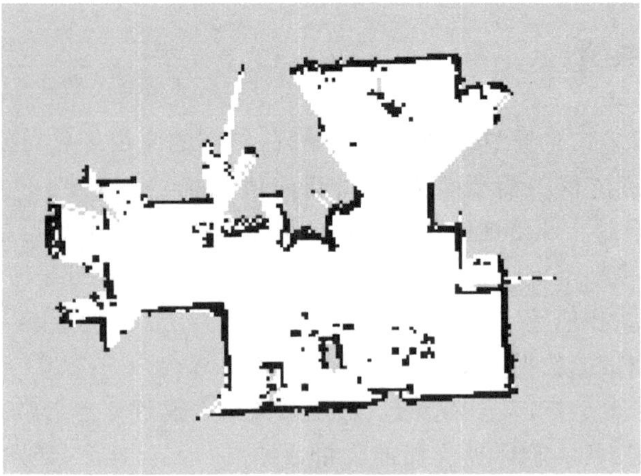

图 9-4　栅格地图

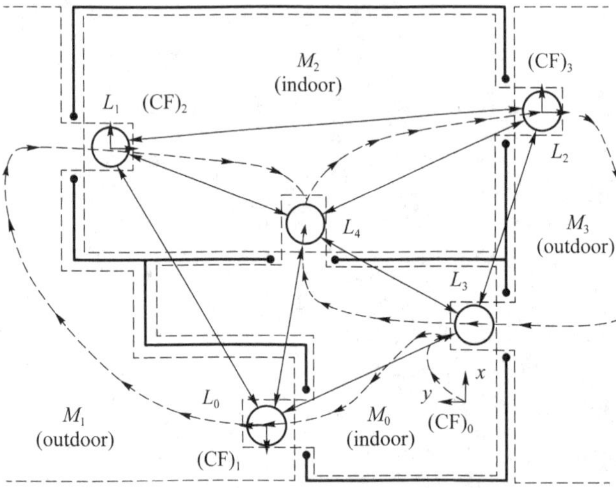

图 9-5　拓扑地图

总体上来说，栅格地图按照固定的分辨率，用小块的方法描述环境空间信息，但并不适用于大规模的环境中。点云地图因其时效性强的特点逐渐成为现在主流的解决方案。拓扑地图舍弃了地图的尺度信息，只关注环境中地点间的拓扑关系，表示得更为紧凑。

9.1.3　视觉 SLAM 算法

机器人的同时定位与建图问题本质上是对机器人自身位姿和环境特征的实时估计问题。视觉 SLAM 算法就是将摄像机作为主要传感器，在没有先验知识的情况下实时地完成 SLAM 任务。定位和建图是相辅相成的关系，因此，确保两者的同时性有助于提高其准确性。构造数据准确的环境地图有助于机器人实现更为准确的定位，同样，精确的定位也有利于机器人更精确地生成环境地图。

如图 9-6 所示，基本的视觉 SLAM 框架包括 5 个模块。

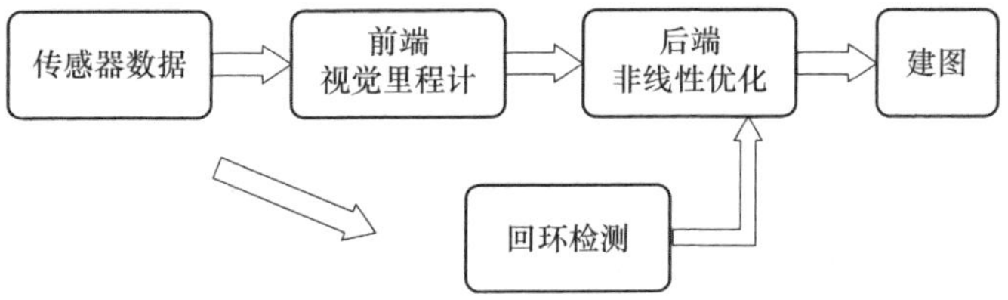

图 9-6　视觉 SLAM 基本流程

- **传感器**。摄像机获取环境的图像信息，SLAM 算法对数据进行存储和预处理。
- **视觉里程计**。视觉里程计提取并匹配图像间的特征点，并据此估算出运动过程中摄像机的位置和姿态，以及对局部环境进行地图的构建。
- **后端优化**。根据视觉里程计实时估计的摄像机位姿，后端消除之前计算过程中所产生的累积误差，并接收回环检测的信息，优化推断出全局一致运动轨迹和环境地图。
- **回环检测**。回环检测主要判断机器人是否再次进入了同一场景，形成了轨迹回环。如果机器人的运动轨迹重复，后端则处理这一信息，生成正确的地图。
- **建图**。SLAM 算法根据优化后的轨迹，建立符合要求的全局环境地图。

在 SLAM 框架中，视觉里程计、后端优化和回环检测是视觉 SLAM 的 3 个核心模块。其中，视觉里程计根据摄像机几何模型和图像特征点的对应关系，估算相邻图像帧之间摄像机的相对运动信息，然后，通过累加操作获得摄像机的运动轨迹。由于两帧之间的摄像机运动估计精度受摄像机标定精度、特征点匹配准确性等诸多因素的影响，因此，估计结果总会存在一定的误差。而帧间的相对误差会在视觉里程计的累加计算中不断被放大，进而产生较大的位置漂移(估计的摄像机位姿与真实的摄像机位姿之间的差距)，最终会导致 SLAM 任务失败。为了解决这一问题，视觉 SLAM 框架引入了后端优化和回环检测技术。

后端优化主要解决传感器噪声对 SLAM 系统精度带来的影响。传感器数据中的噪声是不可避免的，其强度受到环境变化的影响。通过最大后验概率估计，后端优化模块可以从噪声数据中估计出机器人的真实状态。

回环检测主要解决误差累积导致的漂移问题。解决这一问题的关键，就是要让机器人具有认识场景的能力。如果机器人判断出当前场景它曾经到过，则可以利用此信息修正运行过程中的累积误差，进而消除漂移。现有 SLAM 系统常采用基于内容的图像检索技术来提升机器人认识场景的能力，进而实现回环检测。当机器人拍摄到某一场景图像，首先将其送到图像检索系统中进行查询，如果找到非相邻时刻某一图像与其具有高度的相似性，则认为机器人曾经到过此处，进而构建一个回环。接下来，机器人的回环检测模块便可使用该回环信息，修正运动轨迹和地图所累积的误差，使之达到全局一致的状态。

上述框架是视觉 SLAM 技术的基础，在研究人员数十年的共同努力下，已经相当成熟。在此框架的基础上许多经典视觉 SLAM 算法衍生了出来，根据视觉里程计对图像处理方式的不同其可以分为 3 种：间接法、直接法和半直接法。

间接法通过最小化图像特征的重投影误差来恢复摄像机的运动。系统首先在每帧图像中提取显著的特征点，并通过特征描述子比较建立图像特征点的对应关系；然后，系统根据特征的对应关系求解摄像机的位姿。由于图像的特征点提取技术已日益成熟，其稳定性、尺度不变性和旋转不变性得以保证。因此，基于图像特征点匹配的间接法具备可靠的定位精度与鲁棒的建图能力，且不容易受外界光照变化的影响。但是图像特征点提取与匹配带来的计算量增加也是不容忽视问题。

MonoSLAM 作为第一个基于单目摄像机的视觉 SLAM 系统于 2007 年被提出，它具有前所未有的实时性，标志着视觉 SLAM 领域从理论算法走向实际应用。但是 MonoSLAM 没有并行化图像特征的提取与匹配任务，甚至串行计算摄像机位姿和环境图像，导致所能够处理的特征点过少，系统稳定性不足。但是自从 MonoSLAM 被提出后，间接法的热度随之升高。随后一系列经典方法如井喷式出现，如 PTAM、DTAM 等。集大成的 ORB-SLAM 于 2015 年应运而生，其利用 ORB 特征实现了高效的图像特征点检测与匹配，通过 3 个线程完成了特征追踪、局部优化和回环工作。ORB-SLAM 系统紧凑而鲁棒，在各大数据集和实际场景下都表现出了优异的性能。2017 年，基于多摄像机系统的 ORB-SLAM2 被提出，在上一代的基础上添加了对双目摄像机和 RGB-D 摄像机的支持，其结果如图 9-7 所示。2020 年 ORB-SLAM3 被提出，研究人员又将摄像机和惯性传感器结合，通过增加传感器数据辅助进一步提升视觉 SLAM 的性能。由于间接法稳定且优异的性能，它开始成为学术界的研究主流和工业界的落地解决方案。

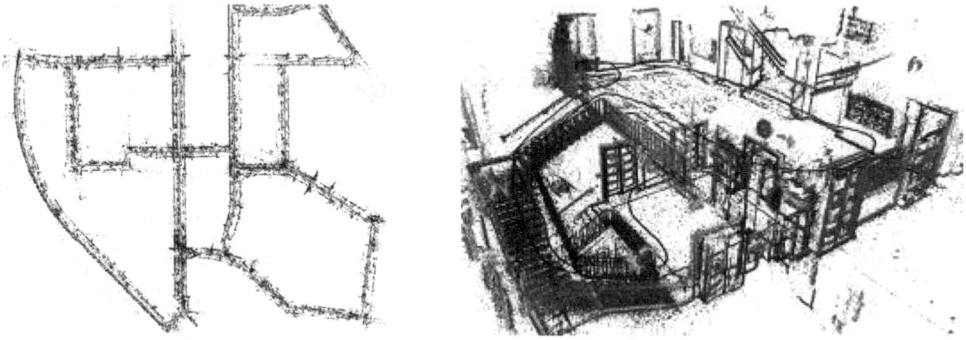

图 9-7　ORB-SLAM2 结果展示

不同于间接法 SLAM 系统依赖特征点匹配结果计算摄像机运动信息，直接法既不提取特征点，也不计算特征点的描述子，而是直接通过光流法最小化图像间的像素灰度误差来求解摄像机位姿。由于去除了运算量较大的图像特征提取环节，直接法极大地加快了 SLAM 系统的运行速度。

使用直接法的经典 SLAM 系统有 LSD-SLAM 和 DSO。LSD-SLAM 于 2014 年被提出，是一个半稠密的单目视觉 SLAM 系统。2016 年出现的 DSO 使用了一个基于单目摄像机的稀疏直接法视觉里程计，使系统在准确性、鲁棒性和计算速度上都优于 LSD-SLAM 和 ORB-SLAM。在此基础上，Stereo DSO 拓展单目 DSO 到双目 DSO。DSO 虽然在速度上取得了突破性的进展，但是由于舍弃了回环检测模块，在误差过大的时候难以重新工作。LDSO 在 Stereo DSO 的基础上引入了回环检测模块，以消除累积漂移问题，提高了在大规模场景下长时间工作的能力。

半直接法是介于直接法和间接法中间的解决方案，其首先提取图像特征点，然后通过光流法最小化特征点间的像素灰度误差来求解摄像机位姿。不同于直接法，半直接法需要提取图像特征点；相较于间接法，半直接法舍弃了特征描述子的计算与匹配。

2014 年 Forster 等提出了单目 SVO 系统（运行结果如图 9-8 所示），其首先在图像上提取一组稀疏的特征点，然后利用光流法进行特征点匹配，最后，估计摄像机的运动轨迹及位姿。2016 年基于多摄像机的 SVO-v2 系统发布，其采用 FAST 特征及双线程设计，能够在有限计算资源的平台上高速地完成定位和建图任务。但是，SVO 由于舍弃了后端优化和回环检测模块，长时间工作时存在较为明显的漂移。

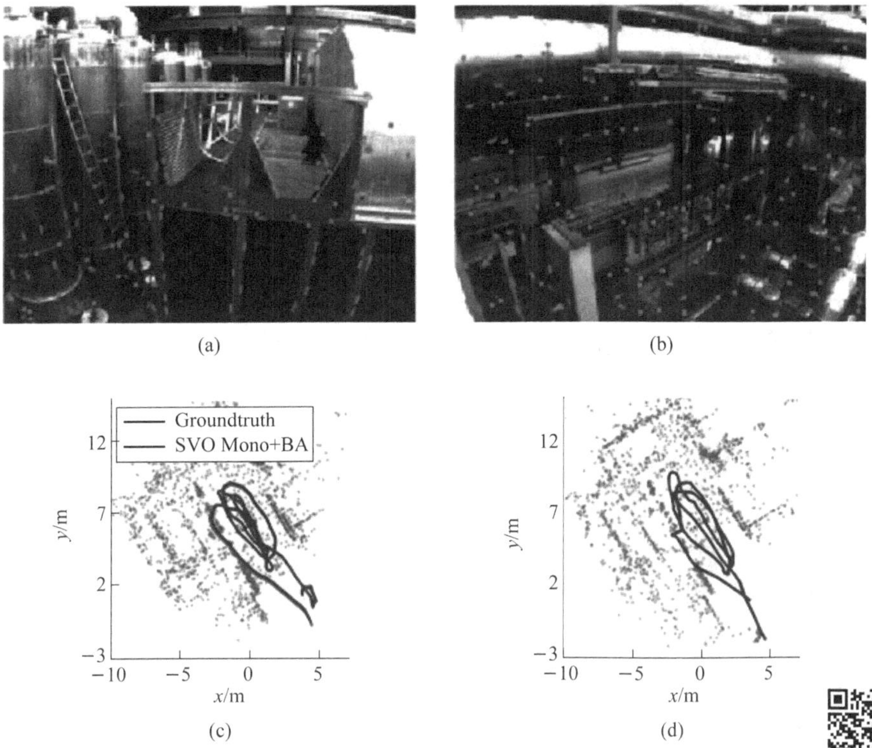

图 9-8 SVO 结果展示

彩图 9-8

上述大多数 SLAM 系统的程序代码已公开，读者可以基于这些开源算法构建自己的 SLAM 系统，实现个性化的定位和建图任务。虽然视觉 SLAM 系统的设计日趋完善，但在环境变化剧烈、存在人为干扰的场景，性能仍难以保障，为此，视觉 SLAM 仍有很大的研究空间。

本章接下来的部分将以 ORB-SLAM 系统与 DSO 系统为例，为大家详细地分析间接法与直接法 SLAM 系统的设计思路和关键问题。不过，在介绍 ORB-SLAM 系统前，我们先介绍一种基于词袋模型的图像检索技术，它是回环检测模块设计所需的基础技术之一；然后，再介绍图结构与生成树的概念，我们将用它们对 SLAM 系统中的图像数据进行组织与管理。

9.2 基于词袋模型的图像检索

在视觉 SLAM 系统中回环检测是非常重要的一环，其通过寻找历史数据中相似的视图来对摄像机进行重定位，从而减小累积误差。这一过程需要进行大量图像相似度的计算，依据相似度快速找到相似图像。然而，直接求解图像像素差异或者特征点匹配数目复杂度高，难以满足 SLAM 系统实时定位的需求。为此，主流的具有回环检测模块的 SLAM 系统大都包含一个基于词袋模型的图像检索子系统，该子系统利用视觉词袋模型高效表示图像，利用余弦值度量图像间的相似性，利用倒排索引存储并完成高效的图像检索。

9.2.1 视觉词袋模型

词袋模型(bag of words)是信息检索领域常用的文档表示方法，后来被图像检索与识别领域所使用。它的基本思想是给定一篇文档，忽略其词序和语法、句法，仅将其看作一些单词的集合，然后通过统计集合中的单词类型和数量来实现文档表示。这种集合可以形象地看成一个装满单词的袋子，因此被称为词袋。以如下两篇文档为例：

- 文档一："Bob likes to play basketball, Jim likes too."。
- 文档二："Bob also likes to play football games."。

根据文档中出现的单词构建一个简单的字典 W：

W = {w_1："Bob"，w_2："like"，w_3："to"，w_4："play"，w_5："basketball"，w_6："also"，w_7："football"，w_8："games"，w_9："Jim"，w_{10}："too"}

统计所有单词在两篇文档中出现的频率，可得到两个词袋，用向量表示为

$$\text{词袋一}:\boldsymbol{d}_1=(1,2,1,1,1,0,0,0,1,1)$$

$$\text{词袋二}:\boldsymbol{d}_2=(1,1,1,1,0,1,1,1,0,0)$$

将词袋模型应用于图像表示中，则一张图像对应一篇文档。如果将图像看成若干具有代表性的局部区块的集合(如图 9-9 所示)，那么每一块都可以被看作一个视觉单词，与文本中的单词概念对应。通过统计图像中视觉单词出现的次数可以构建出视觉单词的频率直方图，而该直方图的向量形式即图像的词袋表示。

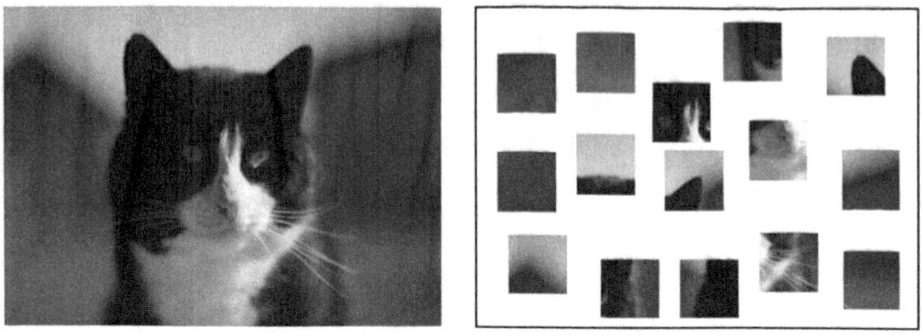

(a) (b)

图 9-9 一张猫的图像及其对应的词袋

不同于文本领域，视觉领域没有词典的概念。如何构建视觉词典是将词袋模型应用于图像表示中第一个需要解决的问题。为此，我们首先介绍视觉词典的构建方法。

一般说来视觉词典的构建过程分为 3 步。

第一步，提取若干具有代表性的局部区域图像块来表示图像。一种典型的做法是使用 SIFT 特征、SURF 特征或者 ORB 特征检测器提取图像中所有的尺度不变区域，由这些局部区域图像块来表示图像内容。当然，也可以将图像进行均匀切分，然后用切分后的块来表示图像。

第二步，提取局部区域图像块的描述子。计算每个区域图像块的特征描述子，完成局部区域图像块到固定维度特征向量的转变。在实际应用中，SIFT 特征描述子是常用的一种局部区域描述子。

第三步，构建视觉词典。对数据集中所有局部区域图像块的特征描述子进行聚类，每个聚类中心都对应一个视觉单词。这样每个视觉单词都可以表达一类内容相似的图像区块。

对图像块的特征描述子进行聚类时，需要选择合适的聚类方法。聚类方法有很多，K-means是最基础、最常用的聚类算法之一，其基本思想是通过多次迭代寻找 K 个簇的一种最优划分方案，使得每个簇中的样本较为相似，而不同簇之间的样本差异较大。在具体计算时，K-means 算法需要定义一个目标函数，通过优化该目标函数来实现聚类。目标函数 E 的定义方案有多种，常见的一种是将其定义为各个样本距离所属簇中心的误差平方和，即

$$E = \sum_{i=1}^{K} \sum_{\boldsymbol{x} \in \boldsymbol{C}_i} \| \boldsymbol{x} - \boldsymbol{u}_i \|^2 \tag{9-1}$$

其中，$\boldsymbol{C}_i$ 表示第 i 个簇的样本集合，$\boldsymbol{u}_i$ 表示第 i 个簇的中心，K 表示簇的个数，$\boldsymbol{x}$ 表示集合 $\boldsymbol{C}_i$ 中的一个样本。

将 K-means 算法应用到图像视觉词典的构建过程中，即使用 K-means 算法对图像块的特征描述子进行聚类。对于大小为 K 的视觉词典，使用 K-means 算法对图像特征向量进行聚类的一般流程如算法 9-1 所示。

算法 9-1　*K*-means 聚类算法

//输入：从所有图像中提取到的特征描述子向量集合 $\boldsymbol{D}$、词典大小 K。
//输出：包含 K 个单词的视觉词典。

- 从集合 $\boldsymbol{D}$ 中随机选择 K 个特征描述子向量作为初始中心 $\{\boldsymbol{u}_1, \boldsymbol{u}_2, \cdots, \boldsymbol{u}_K\}$。
- 循环执行：
  - 令 $\boldsymbol{C}_i = \varnothing (0 \leqslant i \leqslant K)$。
  - 对于 $j = 1, 2, \cdots, m$：
    - 计算样本 $\boldsymbol{x}_j$ 与各个中心向量 $\boldsymbol{u}_i (1 \leqslant i \leqslant K)$ 的距离：$d_{ji} = \| \boldsymbol{x}_j - \boldsymbol{u}_i \|_2$。
    - 根据距离最近的中心向量确定 $\boldsymbol{x}_j$ 的簇标记：$\alpha_i = \arg \min\limits_{i \in \{1,2,\cdots,K\}} d_{ji}$。
    - 将样本 $\boldsymbol{x}_j$ 划分到相应的簇：$\boldsymbol{C}_{\alpha_i} = \boldsymbol{C}_{\alpha_i} \cup \{\boldsymbol{x}_j\}$。
  - 对于 $i = 1, 2, \cdots, K$：
    - 计算新的中心向量：$\boldsymbol{u}_i' = \frac{1}{|\boldsymbol{C}_i|} \sum\limits_{\boldsymbol{x} \in \boldsymbol{C}_i} \boldsymbol{x}$。
    - 如果 $\boldsymbol{u}_i' \neq \boldsymbol{u}_i$，则将当前中心向量替换为 $\boldsymbol{u}_i'$；否则保持不变。
- 直到所有中心向量均不再更新。
- 输出 K 个中心向量，即视觉词典。

最终，通过 K-means 算法对所有图像区块的特征描述子向量进行划分，即可完成视觉词典的构建。图 9-10 展示了视觉词典的整体构建流程。

在词典构建过程中，我们需要注意，词典的大小 K 是需要提前指定的。K 的值过大会使得模型泛化性较差，K 的值过小会使得提取到的词典单词不具有代表性。因此，在设置 K 的大小时，需要防止过大或者过小。

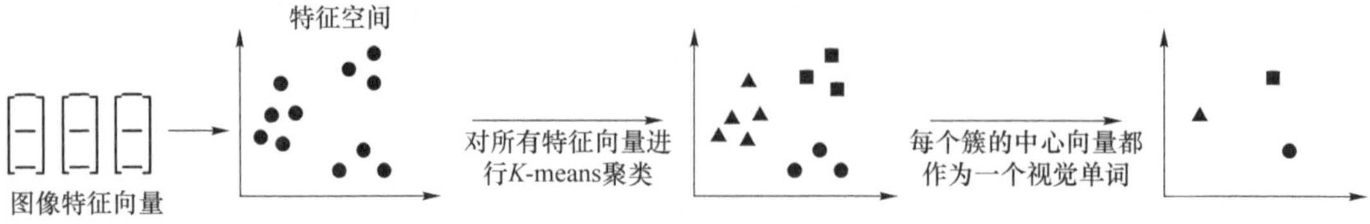

图 9-10　视觉词典构建示意图

完成视觉词典构建后，给定一张图像，我们首先提取若干具有代表性的局部区域图像块来表示图像，然后，针对每个局部区域图像块提取其描述子，并用其距离最近的视觉单词代替该描述子；最后，统计图像中每个视觉单词的出现频率，即可实现图像的词袋表示。图 9-11 展示了 3 张图像各自的词袋表示，这里词典一共包含 9 个单词。

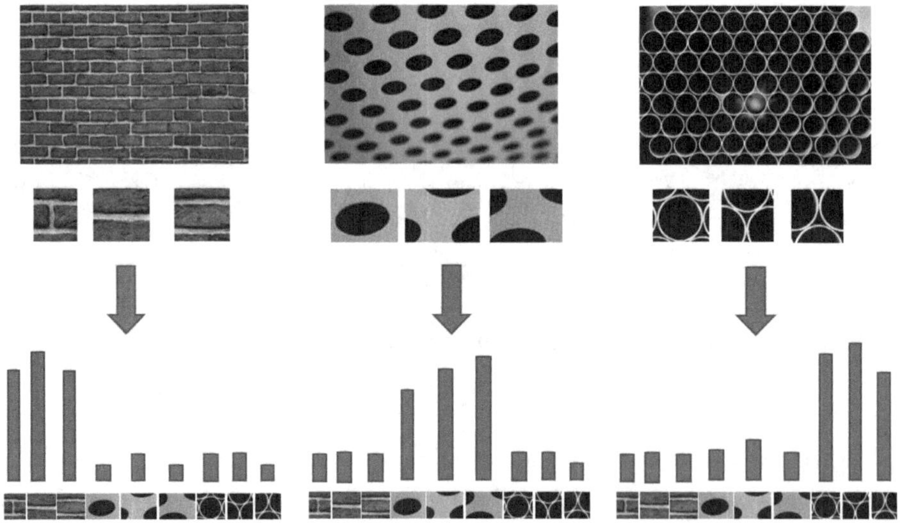

图 9-11　图像的词袋表示(视觉单词频率直方图)

9.2.2　TF-IDF 算法

在词袋模型中，我们只考虑了单词出现的频率，并没有考虑单词本身含义对于文档的重要程度。比如“的”“地”“得”这样的单词，它们在所有的文档中几乎都会存在，然而并没有什么实际意义，它们出现的频率再高，对我们区分不同文档也没有帮助。同样地，图像中一些表示背景信息的视觉单词，几乎在所有图像上出现的频率都很高，但没有图像主体信息，作用也不大。所以，不同的单词本身就有不同的重要性，我们希望能对单词的重要性加以评估，给它们赋予不同的权值以起到更好的效果。

TF-IDF 算法是词袋模型中常用的加权技术。其主要思想就是，如果某个单词在文档中出现的次数越多并且它在其他文档中出现的次数越少，则认为该单词具有很好的区分性，也就是越能够代表该文章。所以在 TF-IDF 算法中，单词的权值随着它在当前文档中出现的次数成正比增加，但同时会随着它在其他文档中出现的次数成反比下降。

TF 因子表示词频的重要性，词频即一个单词在文档中出现的次数。一般情况下，文档中反复出现的单词往往更能表示文档的主题信息。我们可以直接利用词频数表示，但这样会导致词频数大的单词与词频数小的单词之间存在较大的权值差异，并且不同长度文档之间单词的权值也可能存在较大差异。为了抑制这种较大的差异，有两种改进方式，一种是

$$W_{\mathrm{TF}}=1+\log_2\mathrm{TF} \tag{9-2}$$

即将词频数 TF 取 $\log_2$ 值来作为 TF 因子，式(9-2)中额外加 1 是为了平滑计算，避免词频数为 1 时权值为 0 的情形。另一种是

$$W_{\mathrm{TF}}=\alpha+(1-\alpha)\cdot\frac{\mathrm{TF}}{\max(\mathrm{TF})} \tag{9-3}$$

这种方法被称为增量型规范化 TF，其中 α 是调节因子(一般取 0.5)，max(TF)表示文档中最高的词频数。该公式相当于对词频数进行了规范化，剔除了文档长度因素对单词权值的影响。

IDF 因子表示逆文档频率因子，与 TF 因子不同，它代表的是文档集合范围的一种全局因子。给定一个文档集合，那么每个单词的 IDF 值就唯一确定，与具体的文档词袋无关，只与包含该单词的文档数有关，计算公式如下：

$$W_{\mathrm{IDF}}=\log_2\frac{N}{n} \tag{9-4}$$

其中，N 表示文档总数，n 表示包含当前单词的文档总数(即文档频率)。IDF 因子反映了一个单词在整个文档集合中的分布情况，出现该单词的文档数越多则 IDF 因子越小，这个单词本身的区分性就越差。也可以认为，IDF 代表了单词带有的信息量的多少，其值越高，说明其信息含量越多，就越有价值。

TF-IDF 最终计算的权值为词频因子与逆文档频率因子的乘积，即

$$\mathrm{Weight}_{\mathrm{word}}=W_{\mathrm{TF}}\cdot W_{\mathrm{IDF}} \tag{9-5}$$

显然，对于“的”“地”“得”等无用单词，权值计算中的 IDF 因子可以极大地抑制它们的权值。所以采用 TF-IDF 算法为每个单词赋予不同的权值，可以在很大程度上过滤掉常见无意义的单词，保留真正重要的单词，使得词袋向量更具代表性、区分性。

9.2.3 相似度计算与图像检索

利用词袋模型可以得到每张图像的词袋表示，具体来说其是一种低维的向量。在图像检索任务中，利用该词袋向量就可以快速计算图像间的相似性，之后按照相似性从高到低排序，从检索库中找出与当前图像最接近的图像。

余弦相似度是常用也是非常有效的计算相似性的方式，对于待查询图像 Q 与检索库中的图像 D_i，它们之间的余弦相似度计算定义如下：

$$\mathrm{Cosine}(Q,D_i)=\frac{\sum_{j=1}^{t}\boldsymbol{w}_{ij}\cdot\boldsymbol{q}_j}{\sqrt{\sum_{j=1}^{t}\boldsymbol{w}_{ij}^2\cdot\sum_{j=1}^{t}\boldsymbol{q}_j^2}} \tag{9-6}$$

其中向量 $\boldsymbol{q}$ 和 $\boldsymbol{w}_i$ 分别是图像 Q 和图像 D_i 对应的词袋向量。式(9-6)中分子部分为两个向量的点积，分母为两个向量在欧氏空间中长度的乘积，作为对点积结果的规范化。余弦相似度的结果范围是[−1,1]，其本质是计算特征空间中两个向量之间的夹角，这个夹角越小，说

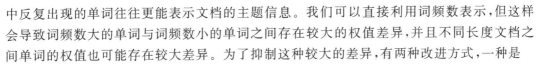

明两个向量内容越相似；夹角越大，说明两个向量差别越大。考虑一种极端情况，对于两张相同的图像，其对应的词袋向量在特征空间中是重叠的，通过余弦相似度计算出的结果为最大值 1。

余弦相似度的度量简单有效，但其存在一个缺陷，即对长文档会过分抑制。对于当前文档，如果存在与之内容相近的短文档和长文档，它会使短文档的相关性数值远远高于长文档的相关性数值。因为对于长文档来说，它除了包含很多关于当前主题的词汇，还可能会讨论多个其他主题，这样单词权值归一化后，有关当前主题词汇的权值便会比短文档小得多，从而导致最后计算余弦相似度时两者存在较大的差异。然而对于图像检索任务来说，待检索的图像和检索库中的图像大小基本相同，一般可以忽略这个问题。

当视觉词典规模较大，检索库中的图像非常多时，直接对所有图像计算相似度然后进行排序来检索图像计算量太大，效率太低。所以为了进一步提高存储和检索的效率，通常会采用倒排索引的方法，如图 9-12 所示。倒排索引也被称为反向索引，被用来存储在全文搜索下某个单词在一个文档或者一组文档中的存储位置的映射。这里我们根据视觉词典和图像词袋建立倒排索引，其中索引项对应字典中的视觉单词，每一个视觉单词都对应一个倒排列表，记录包含该单词的所有图像的 ID。

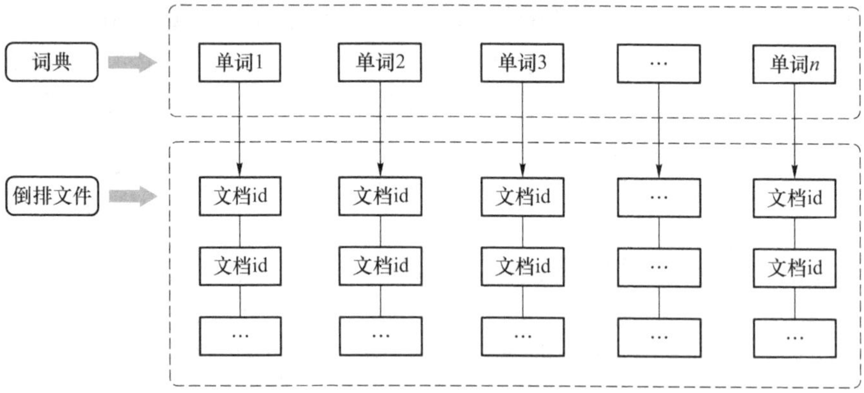

图 9-12 倒排索引示意图

只需对数据库中的所有图像进行一次遍历就可以构建出倒排索引，之后便可以根据视觉单词快速获取包含这个单词的图像列表，从而过滤掉数据库中大量无关的图像，这样相似度的计算量大大减小，图像检索效率得到极大的提升。

9.3 图结构与生成树

在视觉 SLAM 中，对摄像机所拍摄的大量图像进行有效管理是非常重要的一环，这些图像之间的位置关系或匹配关系通常会用一种图的结构来描述和高效存储，利用图的性质对图结构进行分析可以从中提取出大量图像间更本质的内在联系，不仅可以优化整个重建过程中的数据处理效率，还可以提高重建精度。本节将介绍这种数据结构的基本概念。

图是一种数据元素间具有多对多关系的非线性数据结构，由若干顶点和边组成，通常表

示为 $G=(\boldsymbol{V},\boldsymbol{E})$，其中 $\boldsymbol{V}$ 是顶点的有穷非空集合，$\boldsymbol{E}$ 是顶点之间边的集合。图中可以没有边，但必须要有顶点，$\boldsymbol{E}$ 为空集时的图就称为零图，也就是图中只有顶点存在。

边表示顶点之间是否存在连接关系以及存在怎样的关系，边一般分为无向边和有向边。对于两个顶点 $u,v\in\boldsymbol{V}$，若它们之间存在连接但并不规定连接方向，则这样的连接称为无向边，用 $e=(u,v)$ 来表示。如果 u,v 之间有确定的连接指向，则称为有向边，一般用 $e=\langle u,v\rangle$ 和 $e=\langle v,u\rangle$ 来表示两种不同的连接方向，前一个点为起点，后一个点为终点。这样根据边的类型不同，图可以分为无向图和有向图，如图 9-13 所示。边除了记录连接关系，还会记录点与点之间的距离信息，通过边的权重来表示。

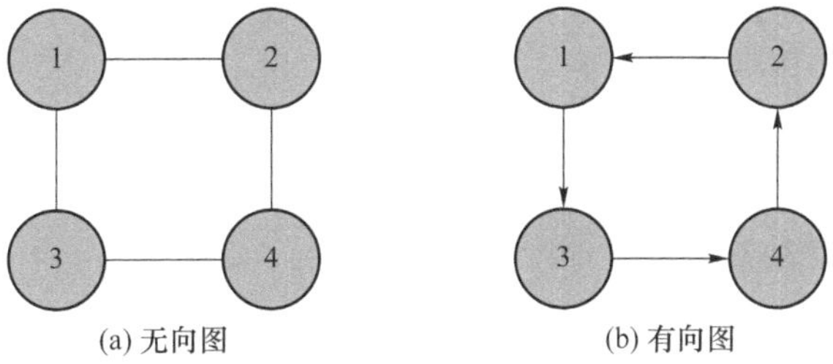

图 9-13　无向图和有向图示意

根据边数的多少，图可分为稠密图和稀疏图。稠密图是指边数较多的图，在一个有着 n 个顶点的图中，如果边的数目大于 $n\log_2 n$，则将该图归类为稠密图，反之则归类为稀疏图。当图中两两顶点之间均存在边，也就是边数达到最大值时，这样的图称为完全图，当顶点数为 n 时，完全无向图的边数为 $n(n-1)/2$，完全有向图的边数为 $n(n-1)$，如图 9-14 所示。

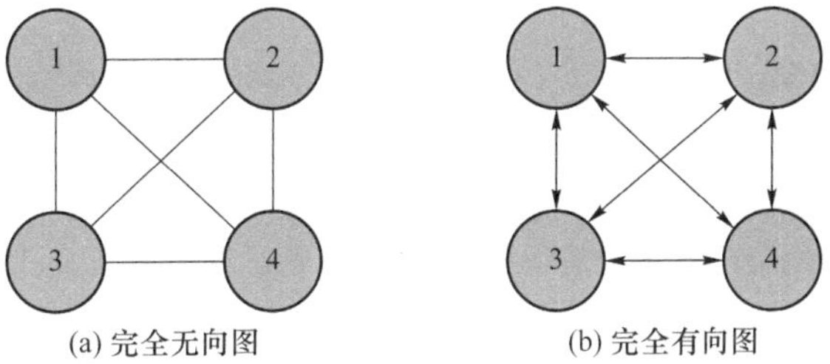

图 9-14　完全图示意

从一个图结构中可以提取出若干子结构，这些结构称为子图。其具体定义是：假设有两个图 $G=(\boldsymbol{V},\boldsymbol{E})$ 和 $G'=(\boldsymbol{V}',\boldsymbol{E}')$，如果有 $\boldsymbol{V}'\subseteq\boldsymbol{V}$ 和 $\boldsymbol{E}'\subseteq\boldsymbol{E}$，则称 G' 是 G 的子图，记作 $G'\subseteq G$。如果 $G'=(\boldsymbol{V}',\boldsymbol{E}')$ 是 $G=(\boldsymbol{V},\boldsymbol{E})$ 的子图，并且 $\boldsymbol{V}'=\boldsymbol{V}$，则称 G' 是 G 的生成子图。

定义了顶点与边，那么对于任意两点之间的连接情况自然就有了路径的概念。路径就是指从顶点 u 到顶点 v 所经过的顶点序列。路径长度是指路径上边的数目（或者边的权重和）。没有顶点重复出现的路径叫初等路径。第一个和最后一个顶点相同的路径称为回路或环，除了第一个和最后一个顶点以外，其他顶点都不重复出现的回路叫初等回路。在无向图中若顶点 u 和顶点 v 间有路径，则称 u 和 v 是连通的。连通图是指任意两个顶点均是连通的图，连通分量是指无向图中的极大连通子图。在有向图中若任意两个顶点均是连通的，则称该图为强连通图，有向图中的极大连通子图便称为强连通分量。

对连通图进行遍历，过程中所经过的边和顶点的组合可看作一棵树，通常称为生成树。生成树就是指包含图中的全部顶点，但只有构成树的 $n-1$ 条边的生成子图。在连通图中由于任意两顶点之间可能包含有多条路径，不同的遍历算法可能会得到不同的生成树，但必须满足以下两个条件：

- 包含连通图中所有的顶点；
- 任意两顶点之间有且仅有一条通路。

因此，在连通图中生成树边的数量为顶点数减 1。生成树对于连通图的分析非常重要，在后续的 ORB-SLAM 系统内容中也会涉及相关概念。

在算法中图结构可以用邻接矩阵来表示。假设图 $G=(\mathbf{V},\boldsymbol{E})$ 具有 n 个顶点，即 $\{v_0,v_1,\cdots,v_{n-1}\}$，那么图的邻接矩阵可定义如下：

$$\mathbf{A}[i][j]=\begin{cases}1,<v_i,v_j>\in\boldsymbol{E} \text{ 或 } (v_i,v_j)\in\boldsymbol{E}\\0,<v_i,v_j>\notin\boldsymbol{E} \text{ 或 } (v_i,v_j)\notin\boldsymbol{E}\end{cases}\tag{9-7}$$

其中，$0\leqslant i,j<n$。如果每条边都带有权重信息，且 w_{ij} 为边 (v_i,v_j) 或 $<v_i,v_j>$ 上的权值，则图的邻接矩阵可定义如下：

$$\mathbf{A}[i][j]=\begin{cases}w_{ij},<v_i,v_j>\in\boldsymbol{E} \text{ 或 } (v_i,v_j)\in\boldsymbol{E}\\\infty,<v_i,v_j>\notin\boldsymbol{E} \text{ 或 } (v_i,v_j)\notin\boldsymbol{E}\end{cases}\tag{9-8}$$

其中，$0\leqslant i,j<n$。

9.4 ORB-SLAM 系统

9.4.1 系统概述

本节我们以 ORB-SLAM 系统为例分析间接法 SLAM 系统的设计思路与算法流程。间接法是一类基于图像稀疏特征点的 SLAM 算法，通过建立图像间特征点的对应关系来求解摄像机位姿和重构地图点。这一过程一般由跟踪线程和建图线程来并行实现。另外，为了减小系统长时间运行所带来的累积误差，ORB-SLAM 系统引入了回环修正线程，如图 9-15 所示。

图 9-15 ORB-SLAM 系统总体运行流程

特征跟踪线程主要负责估计每一帧摄像机的位姿，并决定何时插入新的关键帧。具体来说，其首先初始化地图，然后基于前一帧和匀速运动模型来初始化当前帧的位姿；如果位姿计算失败，则通过全局重定位来初始化当前帧的位姿。一旦获取到摄像机姿态，其利用关键帧的共视图寻找局部可见地图，并将局部可见地图中的地图点投影到当前帧中得到更多的 3D-2D 匹配约束，再使用 PnP 算法估计出当前帧更准确的位姿。最后特征跟踪线程根据一定的规则判断是否将当前帧作为新的关键帧送入局部建图线程。

局部建图线程处理新的关键帧，实现对新地图点的最优重建。具体来说，其首先根据当前关键帧更新地图数据中的共视图和本质图信息；其次在相邻帧中搜索当前帧未匹配的特征点，通过三角化创建新的地图点并进行验证筛选；最后对当前帧局部地图中的关键帧和地图点进行局部 BA(Bundle Adjustment，捆绑调整)优化。

回环修正线程接收局部建图线程送入的新关键帧，进行回环检测和系统漂移修正。具体来说，其首先查找当前关键帧是否存在回环候选帧，如果存在，则计算当前帧与回环候选帧的相似变换，从而确定是否为回环帧和估计回环处的累积漂移；其次根据相似变换信息，融合地图点和更新共视图中的边；最后在本质图上进行位姿优化，从而实现全局位姿的一致性。

ORB-SLAM 系统实现了一套从摄像机数据读取到环境建图的完整算法流程，可在各类环境中实时运行，图 9-16 展示了 ORB-SLAM 系统的一组运行结果。相比于以往的间接法 SLAM 系统，首先，ORB-SLAM 系统在跟踪、建图、回环过程中均采用了 ORB 特征，使得该系统在没有 GPU 加速的情况下仍能实时运行，并对光照和视角变化具有良好的鲁棒性。另外，ORB-SLAM 系统在跟踪和建图过程中使用局部共视地图，而不是全局地图，使得该系统能够在大尺度场景下实时运行。其次，该系统在共视图上通过最小生成树生成本质图，简化地图结构，使得系统能够实时地回环优化；在特征跟踪失败的情况下，通过词典模型匹配，使得系统能够实时地重定位。最后，ORB-SLAM 系统采用适者生存的方法来筛选地图点和关键帧，从而提高了系统跟踪的鲁棒性和系统的可持续运行能力。本节接下来的部分将详细地分析 ORB-SLAM 系统的各个组成部分。

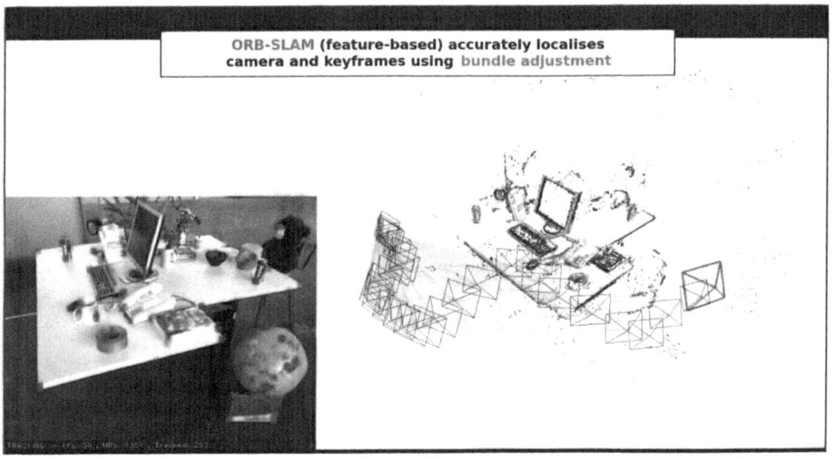

图 9-16 ORB-SLAM 系统运行结果

9.4.2 数据结构

ORB-SLAM 系统在实现过程中会涉及两类数据的处理：地点识别数据和地图数据。地点识别数据一般包括所有图像的特征表示和图像间的相似信息，主要用于重定位和回环检测中的快速图像匹配；地图数据一般包括地图点信息和摄像机的位姿信息等，主要用来记录运行过程中的建图和定位结果。图 9-17 展示了 ORB-SLAM 系统中这两类数据所包含的内容。

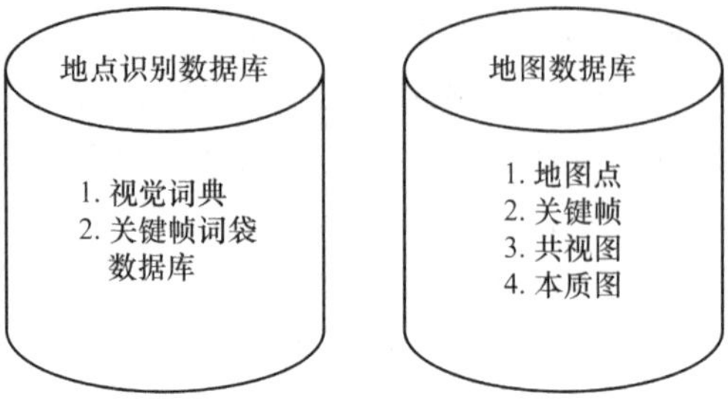

图 9-17 ORB-SLAM 系统数据结构

1. 地点识别数据库

地点识别数据库基于视觉词袋模型构建，包含视觉词典和关键帧词袋数据库两部分。视觉词典是在图像数据集上离线构建的，通过提取图像的 ORB 特征再利用聚类算法得到，因为图像数据集规模很大，最终得到的视觉词典可用于不同的工作环境。关键帧词袋数据库存储每一个关键帧的词袋数据，在系统运行时动态更新，系统剔除关键帧时也相应删除对应词袋数据，主要实现对历史关键帧的检索和匹配。

词袋数据库在构建过程中采用 TF-IDF 的表示方法和倒排索引的存储结构。当系统运行过程中有新的关键帧加入时，词袋数据库先提取该关键帧的 ORB 特征，根据事先构建好的视觉词典统计并量化出关键帧的词袋向量表示，再通过 TF-IDF 的方式进行加权，最后添加到倒排表中。在检索过程中同样提取出关键帧加权后的词袋向量表示，利用倒排表便可以快速从数据库中检索出相关的关键帧，通过空间验证后得到最终的检索结果。词袋数据库构建和检索流程如图 9-18 所示。

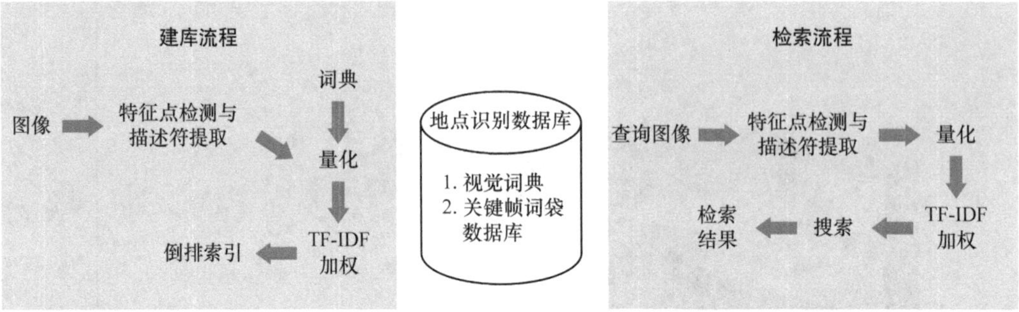

图 9-18 词袋数据库构建和检索流程

2. 地图数据库

地图数据库中的数据是 SLAM 系统运行中需要维护的核心数据，具体包含重建的地图点信息、重建过程中的关键帧信息以及描述关键帧之间匹配关系的共视图和本质图。这些数据在系统运行过程中会被动态更新。

首先，每个地图点都记录有以下信息。

- 该地图点在世界坐标系下的三维坐标。
- 观测方向，即所有可以观测到该地图点的关键帧观测方向的均值。具体来说，首先需要找出所有观测到该地图点的关键帧；其次计算每一个关键帧的摄像机中心到地图点的射线方向，并将其作为该关键帧对于该地图点的观测方向；最后计算这些观测方向向量的均值，并将其作为该地图点的观测方向。在建图过程中，我们可以通过计算地图点的观测方向向量与关键帧观测方向向量的夹角，来判断该地图点对于当前关键帧的可视性。

- 最具表达性的 ORB 特征描述子。每个地图点都有一个 ORB 特征描述子，其与其他关键帧中当前地图点描述子的汉明距离最小。
- 该点能被观测到的最大距离与最小距离。根据 ORB 特征点的尺度不变性可以确定该特征点能被观测到的最大、最小距离。

其次，每个关键帧信息都包含以下信息。

- 该关键帧对应的摄像机位姿。摄像机位姿可以看作将点从世界坐标系变换到摄像机坐标系的刚体变换，该变换确定了摄像机在三维空间中的位置和朝向。
- 摄像机的内参数。
- 该关键帧上提取的 ORB 特征点以及这些特征点关联的地图点信息。

需要说明的是，为了保证特征跟踪线程在恶劣条件下(旋转、快速移动等)具有鲁棒性，地图点和关键帧的创建是在一个相对宽松的条件下进行的；但是如果想要保留下来则需要经过多次筛选并满足严格的条件。所以，ORB-SLAM 系统会在运行过程中不断剔除冗余的关键帧和错误匹配的地图点来减小负担，以保持系统的持续运行。

介绍完地图点与关键帧后，我们继续讨论剩下的两个概念。共视图和本质图是基于关键帧之间的共视点信息构建的数据结构，用以表示各个关键帧之间的关系，以方便跟踪、重定位、局部建图、回环检测等多个环节的计算。共视图本质上是一个无向加权图，将每个关键帧作为一个节点，若两个关键帧存在一定数量的共视地图点，则这两个关键帧之间存在一条边，边的权重为共视地图点的数量，如图 9-19 所示。

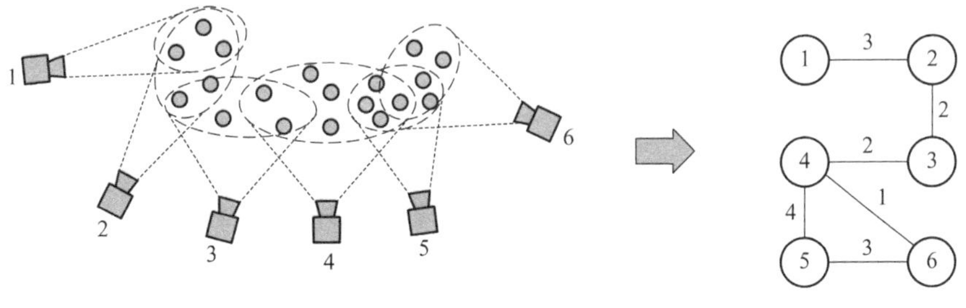

图 9-19　共视图构建示意图(一般共视点数量需要大于 15，这里仅作示意)

由于相邻关键帧之间的重叠区域较大，所以共视图中边的数量会有很多(可能会非常密集)，如图 9-20 所示，为了进一步减小数据量，创建共视图的一种子图——本质图。本质图包含共视图中的全部节点，但仅保留少量的边，以提高回环检测中的计算效率。本质图中的边包含三部分：共视图的生成树、共视图中权重超过 100 的边、回环检测出的边。

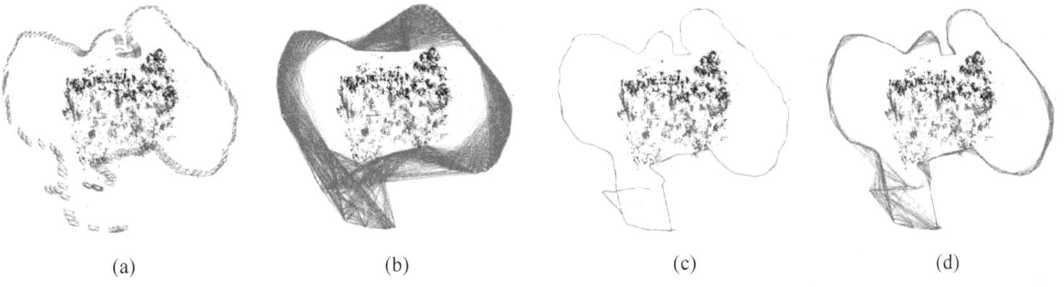

图 9-20　关键帧、共视图、生成树、本质图示意

9.4.3 地图初始化

ORB-SLAM 系统在进行跟踪和建图之前需要进行地图初始化，构建出初始的三维点云。首先选取初始两帧图像进行特征提取与匹配，然后利用运动恢复结构的方法计算出摄像机位姿和初始地图点。考虑平面场景的情况，为了提高初始化过程的鲁棒性，ORB-SLAM 系统利用 RANSAC 算法计算基础矩阵和单应矩阵，选取其中得分最高的进行后续计算。具体算法步骤如下。

(1) 找寻初始对应点

从连续两帧图像（假设当前帧 F_c 和参考帧 F_r）中分别提取 ORB 特征，通过特征匹配建立特征点对应关系 $\boldsymbol{x}_c \leftrightarrow \boldsymbol{x}_r$。如果匹配点数量不够，则重置参考帧。

(2) 并行计算基础矩阵模型和单应矩阵模型

在两个线程中并行地计算单应矩阵 $\boldsymbol{H}_{cr}$ 和基础矩阵 $\boldsymbol{F}_{cr}$。单应矩阵 $\boldsymbol{H}_{cr}$ 适用于平面场景下两张视图间极几何关系的描述，匹配点间的约束关系为 $\boldsymbol{x}_c = \boldsymbol{H}_{cr}\boldsymbol{x}_r$。而基础矩阵可以描述非平面场景的极几何关系，匹配点间的约束关系为 $\boldsymbol{x}_c^T \boldsymbol{F}_{cr}\boldsymbol{x}_r = 0$。

在实际计算中，考虑错误匹配点的存在，我们可以采用 RANSAC 算法进行抽样，迭代计算单应矩阵和基础矩阵。迭代的次数都是固定且相同的，每次迭代中计算基础矩阵需要 8 组匹配点，计算单应矩阵需要 4 组匹配点。每次迭代都要计算基础矩阵和单应矩阵各自的得分 S_M：

$$S_M = \sum_i \left(\rho_M(d_{cr}^2(\boldsymbol{x}_c^i, \boldsymbol{x}_r^i, \boldsymbol{M})) + \rho_M(d_{rc,M}^2(\boldsymbol{x}_c^i, \boldsymbol{x}_r^i, \boldsymbol{M})\right) \tag{9-9}$$

$$\rho_M(d^2) = \begin{cases} \Gamma - d^2, & \text{当 } d^2 < T_M \text{ 时} \\ 0, & \text{当 } d^2 \geqslant T_M \text{ 时} \end{cases} \tag{9-10}$$

其中，d_{cr}^2 和 d_{rc}^2 为对称变换误差，分别表示从当前帧到参考帧的变换误差和从参考帧到当前帧的变换误差，为了避免异常值的产生，设置异常值阈值 T_M，超出阈值则对应项得分为 0。计算基础矩阵得分时 $\boldsymbol{M}$ 设置为 $\boldsymbol{F}$，计算单应矩阵得分时 $\boldsymbol{M}$ 设置为 $\boldsymbol{H}$。

(3) 模型选择

单应矩阵的得分结果记为 $S_{\boldsymbol{H}}$，基础矩阵的得分结果记为 $S_{\boldsymbol{F}}$。ORB-SLAM 系统根据相对得分 $R_{\boldsymbol{H}}$ 的大小来选择模型：

$$R_{\boldsymbol{H}} = \frac{S_{\boldsymbol{H}}}{S_{\boldsymbol{H}} + S_{\boldsymbol{F}}} \tag{9-11}$$

如果 $R_{\boldsymbol{H}} > 0.45$，选择单应矩阵模型，否则选择基础矩阵模型。

(4) 运动恢复结构

在基础矩阵的情况下，根据式 $\boldsymbol{E} = \boldsymbol{K}^T\boldsymbol{F}\boldsymbol{K}$ 可计算出本质矩阵，然后根据 SVD 的方法恢复出 4 种可能的运动，最后进行三角化得到最优的运动估计。同样地，在单应矩阵的情况下，可以得到 8 种可能的运动，直接对这 8 种假设进行三角化，然后根据是否满足低视差、低重投影误差以及景深是否为正等约束条件选择其中的一种运动假设。如果均不满足要求，则从步骤(1)重新开始。

(5) BA 优化

得到最优的运动估计后，对所有匹配点进行三角化，重构出初始地图点，最后执行全局 BA 优化得到最终的初始化结果。

地图初始化效果如图 9-21 所示，在 ORB-SLAM 系统中只要检测到足够的视差就可以自动计算出基础矩阵或单应矩阵并完成良好的初始化。

图 9-21 初始化地图点示例

9.4.4 特征跟踪

如图 9-22 所示，特征跟踪线程主要包括 ORB 特征提取、初始位姿估计、位姿优化和关键帧选取几个部分。

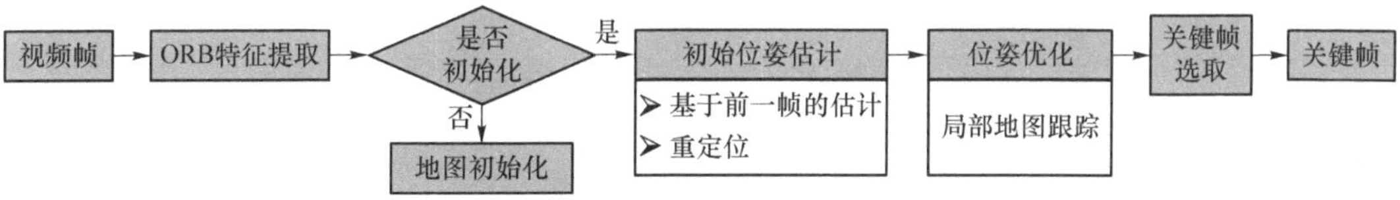

图 9-22 特征跟踪流程图

首先，ORB 特征提取需要保证系统运行的效率，每帧图像提取特征的时间要尽量少，因此排除主流的 SIFT 特征点(耗时约 300 ms)、SURF 特征点(耗时约 200 ms)和 A-KAZE 特征点(耗时约 100 ms)，ORB-SLAM 系统在地图初始化和词袋数据库中均使用 ORB 特征。ORB 特征由改进后的 FAST 角点(具有方向和尺度)和 256 位二进制的 BRIEF 描述子组成，有着旋转不变性和尺度不变性，并且单帧图像提取耗时仅 11 ms 左右，不仅保证了系统地点识别的性能，也满足了系统实时性的要求。

具体地，在尺度因子为 1.2 的 8 层图像金字塔上提取 FAST 角点，对于分辨率为 512×384 至 752×480 的图像提取 1 000 个角点，对于更高的分辨率则提取 2 000 个角点。为了确保提取的角点分布均匀，将图像划分为若干个网格(cell)，并保证在每个网格上至少提取 5 个角点。如果提取的角点不够则自适应调整角点的检测阈值，从而保证总角点数量的一致。最后计算每个 FAST 角点的方向及相应的 ORB 描述子，用于特征匹配。

然后，对当前视频帧的位姿进行估计。如果上一帧被成功跟踪到，则使用匀速运动模型来估计当前帧的位姿，并且将上一帧观测到的地图点投影到当前帧，然后进行匹配计算。如果搜索到足够的匹配点，则通过匹配到的 3D-2D 点来初始化当前帧摄像机的位姿；反之，则扩大搜索的范围，再次计算匹配点。

如果扩大搜索范围仍然跟踪不到足够的匹配点，那么说明匀速运动模型的假设已完全失效，则需要进行全局重定位。此时，ORB-SLAM 系统将当前帧转化为词袋向量并通过查询关键帧数据库来得到若干备选的匹配帧。在每个备选匹配帧中计算与地图点相对应的 ORB 特征，通过使用 RANSAC 算法和 PnP 算法来估计当前帧摄像机的位姿，如果找到一个位姿能涵盖足够多的有效点，则确定候选关键帧；然后，扩展范围以获得更多的 3D-2D 匹配点，进一步优化当前帧摄像机的位姿。

基于前一帧的位姿初始化，就是建立当前帧与上一帧之间的联系；基于全局重定位的位姿初始化，就是建立当前帧与某一关键帧的联系。这两种位姿估计较为粗略，仅能作为位姿的初始化。为了进一步对位姿进行优化，采用基于局部地图的位姿估计方法，建立当前帧与局部关键帧地图的联系，即通过搜索更多的 3D-2D 匹配点来更精确地估计当前帧的位姿。

如图 9-23 所示，局部地图涉及两个帧集合 $\boldsymbol{K}_1$，$\boldsymbol{K}_2$，$\boldsymbol{K}_1$ 由与当前帧有超过一定数量相同地图点的关键帧组成，这些共同的地图点记为集合 $\boldsymbol{P}_1$；$\boldsymbol{K}_2$ 由与 $\boldsymbol{K}_1$ 有超过一定数量相同的地图点但是与当前帧无相同的地图点的关键帧组成，其中相同的地图点记为集合 $\boldsymbol{P}_2$。地图点集合 $\boldsymbol{P}_1$ 和 $\boldsymbol{P}_2$ 构成当前帧的局部地图。针对局部地图中的每一个地图点在当前帧中搜索并筛选出合理的 3D-2D 匹配点对用于位姿的进一步优化，具体步骤如下：

① 计算地图点在当前帧中的投影，如果该投影超出图像边界则删除该地图点；

② 如果当前点视图方向 $\boldsymbol{v}$ 和该地图点观测方向 $\boldsymbol{n}$ 满足 $\boldsymbol{v}\cdot\boldsymbol{n}<\cos 60°$ 则删除该地图点；

③ 计算地图点到摄像机中心的距离 d，如果该距离不在地图点的尺度不变区域内，即 $d\notin[d_{\min},d_{\max}]$，则剔除该地图点；

④ 计算当前帧的尺度因子，比值为 $d/d_{\min}$，在该帧中，对于所有未匹配的 ORB 特征描述子，检测在该尺度下是否有 3D 点的投影与其匹配，若匹配则将该未匹配的特征描述子与 3D 点建立联系；

⑤ 使用所有未被筛选掉的 2D-3D 点对对当前帧进行位姿优化。

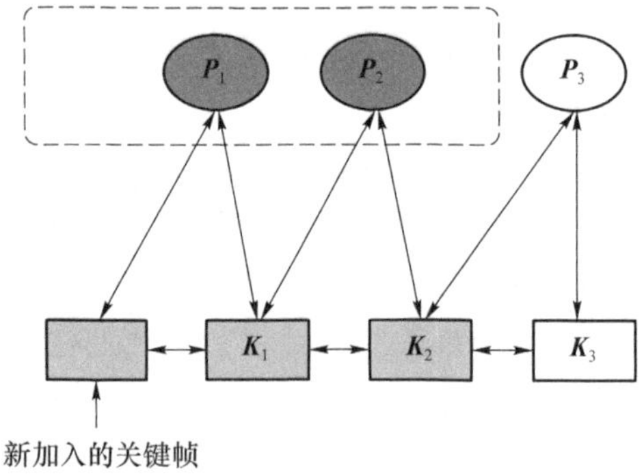

图 9-23　局部地图点示意图

跟踪线程除了计算每帧的位姿，还有一个很重要的目的是确定当前帧是否可作为关键帧。由于在局部建图线程中会剔除冗余的关键帧，所以在关键帧插入时应该尽可能地迅速，从而使得跟踪线程对摄像机的运动（尤其是旋转运动）更具有鲁棒性。定义一个参考关键帧

$K_{ref} \in \boldsymbol{K}_1$，它是与当前帧共有最多地图点的关键帧，根据下列的要求插入新的关键帧：

① 距离上一次全局重定位超过 20 帧；

② 局部建图线程处于空闲状态，或者距离上一次关键帧插入超过 20 帧；

③ 当前帧至少能跟踪 50 个地图点；

④ 当前帧能跟踪到的地图点要少于参考关键帧 K_{ref} 中地图点的 90%。

满足上述所有条件的帧将作为关键帧送入局部建图线程。

9.4.5 局部建图

如图 9-24 所示，局部建图线程负责处理每个输入的关键帧，主要包括管理地图点和关键帧、局部 BA 优化两个功能。

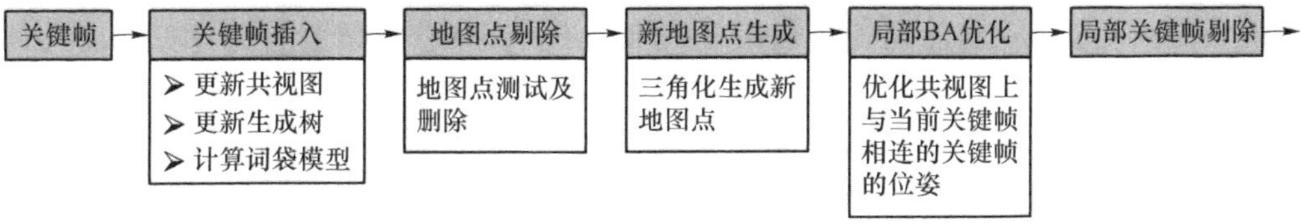

图 9-24 建图流程图

每插入一个关键帧，局部建图线程首先更新共视图，包括增加一个新的节点 K_i 和更新关键帧中拥有共视点的边信息；其次更新本质图，即更新关键帧中拥有最多共视点的边信息；最后计算当前关键帧的词袋模型表示，为新建地图点做准备。

然而为了确保系统存储和计算负担不能过大，一个地图点想要保留在地图中必须通过严格的检验，不能保留错误三角化的地图点。所以新计算出的地图点必须通过如下测试：

• 在理论上可以观察到该地图点的关键帧中，超过 25% 的帧确实观测到了该点；

• 该地图点创建后能够被至少 3 个连续关键帧跟踪到。

通过上述两项测试的地图点，只在如下情况时会被删除：任何时间观测它的关键帧个数小于 3(通常发生在删除关键帧时)。

通过三角化共视图中相连关键帧的 ORB 特征点来创建新的地图点。对于关键帧 K_i 中的未匹配 ORB 特征点，在其他关键帧中查找匹配点。删除不满足对极约束的匹配点对，然后三角化匹配点对并生成新的地图点，检查是否满足景深为正，视差和重投影误差、尺度一致性；最后将该地图点投影到其他关键帧中寻找匹配。

局部 BA 优化的对象有当前关键帧 K_i、共视图中的相邻关键帧 K_c 和这些关键帧观测到的地图点，另外可以观测到这些地图点，但是不与当前帧相邻的关键帧仅作为约束条件，而不作为优化对象参与局部地图优化。

为了使重构保持简洁，局部地图构建应尽量删除冗余的关键帧。因为随着关键帧数量的增加，BA 优化的复杂度也随之增加。当算法在同一场景下运行时，关键帧的数量必须控制在一个有限的情况下。只有场景内容改变了，关键帧的数量才会增加，这样可以提升系统的持续性与稳定性。如果某一关键帧观测到的 90% 地图点能够被至少 3 个其他关键帧观测到，则认为该关键帧的存在是冗余的，将其剔除。

9.4.6 回环修正

如图 9-25 所示，回环修正线程处理局部建图后的关键帧，主要建立当前关键帧与过去关键帧之间的关联，减少长时间的累积误差，并通过相似变换矫正尺度偏移，主要包括回环检测和全局优化两部分。

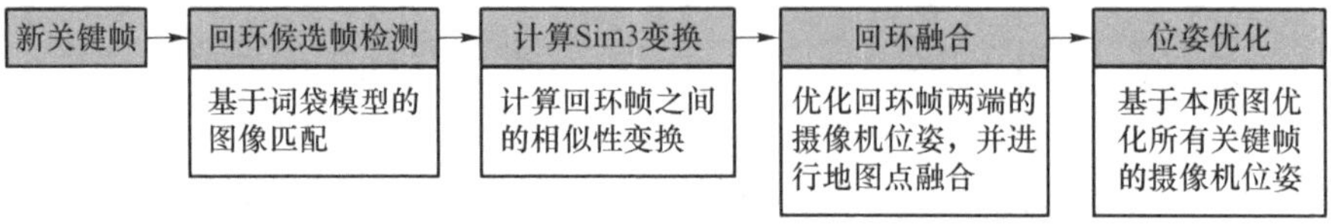

图 9-25　回环修正流程图

获取候选关键帧是检测是否存在回环的第一步。回环修正线程首先计算当前关键帧 K_i 与共视图中相邻关键帧词袋向量的相似度，并保留最小相似度分数 s_{min}；其次查询关键帧数据库，剔除相似度分数低于最小分数的关键帧和直接相邻的关键帧，将其他关键帧作为回环候选帧；最后通过检测连续 3 个回环候选帧的一致性来选择回环帧。

在单目 SLAM 系统中，地图(关键帧和地图点)有 7 个自由度可以漂移，包括 3 个平移自由度、3 个旋转自由度和 1 个尺度自由度。通过计算当前帧 K_i 与候选关键帧 K_j 的相似变换，不仅可以计算出回环处的累积误差，而且可以判断该回环的有效性。对于每一个候选回环关键帧 K_j 进行如下操作：

① 计算其与当前关键帧 K_i 的特征匹配，建立 3D-3D 点对应；

② 利用 RANSAC 算法估计其与当前帧的相似变换 S_{ij}(7 个自由度)；

③ 利用 S_{ij} 搜索两帧之间更多的点对应；

④ 基于点对应优化 S_{ij} 直至有足够多的内点，则接受当前候选回环关键帧，并将其记为 K_l，其相似变换记为 S_{il}。

图 9-26 展示了一组回环候选帧，ORB-SLAM 系统检测 NewCollege 数据集中的回环，并且具有足够多的内点来计算出相似变换矩阵。

图 9-26　回环检测示例

通过以上内容可以得到当前帧的回环帧和相似变换，回环优化的第一步就是在当前帧融合地图点和在共视图中插入新的边信息。首先当前关键帧 K_i 的位姿通过相似变换校正，并校正当前关键帧的相邻帧 K_c 的位姿。回环帧 K_l 和它的相邻帧 K_{lc} 的地图点投影到

当前帧 K_i 和它的相邻帧 K_c 中寻找匹配点对，所有匹配的 3D-3D 地图点和相似变换的内点进行融合。所有参与融合的关键帧都更新它们在共视图中的边信息，并创建与回环帧相邻的边。为了加快回环修正阶段的计算速度，ORB-SLAM 系统仅在本质图上进行姿态图优化。相比于共视图，本质图拥有更少的边，在其上执行非线性 BA 操作的计算复杂度更低。完成摄像机位姿修正后，回环修正线程会对其中涉及的地图点进行更新。图 9-27 展示了一组回环修正的结果图。

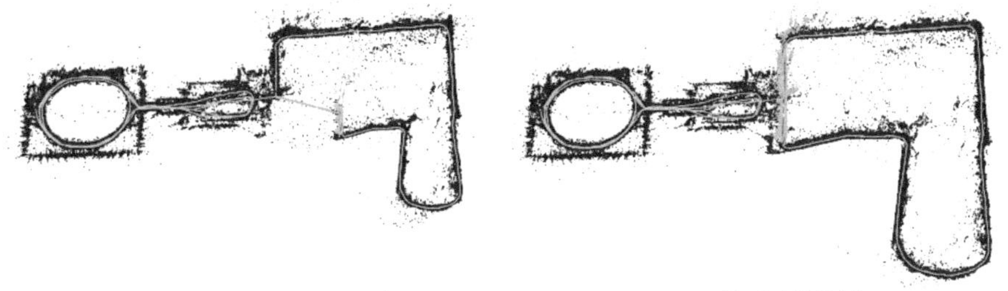

(a) 未进行回环修正的结果　　(b) 修正后的结果

图 9-27　回环修正结果示例

9.5　稀疏直接法里程计

直接法是从光流演变而来的，与光流具有相同的假设。为此，本节先介绍光流的知识，然后讨论直接法视觉里程计的构建。

9.5.1　光流概述

光流的概念是 Gibson 在 20 世纪 40 年代首先提出来的。物体的运动在图像变化上表现为对应像素亮度属性的瞬间变化，把像素的瞬时速度定义为光流，所有像素的光流集合便称为光流场。光流场表示为像素瞬时速度的矢量场，因此光流场也被称为“二维速度场”，光流示意图如图 9-28 所示。

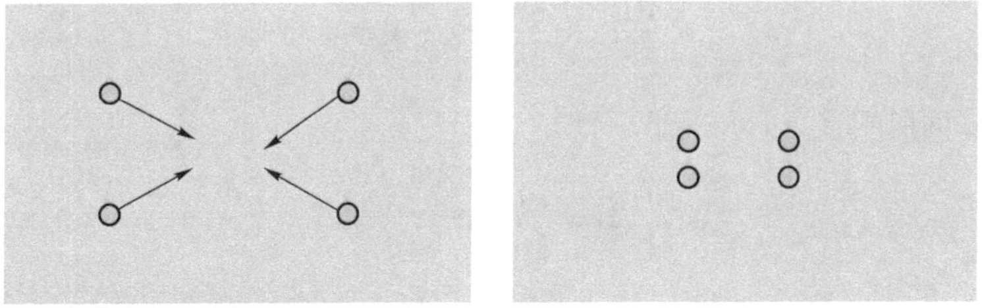

(a) t时刻　　(b) t+1时刻

图 9-28　t 时刻物体的位置与光流矢量和 $t+1$ 时刻物体的位置

在三维空间中，三维物体的实际运动可以用运动场描述，将其映射到二维图像平面上就表示为光流场，由图像中每个像素点的运动矢量构成，如图 9-29 所示。理论上，光流场和运动场是相互对应的，但在实际中二者并不是等同的。

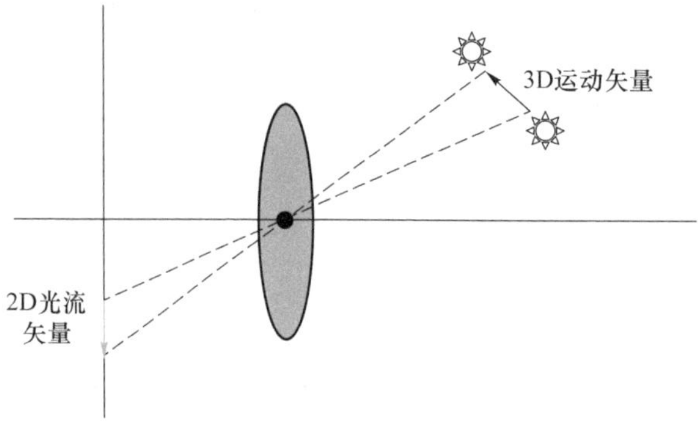

图 9-29　三维物体运动在二维平面的投影

在图像中只能观测到光流场，所以常常用光流场代表图像平面的二维速度矢量场。虽然光流场不能完全真实地描绘物体的运动情况，但是光流场在绝大多数情况下不仅包含被观察物体的运动信息，还携带丰富的 3D 结构信息，可为计算机视觉后期计算提供巨大的帮助。此外，视觉 SLAM 中的直接法也是由光流的思想演变而来的。

基于光流法的运动跟踪主要依赖于下面两个假设。

- 亮度恒定：图像场景中目标的像素在帧间运动时在亮度上保持不变。
- 小运动：连续两帧图像中物体的位移足够小。

在光流法的两个假设下，可以得到相应的光流计算等式。假设在时刻 t，图像上一点 (x,y) 的亮度值为 $I(x,y,t)$。那么在 $t+\delta_t$ 时刻，该点运动到新位置 $(x+\delta_x, y+\delta_y)$，亮度值记为 $I(x+\delta_x, y+\delta_y, t+\delta_t)$。根据光流法的亮度恒定假设，像素点运动前后所在位置的亮度恒定，则有

$$I(x,y,t)=I(x+\delta_x, y+\delta_y, t+\delta_t) \tag{9-12}$$

假设 $\boldsymbol{\mu}, \boldsymbol{v}$ 分别是光流沿着 X 轴和 Y 轴方向的速度矢量，将亮度恒定等式中的 $I(x+\delta_x, y+\delta_y, t+\delta_t)$ 进行泰勒展开，可得到

$$I(x+\delta_x, y+\delta_y, t+\delta_t)=I(x,y,t)+\frac{\partial I}{\partial x}\delta_x+\frac{\partial I}{\partial y}\delta_y+\frac{\partial I}{\partial t}\delta_t+\varepsilon \tag{9-13}$$

其中 ε 表示二阶无穷小，在时间间隔趋于 0 且物体位移足够小时可以忽略，于是

$$\frac{\partial I}{\partial x}\delta_x+\frac{\partial I}{\partial y}\delta_y+\frac{\partial I}{\partial t}\delta_t=0 \tag{9-14}$$

在该等式两边，同时乘以 $\frac{1}{\delta_t}$，可得到

$$\frac{\partial I}{\partial x}\frac{\delta_x}{\delta_t}+\frac{\partial I}{\partial y}\frac{\delta_y}{\delta_t}+\frac{\partial I}{\partial t}\frac{\delta_t}{\delta_t}=0 \tag{9-15}$$

其中 $\boldsymbol{\mu}=\frac{\delta_x}{\delta_t}, \boldsymbol{v}=\frac{\delta_y}{\delta_t}$。于是可得到

$$\frac{\partial I}{\partial x}\boldsymbol{\mu}+\frac{\partial I}{\partial y}\boldsymbol{v}+\frac{\partial I}{\partial t}=0 \tag{9-16}$$

令 $I_x=\frac{\partial I}{\partial x}, I_y=\frac{\partial I}{\partial y}, I_t=\frac{\partial I}{\partial t}$ 分别表示图像中像素点的亮度沿着 X,Y 两个方向和时间的偏导

数。式(9-16)可以进一步改写为

$$I_x\boldsymbol{\mu}+I_y\boldsymbol{v}=-I_t \tag{9-17}$$

式(9-17)称为光流计算的基本等式,写成矢量形式为

$$\nabla I\cdot\boldsymbol{V}=-I_t \tag{9-18}$$

其中$\nabla I=(I_x,I_y)^{\mathrm{T}}$,表示亮度偏导矩阵的转置,$\boldsymbol{V}=(\boldsymbol{\mu},\boldsymbol{v})^{\mathrm{T}}$,表示光流失量。

公式$I_x\boldsymbol{\mu}+I_y\boldsymbol{v}=-I_t$有$\boldsymbol{\mu},\boldsymbol{v}$两个未知量,但是只有一个方程,无法求出唯一解。这种情况下只可以确定梯度方向的分量,也就是等亮度轮廓的法线分量,沿等亮度轮廓方向的切线分量不能确定,这也称为光流法的孔径问题,如图9-30所示。

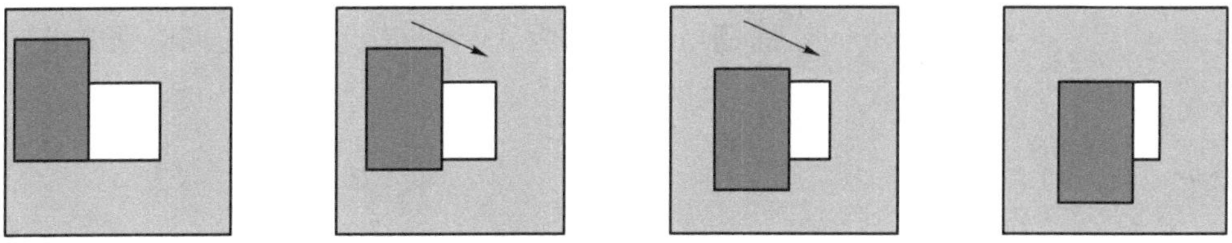

(a) 物体整个运动过程

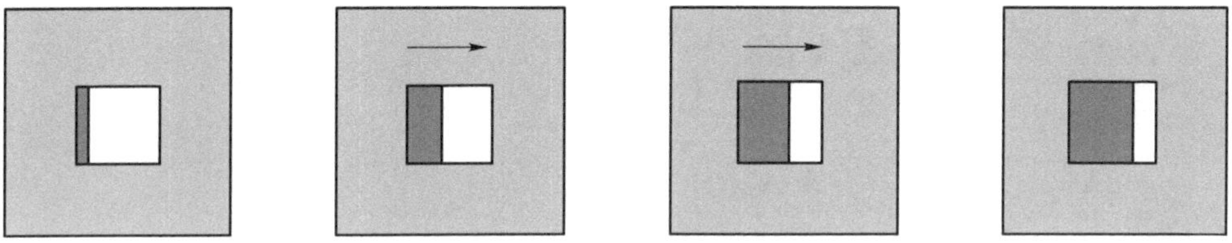

(b) 在孔径中只能观测到物体向右运动， 而不能观测到物体也在同步向下运行

图9-30 孔径问题

如果要求出唯一解,必须添加其他约束条件。从不同的角度添加约束条件,可产生不同的光流计算方法。如果将图像的每个像素都与速度相关联,这样得到的是稠密光流,Horn-Schunk算法引入平滑性约束,计算得到的就是稠密光流场的运动描述。与之不同的是,跟踪指定的一组特征点,而不是所有像素点,这样得到的是稀疏光流。Lucas-Kanade算法引入空间一致性假设,计算得到的就是稀疏光流场的运动描述。下面我们介绍这种经典的稀疏光流场求解算法。

Lucas-Kanade算法在1981年被提出,最初是用来求稠密光流场的。由于它也可以跟踪一组指定的特征点,所以它逐渐成为稀疏光流场的主流求解方法。接下来,我们继续讨论光流场求解问题,由于孔径问题的存在,直接从基本等式求解光流是一个不适定问题。为了解决这个问题,Lucas-Kanade算法引入了一个新的假设。

空间一致性假设:在一个很小的空间区域内,光流矢量保持恒定。

假设图像I中某个小区域内像素点的个数为$n(n\geqslant 2)$。基于空间一致性假设,区域内所有像素点均有相同的光流失量$(u,v)^{\mathrm{T}}$。此时,我们可以列出式(9-19)的方程组,每一行表示区域内一个像素点的光流方法,方程组中方程个数为n:

$$\begin{cases} I_{x_1}\mu+I_{y_1}v=-I_{t_1} \\ I_{x_2}\mu+I_{y_2}v=-I_{t_2} \\ \qquad\vdots \\ I_{x_n}\mu+I_{y_n}v=-I_{t_n} \end{cases} \tag{9-19}$$

在这组方程中，只有光流失量的两个未知量，但是方程个数大于等于两个，因此可以用最小二乘法求得一个近似解。方程组可以表示为如下的矩阵形式：

$$\begin{pmatrix} I_{x_1} & I_{y_1} \\ I_{x_2} & I_{y_2} \\ \vdots & \vdots \\ I_{x_n} & I_{y_n} \end{pmatrix} \begin{pmatrix} \boldsymbol{\mu} \\ \boldsymbol{v} \end{pmatrix} = \begin{pmatrix} -I_{t_1} \\ -I_{t_2} \\ \vdots \\ -I_{t_n} \end{pmatrix} \tag{9-20}$$

令 $\mathbf{A}=\begin{pmatrix} I_{x_1} & I_{y_1} \\ I_{x_2} & I_{y_2} \\ \vdots & \vdots \\ I_{x_n} & I_{y_n} \end{pmatrix}$，$\mathbf{V}=\begin{pmatrix} \mu \\ v \end{pmatrix}$，$\boldsymbol{b}=\begin{pmatrix} I_{t_1} \\ I_{t_2} \\ \vdots \\ I_{t_n} \end{pmatrix}$，则上式可写为 $\mathbf{AV}=-\boldsymbol{b}$，此时，两边同时乘上矩阵 $\mathbf{A}^{\mathrm{T}}$，可得到

$$\mathbf{A}^{\mathrm{T}}\mathbf{AV}=\mathbf{A}^{\mathrm{T}}(-\boldsymbol{b}) \tag{9-21}$$

上式中的 $\mathbf{A}^{\mathrm{T}}\mathbf{A}$，具体形式为

$$\mathbf{A}^{\mathrm{T}}\mathbf{A} = \begin{pmatrix} \sum_{i=1}^{n} I_{x_i}^2 & \sum_{i=1}^{n} I_{x_i} I_{y_i} \\ \sum_{i=1}^{n} I_{x_i} I_{y_i} & \sum_{i=1}^{n} I_{y_i}^2 \end{pmatrix} \tag{9-22}$$

当该矩阵是非奇异矩阵且图像中的像素点沿 X 轴和 Y 轴方向都有偏导数时，可以得到方程的解析解：

$$\mathbf{V}=(\mathbf{A}^{\mathrm{T}}\mathbf{A})^{-1}\mathbf{A}^{\mathrm{T}}(-\boldsymbol{b}) \tag{9-23}$$

于是可得到 Lucas-Kanade 算法计算的光流失量结果，如式(9-24)所示。

$$\begin{pmatrix} \mu \\ v \end{pmatrix} = \begin{pmatrix} \sum_{i=1}^{n} I_{x_i}^2 & \sum_{i=1}^{n} I_{x_i} I_{y_i} \\ \sum_{i=1}^{n} I_{x_i} I_{y_i} & \sum_{i=1}^{n} I_{y_i}^2 \end{pmatrix}^{-1} \begin{pmatrix} -\sum_{i=1}^{n} I_{x_i} I_{t_i} \\ -\sum_{i=1}^{n} I_{y_i} I_{t_i} \end{pmatrix} \tag{9-24}$$

Lucas-Kanade 算法在噪声存在的情况下，鲁棒性也是较好的。但是从光流的求解公式中可以看出，如果选择了图像中亮度梯度为 0 的区域，Lucas-Kanade 算法将不再适用。在其他区域，如果矩阵特征值过小，还是会存在孔径问题。因此在实际应用中，为了使得 $(\mathbf{A}^{\mathrm{T}}\mathbf{A})^{-1}$ 稳定，其特征值不能太小，所以在挑选图像空间区域的时候，尽量选择角点(如 Harris 角点)来计算。

除此之外，小运动、亮度不变、空间一致这些条件都是较强的假设，实际上并不能很容易满足。如物体运动过快，小运动假设不成立，求出的光流矢量误差就比较大。因此，需要对 Lucas-Kanade 算法进行一些改进。

当物体运动速度过快时，我们希望减小图像中物体的位移来满足小运动的假设。一种直观的方法就是缩小图像的尺寸。假设图像大小为 400×400，连续两张图像之间物体运动

的速度为(12,12)^T,那么,当图像缩小到100×100时,速度便减少到(3,3)^T。所以,可以构建图像金字塔,使用逐层求解的方法计算大运动情况下的光流。

基于图像金字塔的Lucas-Kanade算法的基本流程为:在图像金字塔的最高层计算光流,将计算得到的结果作为下一层金字塔的输入,不断重复这个过程,直到到达图像金字塔的最底层。这个方法可以改善由小而连贯的运动假设引起的问题。

从图9-31中可以看出,层数k越大,图像分辨率就越高,原始图像的分辨率最大。假设光流矢量的初始值为$\boldsymbol{V}_0=(\mu_0,v_0)^T$,从第0层开始计算,第0层的计算结果为$d\boldsymbol{V}_0=(d\mu_0,dv_0)^T$,加上初始值$\boldsymbol{V}_0$就得到了下一层计算的初始值$\boldsymbol{V}_1=(\mu_1,v_1)^T=\boldsymbol{V}_0+d\boldsymbol{V}_0$,再将其代入下一层进行光流计算,如此迭代进行,直到分辨率最高的那层。假设在第k层的计算结果为$d\boldsymbol{V}_k=(d\mu_k,dv_k)^T$,迭代公式如式(9-25)所示:

$$\boldsymbol{V}_k=\boldsymbol{V}_{k-1}+d\boldsymbol{V}_{k-1}=(\mu_{k-1}+d\mu_{k-1},v_{k-1}+dv_{k-1})^T \tag{9-25}$$

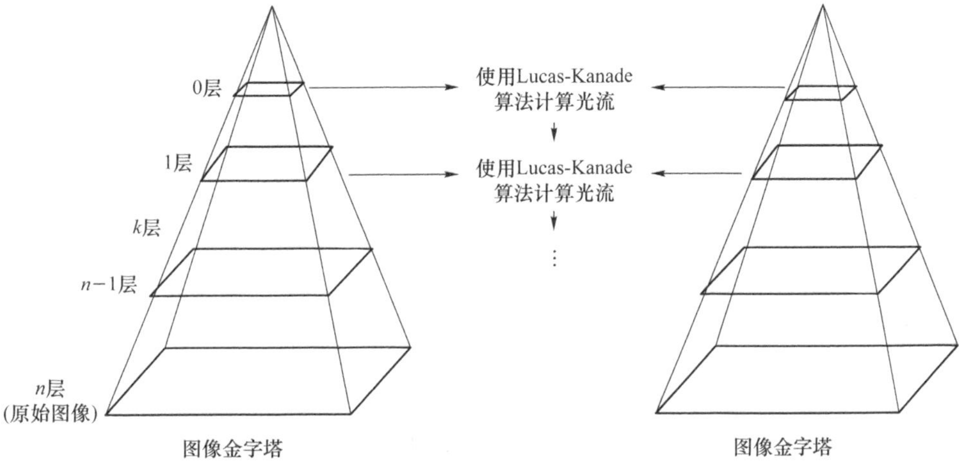

图9-31 金字塔Lucas-Kanade算法

使用图像金字塔的Lucas-Kanade算法,在各个分辨率计算时均满足小运动假设,最终,实现了大位移下的光流估计。图9-32展示了使用图像金字塔的Lucas-Kanade算法的跟踪效果。

图9-32 使用图像金字塔的Lucas-Kanade算法的跟踪效果

9.5.2 直接法稀疏模型

在前述光流算法中,我们通过建立两张图像间的亮度关系等式来求解像素的运动信息。

同样的思路，在视觉 SLAM 中，我们也可以建立摄像机拍摄到的前后两帧图像的亮度关系，即光流，来直接估计摄像机的运动信息以及场景三维点的深度信息，这就是直接法的基本思想。

与 ORB-SLAM 所采用的间接法不同，直接法则最小化亮度误差，即最小化图像间的亮度误差而非重投影后的几何误差来计算摄像机位姿和地图点的位置。另外，直接法将数据关联与位姿估计放入了一个统一的非线性优化问题中；而间接法需要先通过特征点匹配来建立数据关联，然后再依据数据关联估计相机位姿。因此，直接法避免了大量的特征提取与匹配计算，节约了计算时间，减少了特征匹配可能带来的误差。

根据使用像素的数量，直接法可分为稀疏、稠密和半稠密 3 种。本小节中，我们主要介绍一种效率高、鲁棒性强的直接稀疏法 DSO。

给定两关键帧 I_i 和 I_j，我们的目标是建立这两个关键帧之间的亮度关系。假设以 I_i 摄像机坐标系作为世界坐标系，对于 I_j 上的一点 p，其对应的三维点为 P，投影方程为

$$\boldsymbol{p}=\begin{pmatrix}u\\v\\1\end{pmatrix}=\frac{1}{z}\boldsymbol{KP} \tag{9-26}$$

其中，z 为 P 点在 I_i 摄像机中的深度，于是利用摄像机内参数和点的深度信息便可重建出三维点 P：

$$\boldsymbol{P}=z\boldsymbol{K}^{-1}\boldsymbol{p} \tag{9-27}$$

假设 I_2 摄像机相对于 I_1 摄像机的旋转和平移为 $\boldsymbol{R},\boldsymbol{t}$，将 P 点投影到 I_2 摄像机中可得到投影点 p'：

$$\boldsymbol{p}'=\begin{pmatrix}u'\\v'\\1\end{pmatrix}=\frac{1}{z'}\boldsymbol{K}(\boldsymbol{RP}+\boldsymbol{t}) \tag{9-28}$$

基于亮度不变假设，p 点和 p' 点的亮度应该相同，我们可以通过下式来计算两者的亮度差异，得到亮度误差：

$$e=\| I_i(p)-I_j(p')\| \tag{9-29}$$

通过最小化亮度误差便可实现对上述摄像机参数 $\boldsymbol{K},\boldsymbol{R},\boldsymbol{t}$ 和三维点深度 z 的优化。为了提高估计的鲁棒性，我们通常会选取多个像素点，构建超定方程组来优化亮度误差。因此，对于每个像素点 p，我们不仅要计算它自身的亮度误差项，还要加入其邻域像素点的亮度误差项作为约束同时优化。所以，p 点最终的亮度误差 E_p 就由所有参与点的误差项加权求和得到：

$$E_p := \sum_{p\in \boldsymbol{N}_p}\omega_p \| I_i(p)-I_j(p')\|_\gamma \tag{9-30}$$

其中 $\|\cdot\|_\gamma$ 表示 Huber 范数，$\boldsymbol{N}_p$ 表示参与优化的邻域像素组成的集合，误差权重 ω_p 与图像梯度的大小有关，梯度越小权重越大。图 9-33 展示了一种典型的 $\boldsymbol{N}_p$ 选取方式。DSO 论文实验表明，取图 9-33 所示的 8 个位置的像素作为邻域建立误差项，能够较好地平衡计算时间与鲁棒性。

在实际 SLAM 系统中，为了减小累积误差，通常会联合多个关键帧进行优化，建立多组亮度关系式，然后，利用非线性优化算法优化总体的亮度误差：

$$E_{\text{photo}} := \sum_{i \in \boldsymbol{F}} \sum_{p \in \boldsymbol{P}_i} \sum_{j \in \text{obs}(p)} E_{pj} \tag{9-31}$$

其中，$\boldsymbol{F}$ 表示关键帧集合，$\boldsymbol{P}_i$ 表示关键帧上点的集合，obs(p)表示在其他关键帧中的可见点。

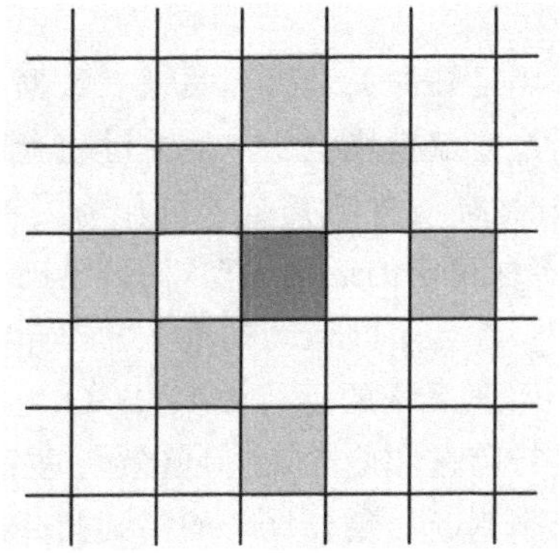

图 9-33 $\boldsymbol{N}_p$ 选取示例

图 9-34 所示是一组关键帧的因子图。接下来，我们以此例进一步分析式(9-31)中所涉及的各种类型变量及它们之间的相互关系。图中包含 4 个关键帧 $\mathrm{KF}_1,\cdots,\mathrm{KF}_4$ 以及 4 个关键点 $\mathrm{Pt}_1,\cdots,\mathrm{Pt}_4$。其中，关键帧 KF_1 包含关键点 Pt_1，关键帧 KF_2 包含关键点 Pt_2 和 Pt_3，关键帧 KF_4 包含关键点 Pt_4。对于每一个关键帧，都可通过可视关系建立与其他帧的亮度约束。以 KF_2 为例，其对应的关键点 Pt_2 可被 KF_1 和 KF_3 观测到，为此，我们可以建立两个亮度误差方程 E_{p21} 和 E_{p23}。而关键点 Pt_3 可被 KF_3 和 KF_4 观察到，因此，我们也可以建立两个亮度误差方程 E_{p33} 和 E_{p34}。因此，根据关键帧 KF_2 总共可以得到 4 项亮度误差方程。同理，根据 KF_1 可以得到 2 项亮度误差方程，根据 KF_4 可以得到 3 项亮度误差方程，由于 KF_3 没有包含关键点，所以它不能构建亮度误差方程。总体来说，对于图 9-34 所示的情况，总共可以构建 9 个亮度误差项，依据式(9-31)对所有误差项进行联合优化，即可得到每个关键帧所对应摄像机的内、外参数以及它们所包含关键点的深度信息。

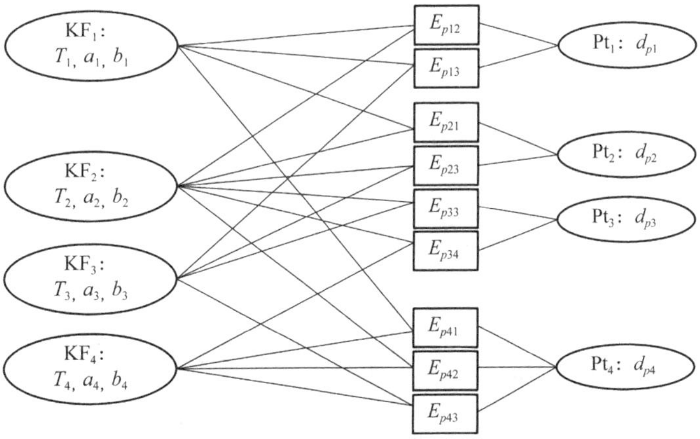

图 9-34 直接稀疏模型因子图示例

总的来说，在直接法 DSO 中，需要优化的基本参数包含两个部分：三维点的深度以及摄像机的内、外参数。加入更多共视的关键帧、使用更多的关键点均可以提升系统的鲁棒性，但是，同时也会增加系统的运算量。

9.5.3 DSO 系统

直接法稀疏模型的优化需要足够的关键帧和关键点数据，DSO 通过一个视觉里程计前端模块来获得与维护这些数据。前端模块主要包括关键帧管理和关键点管理两个部分。

当摄像机拍摄到一帧图像时，需要判断其是否可作为关键帧。依据前一个关键帧对当前帧进行初步跟踪，预先设置多种可能的运动模型，估计出已知地图点在当前帧中的粗略投影，从而计算出两帧之间的误差，综合不同运动模型下的误差情况以及摄像机曝光时间的变化来进行关键帧的判断。为了保证系统的运行效率，DSO 为关键帧的数目设置了上限，当创建的关键帧多于上限时则进行筛选和删除，在保留最新两个关键帧的前提下，通过计算两两关键帧的距离以及可视点数来判断出重要性低的关键帧并进行删除。

关键帧中的关键点从大量候选点中产生。先对关键帧进行区域划分，自适应地选取各区域梯度最大的点作为候选点。为了获取到足够多的候选点，通过调整区域划分的大小以及梯度阈值进行多次提取。候选点在后续帧中单独跟踪，得到其对应地图点的粗略深度估计，其中一些离群点和被遮挡的点被筛选和剔除。为了使关键点能在整个图像中保持均匀的分布，DSO 将候选点投影到最近的关键帧上，然后通过最大化到任何现有点的距离来激活候选点，从而产生真正用于优化计算的关键点。

最后，DSO 通过后端优化模块利用当前所有关键帧和关键点的数据对整个直接法稀疏模型进行优化，最小化总体的亮度误差〔式(9-31)〕，从而得到所有关键帧对应的摄像机位姿，以及所有关键点对应的逆深度信息，以此可以直接重建出相应地图点，完成摄像机定位与建图任务。图 9-35 展示了 DSO 的建图和定位可视化结果。

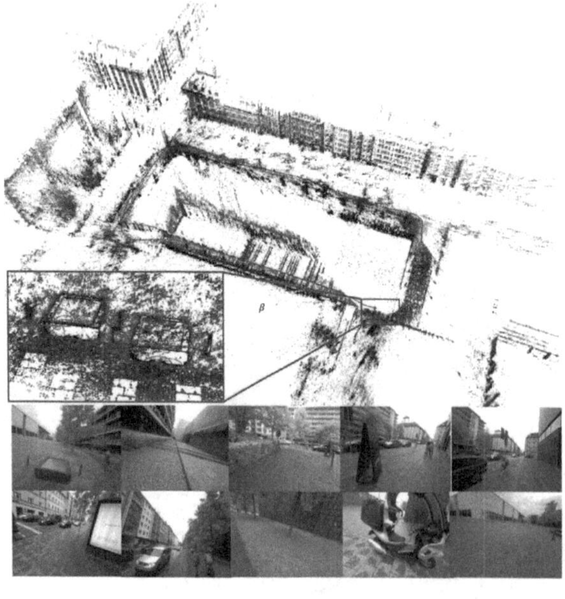

图 9-35 DSO 结果展示

习 题

1. 简述视觉 SLAM 系统与其他 SLAM 系统的区别与联系。
2. 绘出词袋模型中视觉词典构建和图像词袋表示的流程图,并尝试编程实现。
3. 列举几种生成树的构建方法,并简要描述。
4. 描述 ORB-SLAM 中共视图和本质图的构建方式。
5. 分析视觉 SLAM 系统引入回环检测的原因,并阐述回环检测的实现思路。
6. 从多个角度分析视觉 SLAM 系统中间接法和直接法的优缺点。

参考文献

[1] ZISSERMAN A，HARTLEY R. Multiple view geometry in computer vision[M]. Cambridge：Cambridge University Press，2004.

[2] FORSYTH D A，PONCE J. Computer vision：a modern approach[M]. New York：Pearson，2011.

[3] WILKINSON J H，REINSCH C. Linear algebra—Vol. II of handbook for automatic computation[M]. New York：Springer-Verlag，1971.

[4] LIEBOWITZ D，CRIMINISI A，ZISSERMAN A. Creating architectural models from images[J]. Computer Graphics Forum，1999，18(3)：39-50.

[5] LONGUET-HIGGINS H C. A computer algorithm for reconstructing a scene from two projections[J]. Nature，1981，293(5828)：133-135.

[6] HARTLEY R I. In defense of the eight-point algorithm[J]. IEEE Transactions on Pattern Analysis and Machine Intelligence，1997，19(6)：580-593.

[7] KITCHEN L，ROSENFELD A. Gray-level corner detection[J]. Pattern Recognition Letters，1982，1(2)：95-102.

[8] HARRIS C，STEPHENS M. A combined corner and edge detector[C]//Processing of the 4th Alvey Vision Conference. [S. l. ：s. n.]，1988：147-151.

[9] SHI J B，TOMASI. Good features to track [C]//1994 Proceedings of IEEE Conference on Computer Vision and Pattern Recognition. Piscataway：IEEE，1994：593-600.

[10] MIKOLAJCZYK K，SCHMID C. Indexing based on scale invariant interest points [C]//Proceedings Eighth IEEE International Conference on Computer Vision. Piscataway：IEEE，2001：525-531.

[11] LINDEBERG T. Scale-space theory：a basic tool for analyzing structures at different scales[J]. Journal of Applied Statistics，1994，21(1/2)：225-270.

[12] LOWE D G. Object recognition from local scale-invariant features[C]//Proceedings of the Seventh IEEE International Conference on Computer Vision. Piscataway：IEEE，1999：1150-1157.

[13] ROSTEN E，PORTER R，DRUMMOND T. Faster and better：a machine learning approach to corner detection [J]. IEEE Transactions on Pattern Analysis and Machine Intelligence，2008，32(1)：105-119.

[14] BAY H, TUYTELAARS T, VAN GOOL L. Surf: Speeded up robust features[J]. Lecture Notes in Computer Science, 2006, 3951: 404-417.

[15] RUBLEE E, RABAUD V, KONOLIGE K, et al. ORB: an efficient alternative to SIFT or SURF [C]//2011 International Conference on Computer Vision. Piscataway: IEEE, 2011: 2564-2571.

[16] MOULON P, MONASSE P, MARLET R. Adaptive structure from motion with a contrario model estimation [C]//Computer Vision—ACCV 2012. Hong Kong: Springer, 2012: 257-270.

[17] FISCHLER M A, BOLLES R C. Random sample consensus: a paradigm for model fitting with applications to image analysis and automated cartography [J]. Communications of the ACM, 1981, 24(6): 381-395.

[18] GAO X S, HOU X R, TANG J, et al. Complete solution classification for the perspective-three-point problem[J]. IEEE Transactions on Pattern Analysis and Machine Intelligence, 2003, 25(8): 930-943.

[19] EGGRT D W, LORUSSO A, FISHER R B. Estimating 3-D rigid body transformations: a comparison of four major algorithms[J]. Machine Vision and Applications, 1997, 9(5/6): 272-290.

[20] SAVARESE S, ANDREETTO M, RUSHMEIER H, et al. 3D reconstruction by shadow carving: theory and practical evaluation [J]. International Journal of Computer Vision, 2007, 71: 305-336.

[21] COLLINS R T. A space-sweep approach to true multi-image matching [C]// Proceedings CVPR IEEE Computer Society Conference on Computer Vision and Pattern Recognition. Piscataway: IEEE, 1996: 358-363.

[22] SEITZ S M, DYER C R. Photorealistic scene reconstruction by voxel coloring[C]// Proceedings of IEEE Computer Society Conference on Computer Vision and Pattern Recognition. Piscataway: IEEE, 1997: 1067-1073.

[23] KOLMOGOROV V, ZABIH R. Multi-camera scene reconstruction via graph cuts [C]//Computer Vision—ECCV 2002. Berlin: Springer, 2002: 82-96.

[24] FURUKAWA Y, PONCE J. Accurate, dense, and robust multiview stereopsis[J]. IEEE Transactions on Pattern Analysis and Machine Intelligence, 2009, 32(8): 1362-1376.

[25] GOESELE M, SNAVELY N, CURLESS B, et al. Multi-view stereo for community photo collections [C]//2007 IEEE 11th International Conference on Computer Vision. Piscataway: IEEE, 2007: 1-8.

[26] MORAVEC H, ELFES A. High resolution maps from wide angle sonar [C]// Proceedings. 1985 IEEE International Conference on Robotics and Automation. Piscataway: IEEE, 1985: 116-121.

[27] SMITH R C, CHEESEMAN P. On the representation and estimation of spatial uncertainty[J]. The International Journal of Robotics Research, 1986, 5(4): 56-68.

[28] DAVIDSON A J, REID I D, MOLTON N D, et al. MonoSLAM: real-time single camera SLAM [J]. IEEE Transactions on Pattern Analysis and Machine Intelligence, 2007, 29(6): 1052-1067.

[29] MURRAY D, KLEIN G. Parallel tracking and mapping for small AR workspaces [C]//2007 6th IEEE and ACM International Symposium on Mixed and Augmented Reality. Piscataway: IEEE, 2007: 225-234.

[30] NEWCOMBE R A, LOVEGROVE S J, DAVISON A J. DTAM: dense tracking and mapping in real-time [C]//2011 International Conference on Computer Vision. Piscataway: IEEE, 2011: 2320-2327.

[31] MUR-ARTAL R, MONTIEL J M, TARDOS J D. ORB-SLAM: a versatile and accurate monocular SLAM system [J]. IEEE Transactions on Robotics, 2015, 31 (5): 1147-1163.

[32] MUR-ARTAL R, TARDOS J D. Orb-slam2: an open-source slam system for monocular, stereo, and rgb-d cameras [J]. IEEE Transactions on Robotics, 2017, 33 (5): 1255-1262.

[33] CAMPOS C, ELVIRA R, RODRIGUEZ J J G, et al. Orb-slam3: an accurate open-source library for visual, visual-inertial, and multimap slam [J]. IEEE Transactions on Robotics, 2021, 37(6): 1874-1890.

[34] ENGEL J, SCHOPS T, CREMERS D. LSD-SLAM: large-scale direct monocular SLAM [C]//Computer Vision—ECCV 2014. Berlin: Springer, 2014: 834-849.

[35] LAZEBNIK S, SCHMID C, PONCE J. Beyond bags of features: spatial pyramid matching for recognizing natural scene categories [C]//2006 IEEE Computer Society Conference on Computer Vision and Pattern Recognition. Piscataway: IEEE, 2006: 2169-2178.

[36] PHILBIN J, CHUM O, ISARD M, et al. Object retrieval with large vocabularies and fast spatial matching [C]//2007 IEEE Conference on Computer Vision and Pattern Recognition. Piscataway: IEEE, 2007: 1-8.

[37] GIBSON J J. The perception of the visual world [M]. Boston: Houghton Mifflin, 1950.

[38] HORN B K P, SCHUNCK B G. Determining optical flow [J]. Artificial Intelligence, 1981, 17(1/3): 185-203.

[39] LUCAS B D, KANADE T. An iterative image registration technique with an application to stereo vision [C]//Proceedings of the 7th International Joint Conference on Artificial Intelligence. Burlington: Morgan Kaufmann, 1981: 674-679.

[40] BOUGUET J Y. Pyramidal implementation of the lucas kanade feature tracker [J]. Opencv Documents, 2000.

[41] ENGEL J, KOLTUN V, CREMERS D. Direct sparse odometry [J]. IEEE Transactions on Pattern Analysis and Machine Intelligence, 2017, 40(3): 611-625.

[42] WANG R, SCHWORER M, CREMERS D. Stereo DSO: large-scale direct sparse visual odometry with stereo cameras[C]//Proceedings of the IEEE International Conference on Computer Vision. Piscataway: IEEE, 2017: 3903-3911.

[43] GAO X, WANG R, DEMMEL N, et al. LDSO: direct sparse odometry with loop closure[C]//2018 IEEE/RSJ International Conference on Intelligent Robots and Systems (IROS). Piscataway: IEEE, 2018: 2198-2204.

[44] FORSTER C, PIZZOLI M, SCARAMUZZA D. SVO: fast semi-direct monocular visual odometry [C]//2014 IEEE International Conference on Robotics and Automation (ICRA). Piscataway: IEEE, 2014: 15-22.

[45] FORSTER C, ZHANG Z, GASSNER M, et al. SVO: semidirect visual odometry for monocular and multicamera systems[J]. IEEE Transactions on Robotics, 2016, 33 (2): 249-265.

[46] CS231A: Computer Vision, from 3D Reconstruction to Recognition [EB/OL]. http://web.stanford.edu/class/cs231a/.